本书主要由以下项目资助：

南方海洋科学与工程广东省实验室（广州）人才团队引进重大专项“琼东南盆地天然气水合物系统成藏机制研究”（编号：GML2019ZD0102）

中国石化科技部项目群课题“天然气水合物有效开采关键技术研究”（编号：P20040-4）

中国石化优秀青年创新基金项目“天然气水合物开采产能预测方法与有效开发模式探究”（编号：P20025）

海域天然气水合物勘探开发技术

王海波　梁金强　贺甲元　张　乐◎主编

中国石化出版社

内 容 提 要

在南方海洋科学与工程广东省实验室(广州)人才团队引进重大专项(GML2019ZD0102)的项目资助下，本书得以顺利出版。本书共分实验技术、数值模拟与工艺技术三个部分，收录了国内海域天然气水合物勘探开发技术最新研究成果。作者为天然气水合物领域国内知名高校、研究院所的科研工作者，研究成果学术价值高，对中国海域天然气水合物资源勘查与试采技术发展起到促进作用，对一线水合物研究工作者深入研究和研究生掌握前沿技术具有很好的指导意义。

本书适用于从事天然气水合物勘探开发的科研工作人员阅读，也可供相关专业高等院校师生学习和参考。

图书在版编目(CIP)数据

海域天然气水合物勘探开发技术 / 王海波等主编 .
—北京：中国石化出版社，2022.8
ISBN 978-7-5114-6795-9

Ⅰ. ①海… Ⅱ. ①王… Ⅲ. ①天然气水合物-勘探-研究②天然气水合物-气田开发-研究 Ⅳ. ①P618.13 ②TE37

中国版本图书馆 CIP 数据核字(2022)第 128740 号

中国石化出版社出版发行
地址：北京市东城区安定门外大街 58 号
邮编：100011　电话：(010)57512500
发行部电话：(010)57512575
http://www.sinopec-press.com
E-mail:press@sinopec.com
北京科信印刷有限公司印刷
全国各地新华书店经销
*
787×1092 毫米 16 开本 14.25 印张 286 千字
2022 年 8 月第 1 版　2022 年 8 月第 1 次印刷
定价：108.00 元

前言 INTRODUCTION

天然气水合物是21世纪最有潜力替代常规石油天然气的清洁能源之一，资源潜力巨大，主要分布在海洋大陆边缘和陆地永久冻土带。现阶段水合物实地试采由短期向中长期试采迈进，以提高产能、降低生产成本、安全为主要方向。优质资源是基础，经济、安全、有效开采技术是关键。加强天然气水合物储层精细刻画与资源评价、高效开采与利用关键技术及配套装备、环境效应监测与风险评价等技术攻关，构建高效低成本的海域天然气水合物勘探开发技术体系是我国天然气水合物商业化开发的必经之路。

为促进我国海域天然气水合物资源勘查与试采技术的发展，本书收录了国内海域天然气水合物勘探开发技术部分最新研究成果，涉及神狐、琼东南盆地等海域天然气水合物资源勘查、建模数模技术、有效开采工艺、流动保障、风险评价等。研究机构包括中国石化石油勘探开发研究院、中国石化上海海洋油气分公司等企业研究院所，以及中国科学院广州能源所、中国石油大学(北京)、中国石油大学(华东)、华南理工大学、长江大学、北京大学、东北石油大学等高校研究院所。论文创新成果具有较高的理论价值，对一线水合物研究工作者深入研究和研究生开展论文研究具有很好的借鉴意义。

本书共分实验技术、数值模拟与工艺技术三个部分。第一部分实验技术，包括实验技术研究进展、关键物性参数测试技术、抑制剂评价实验技术等。第二部分数值模拟，包括基本模型研究、开采产能预测、开发参数优化等。第二部分工艺技术，包括水合物勘查技术优选、开采技术、流动保障、环境监测、CO_2 置换等方面的研究进展。

本书的编撰出版等工作得到了南方海洋科学与工程广东省实验室（广州）人才团队引进重大专项"琼东南盆地天然气水合物系统成藏机制研究"（GML2019ZD0102），中国石化科技部项目群课题"天然气水合物有效开采关键技术研究"（P20040-4）以及中国石化优秀青年创新基金项目"天然气水合物开采产能预测方法与有效开发模式探究"（P20025）等项目的大力支持，特此表示感谢。此外，感谢各位作者在百忙中抽出宝贵时间分享最新研究进展，参加本书的撰写。

本书可供从事天然气水合物勘探开发的科研工作人员、高等院校相关专业师生和天然气水合物研究院所工程师借鉴。由于时间仓促，难免有误，请予指正。

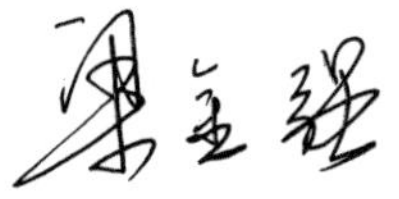

2022 年 8 月

目录 CONTENTS

一 实验技术

二 数值模拟

三 工艺技术

一

实验技术

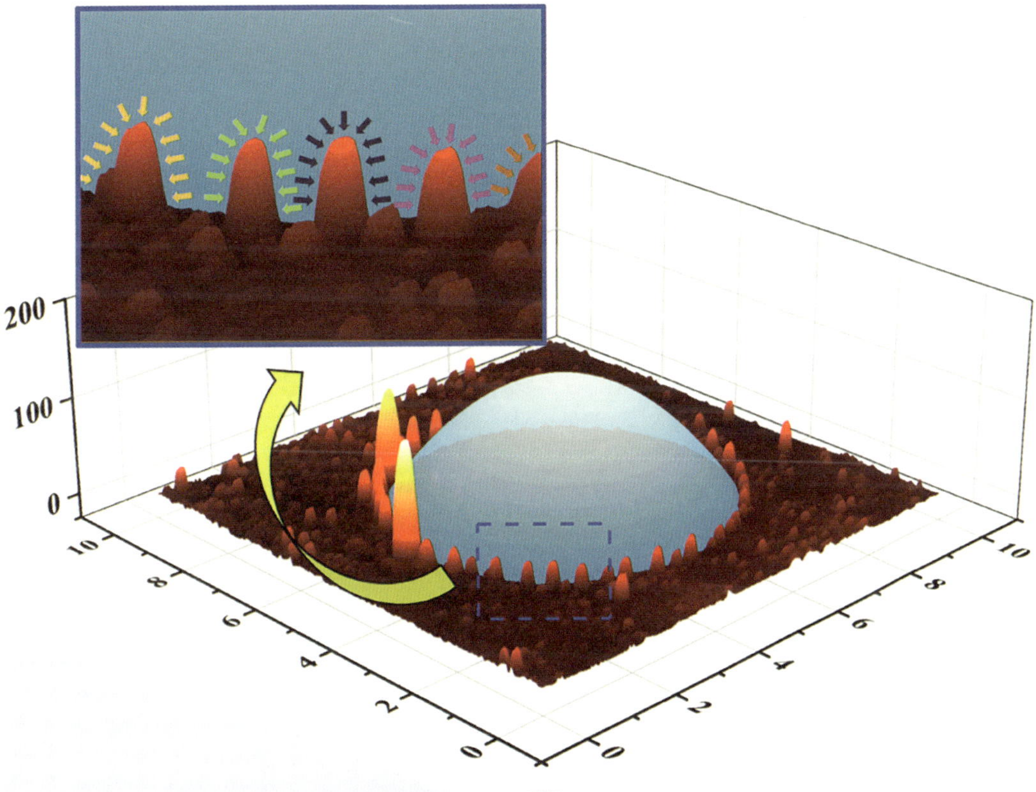

天然气水合物开采实验技术研究进展综述

贺甲元[1,2]　梁金强[2,3]

[1]中国石化石油勘探开发研究院，北京，100083

[2]南方海洋科学与工程广东省实验室(广州)，广州，511458

[3]广州海洋地质调查局，广州，510075

摘要：天然气水合物开采模拟与实验评价是天然气水合物开采技术研究的基础。本文系统调研分析了天然气水合物合成、储层分解、井筒/管道流动、传热性能与渗透率等特色参数测试、井筒与管道流动模拟及监测等方面的实验技术、设备、方法和应用现状，详细阐述了天然气水合物开采模拟与实验评价的技术现状和发展趋势，水合物实验技术及装置正朝着操作便捷、测试精度高、模拟环境苛刻、装置大型化、系统集成化、功能多样化、过程可视化的趋势发展，对天然气水合物开采实验技术优化具有参考与借鉴作用。

关键词：天然气水合物；开采；模拟实验；分解；井筒

1　前言

天然气水合物是 CH_4等烃类分子与水分子在一定温度和压力(低温高压)的环境下形成的笼形固体化合物。我国天然气水合物资源丰富，主要分布在南海、东海海域以及陆地青藏高原冻土区等。根据官方初步预测，我国海域与陆地冻土区天然气水合物资源潜力达 1000×10^8t 油当量，其中海域水合物资源量估算 800×10^8t 油当量。突破天然气水合物开采，对于我国能源安全和经济安全意义重大。

天然气水合物开采方法包括降压法、注热法、注抑制剂法、CO_2置换法、固体开采法以及各种方法的联合使用。降压法、注热法和降压-注热联合法的基本原理是改变水合物所处环境的温度和压力，破坏水合物相平衡状态，使得固体水合物分解成气和水。抑制剂法通过添加抑制剂，例如盐水、甲醇或乙醇等，改变水合物相平衡曲线，促使水合物在所处温度和压力条件下进行分解。CO_2置换开采法是基于 CO_2分子和水分子能够形成更稳定

基金项目：南方海洋科学与工程广东省实验室(广州)人才团队引进重大专项(GML2019ZD0102)；
中国石化科技部项目群课题(P20040-4)；
中国石化优秀青年创新基金项目(P20025)

的笼形化合物的原理，通过向水合物地层中注入 CO_2，水合物分解释放 CH_4分子，CO_2代替 CH_4分子进入笼形结构中。固体开采法是将水合物作为一种固体矿，采用机械手段开采、输送，气液固分离后获取天然气。天然气水合物试采工程需要依托于大量的室内实验，明确水合物分解相变机制、基本物性参数，通过开采物理模拟指导开采工艺参数优化。因此，本文对天然气水合物合成与分解、开采模拟、传热性能与渗透率等特色参数测试、井筒与管道流动模拟及监测等方面的实验技术进展进行了综述分析。

2　天然气水合物合成与开采模拟实验技术

海域天然气水合物试采成本昂贵，水合物开采技术研究仍以室内模拟实验为主。通过实验室人工制备合成天然气水合物沉积物样品，模拟多种开采方式下的天然气水合物开采分解过程，获得对现场开采方案编制有指导意义的理论认识和方法。

2.1　储层开采物理模拟

水合物合成和开采模拟实验系统是研究水合物动力学和热力学变化过程的必要手段，可用于研究水合物开采分解过程中温度场的分布规律、饱和度场的分布规律、水合物分解速度、分解机理等。针对不同的开采方式，国内外研究机构搭建了多种天然气水合物开采室内模拟装置[1~6]，如表 1~表 3 所示。

表 1　国外水合物开采物理模拟实验装置

开采物理模拟装置	单　位	特　点
海底过程模拟器(SPS)	美国橡树岭国家实验室	模拟 2km 水深中物理、地化、微生物对 CH_4和 CO_2水合物形成以及稳定特征的影响
实验管模拟系统	韩国汉阳大学	模拟多孔介质中天然气水合物的合成特征，降压、加热、注化学剂等各种分解过程
425L 大型实验室内天然气水合物矿藏模拟器	德国亥姆霍兹实验室	催化燃烧甲烷气放热分解水合物的实验以及二氧化碳置换开采甲烷水合物实验
1710L 大型高压天然气水合物模拟器	日本国家先进科学技术研究所	实时观测记录不同压力温度条件下的产气产水速率以及微小颗粒的产砂量

美国、韩国、德国、日本等多国进行了天然气水合物开采模拟装置的设计和制造，这些模拟器要求有高压和低温控制装置。国外物理模拟实验装置呈现大型化(减小模型尺度效应)，传感器类型多样化的趋势，已经建立了海底过程模拟、实验管模拟系统、大型水合物藏开采模拟实验[5,6]。

国内天然气水合物开采物理模拟实验的发展迅速，与国外物理模拟实验水平相当。表 2 列举了单一开采方式水合物开采模拟装置，表 3 列举了可以模拟多种开采方法的物理开采模拟装置。实验尺度上，从小型实验系统朝大尺度模拟装置方向发展，避免小尺寸边界效应明显的问题，排除相平衡主导因素，更加接近现场试采情况。实验维度上，实验装置包含了从一维、二维向三维模拟装置发展。实验观察手段上，实验装置实现了电阻层析成像功能[7]、高精度探头[8]，部分实验装置实现了可视化。实验体系上，实验装置通常将开采模拟常与其他部分实验(钻井、水合物生成、举升、监测、储层改造)等功能进行集成[9]，满足更多水合物物理实验需求。

表 2　国内水合物单一开采方式物理模拟实验装置

实验装置名称	单　位	开采方式	特　点
天然气水合物钻井-开采综合实验系统	青岛海洋地质研究所	降压法	反应釜容积 521L，避免体积小边界效应非常明显的问题，可进行钻井开采一体化模拟
水合物降压开采出砂及防砂模拟装置	西南石油大学	降压法	模拟降压开采过程中生产模式和产气速率对地层出砂和沉降的影响
天然气水合物生成和开采模拟系统	长江大学	加热法	利用冰点以上温度震荡法，进行不同间壁换热温度的定容分解天然气水合物的模拟实验[26]
水合物增产模拟实验装置	江苏华安科研仪器有限公司	加热法	①该模型设计有模型旋转支架；②模型系统设计有冷循环内部通道，模拟沉积层不同的温区带；③模型上微波加热绝缘保护套，可保证微波加热时不会与内部流体接触
大型水射流固态流化模拟实验系统	西南石油大学	固体流化	①2017 年固态流化试采中射流采掘环节进行原尺度模拟；②实现井下多喷嘴径向射流下矿物大范围破碎过程和矿物颗粒有效回收过程的直接模拟[21]
一种模拟天然气水合物平行水平井化学驱开采的装置	大庆东油睿佳石油科技有限公司	化学驱	①装置主体为透明可视材质，可对化学驱开采天然气水合物进行更细致的观察；②采用三维方式对化学驱开采天然气水合物实施模拟

表 3　国内水合物多种开采方式物理模拟实验装置

实验装置名称	单　位	开采方式	特　点
天然气水合物开采实验装置	中国海洋大学、青岛海洋地质所	降压法、电加热法	①纵向结构的反应釜，比横向结构更好地模拟海底沉积物环境；②安装在反应釜底部中央的加热棒实现电加热
甲烷水合物降压开采一维分解模拟系统	广州能源研究所	降压法、注热水法	一维，可进行注热水开采研究
可控计量高压泵和天然气水合物二维模拟系统	江苏华安科研仪器有限公司	降压法、热激法、注化学剂法、CO_2 置换开采法四合一	二维；①具有超声波测水合物声速功能；②能够实现多种井网布置方式
天然气水合物二维开采模拟实验装置	广州能源研究所	降压开采、热力开采、化学试剂开采	平板模型可翻转，分别模拟竖直井和水平井
天然气水合物三维模拟实验装置	江苏华安科研仪器有限公司	降压法、热激法、注化学剂法、置换开采模拟四合一	①集水合物成藏及开采于一体；②模型设计有 PTR 测速探头可以避免储层因为引入的管线太多而造成对储层实验的影响；③模型腔体内设计橡胶加载活塞，既可以模拟地层覆压条件，同时可以防止产生边界效应窜流

续表

实验装置名称	单　位	开采方式	特　点
中试规模(117.8L)三维模拟实验	中国广州能源所	降压以及注热辅助下的降压开采实验物理模拟	①排除小尺度相平衡主导因素;②具有可视化功能;③能够在复杂井网布置条件下,完成传统开采方法模拟以及新型开采方法研究

水合物合成与开采模拟实验系统的功能性越来越强，山东科技大学建立了三轴应力下多饱和度合成分解实验装置，一个装置内包括多个微型反应釜，能够同时实现多个饱和度水合物的合成与分解过程[10]。西南石油大学的海洋非成岩水合物实验研究平台，能够实现在鼓泡、喷淋、搅拌或“三合一”方式下开展水合物的快速制备，并能研究水合物破碎过程中相平衡和稳定性[11]。中国地质调查局油气资源调查中心设计的多组分气体环境下的水合物合成与分解实验装置，通过对各种输入气体的混合、加压、合成与分解、气水分离、气体收集及检测等，实现了混合天然气水合物的模拟实验研究，为我国冻土区水合物成藏评价和勘探提供依据[12]。西南石油大学的天然气水合物合成与分解实验系统，采用入口标准容积室及出口标准容积室，可用于分析天然气水合物合成过程中天然气的消耗量及水合物分解过程中天然气的释放量[13]。西安交通大学设计建立了冰-水-气生成天然气水合物的模拟实验装置，建立了冻土-水-气(含饱和水的天然气)生成天然气水合物的研究体系，并探索了在冰点以下天然气水合物的生成条件、生成速率等[14]。太原理工大学构建了大型水合物实验装置，研究了煤层气水合物的生成过程及其分解时的特点[15]。

水合物的生成和分解测试方法直接影响分析数据的精确程度。将现代测试方法引入到天然气水合物实验系统，能够提高测试精度，已有的天然气水合物检测手段主要包括直接观察法、光学检测法、超声检测法、电学检测法、CT检测法、核磁共振成像技术等。目前许多水合物合成实验系统采用可视窗设计，如中科院广州能源所建立的天然气水合物生成和分解可视化实验系统，能够直接观察并结合温度、压力变化推测水合物生成，这种测试方式设备构建简单，但观测精度不高。光学检测方法利用水合物对光透过率的影响分析水合物的生成过程。中科院广州能源所设计构建的水合物样品合成实验装置，采用激光拉曼方法和X射线粉末衍射方法，对水合物分解过程进行微观尺度的原位测试，定量分析了水合物分解过程中CH_4气体分布和晶体结构的变化[16]。超声检测是根据实测的声学参数来反映多孔介质的物性信息，判断水合物生成过程中声学参数的变化规律[17,18]。青岛海洋地质研究所设计建立的水合物超声探测模拟系统，利用声波探测法实现水合物合成和分解过程测试[17]。电阻检测是通过测试反应介质导电性来推断水合物的生成位置及非均质性。青岛海洋地质研究所设计建立了水合物二维电阻层析成像系统，模拟初始饱和盐水沉积物中水合物的合成过程，用不同位置处的电压换算得到不同位置的电导率分布值，推断水合物在沉积物截面上的生成位置和非均质性[19]。青岛大学化工学院建立了天然气水合物模拟电阻探测测试系统。对水合物成核过程中进行模拟实验，该装置基于溶液中离子含量的变化引起电阻率变化分析水合物合成和分解过程，利用电阻变化分析水合物成核过程的信息[20]。X 射线断层扫描可获得天然气水合物生成过程中的 CT 数变化。这是 CT 技术对水合物进行检测的基本原理。中科院寒区旱区环境与工程研究所引入 X 射线断层扫描系统（CT），建立了一套多孔介质试验系统，模拟多孔介质中天然气水合物的生成过程，形成一套适用于冻土分散土体的甲烷气水合物生成和分解的实验方法。实验采用 CT 扫描技术，通过 CT 数的测量可获得砂土中不同区域物质的密度变化，从而判定砂土中水合物的形成[21]。核磁共振成像（MRI）是一种无损可视化检测方法，可实现非透光物体三维可视化测量，从而定量分析多孔介质的断面孔隙度及孔隙结构。大连理工大学建立的天然气水合物的生成与分解实验系统，利用 MRI 技术研究了含水合物沉积物渗流特性[22]。

此外，多参数测量系统也是目前水合物检测设备发展的趋势。西南石油大学陈一健等设计的天然气水合物合成与分解多参数测试装置，实现了水合物声波、电阻、力学、合成速度、分解气体量、孔隙度、渗透率、热导率等多种参数测试。解决测试不同饱和度水合物合成、分解需要分别试验，试验周期长的技术问题[21]。西南石油大学机电学院设计建立的 SHW-Ⅲ型水合物岩样声电力学装置。能够实时监测并采集声波、电阻、轴向形变、径向形变、容器温度等数据信号。

2.2 井筒/管道流动模拟

水合物开采过程中，地层出砂或水合物二次生成，均会沉积堵塞井筒，造成生产中断，严重时甚至会带来巨大的经济损失和安全隐患，因此，开展水合物井筒浆流模拟、沉积堵塞预测与抑制等实验研究，对水合物高效开发具有重要意义。

中国石油大学（华东）设计了模拟环雾流条件下水合物沉积过程的实验装置[27]，实验主要分为水合物的生成与分解 2 个过程，生成过程主要包括环雾流流动、冰晶状薄膜、颗粒在管壁聚集、局部沉积、密实加厚、完全堵塞 6 个阶段。大连理工大学设计了一套全可视耐压管作为釜主体的摇摆釜实验系统[28]，可以开展管道天然气水合物抑制剂评价实验，能够实现模拟深水输运管道运行过程中水合物的生成与堵塞，通过温度、压力传感器监测釜内温压变化，获得相平衡特性。定量分析了润湿特性对管道水合物生长堵塞的影响。实验结果为管道水合物堵塞模型建立与抑制剂的评价提供设备基础和实验条件。在开采井筒监测方面，中国石油大学（华东）设计了一套基于感温光纤的水合物开采井筒温度监测实验平台[29]，该实验平台可有效获取水合物开采井筒的温度剖面，实现对井筒环空液位的预测及水合物开采方案的优化，可改变实验环境模拟水合物的合成与分解，监测井筒及储层的温度状态。

中海石油（中国）有限公司深圳分公司、中石化节能环保工程科技有限公司对全球范围内 12 条多相流水合物环道的技术指标与主要性能参数等进行总结和分析[30]。通过分析多相流水合物的研究进展、国内外多相流水合物环道及各环道所用的主要测量仪器设备、全球多相流环道的技术指标与设计参数对比，对目前国内外多相流水合物环道实验装置的现状和进展进行总结和分析。法国石油工程研究院 IFP 环道，最高压力 10MPa，能够进行天然气水合物生成实验。美国科罗拉多矿业学院 ExxonMobil 水合物实验环道，最高压力为 8.3MPa，环道总长为 93m，内径为 97mm，用来研究原油中水合物颗粒的形成、发展及其流变性情况。澳大利亚 CSIRO(联邦科学与工业研究组织)的水合物流动环道，环道最大承压为 11MPa，实验温度范围是 4~30℃，环道内径为 25.4mm。挪威 Petreco A/S 高压轮形环道，最大压力为 25MPa。法国 IFP 环道管路长度为 140m。国内外环道实验平均工作压力为 12MPa，平均长度约为 51m，平均内径约为 47mm。适合我国南海深水气田特点，需要建设大口径、高压力、长距离的大型海底混输管道多相流水合物实验环道。以海洋非成岩天然气水合物为研究对象，中国石油大学(华东)建立了颗粒聚集动力学的群体平衡模型，并模拟了竖直管内的水合物浆液流动过程，获得了水合物浆液体积分数、平均流速对流动特性的影响规律[31]。研究发现：竖直管道内水合物颗粒粒径和浓度与流动速度密切相关，近壁面处水合物浆液浓度和颗粒粒径较大，管道中间浆液浓度和颗粒粒径较小，而且在整个流动截面上对称分布；管道内的流动阻力随着浆液流速和浓度的增加而增大。

3 天然气水合物物性测试实验技术

热物理性质(如热导率和比热容等)是描述水合物生成与分解过程中热量传递的重要参数。渗透率呈现多孔介质的渗流能力并影响着天然气水合物分解后的产气速度。室内实验可以帮助测试纯水合物和水合物沉积物的热物性参数、渗透率等重要参数，是天然气水合物资源品质评价与开采方案编制的重要基础。

3.1 水合物热物性参数测试

为了测试纯水合物或者水合物沉积物的热导率、热扩散率等参数，国内外一般利用实验室合成纯水合物或水合物沉积物，采用稳态法和非稳态法研究测试参数结果[32~34]。基于傅里叶导热定律的稳态法最大的优点是数据处理简单，但达到稳态时间长、实验保温要求高、测量误差较大，主要的代表单位包括中科院广州能源所和加拿大国家研究委员会等。该方法实验设备包括实验设备组成：样品、加热片、热电偶、保温材料等。稳态法测试通过水合物向散热板传递热量和测量稳定状态的温度分布和加热板加热功率，即可获得水合物热导率。

非稳态法的原理是具有热源扰动的非稳态导热方程，该方法具有测量时间短、可同时获得热导率、热扩散率多种参数的优点，但是热源形状与大小与方程假设偏离。图 1(a)呈现不同单位基于瞬态平面热源法测量水合物样品热参数的实验装置[35]。该装置具有测量精度快、速度快的优势，是现阶段国内外水合物实验室内热物性研究较为常见的实验装置。图 1(b)呈现美国地质调查局利用热脉冲探针技术方法测热导率[36]。青岛海洋地质研究所采用热脉冲探针和时域反射仪[37]，同时测量热物理性质和水合物饱和度数据，如图 1

(c)所示。图1(d)介绍飞秒脉冲激光的时域热反射法(TDTR)装置测量笼形水合物的热导率[38]。实现了水合物热导率非接触原位测量，不适用于水合物沉积物测量，实验系统精细且复杂，不适用大批量实地采集样品的测试。

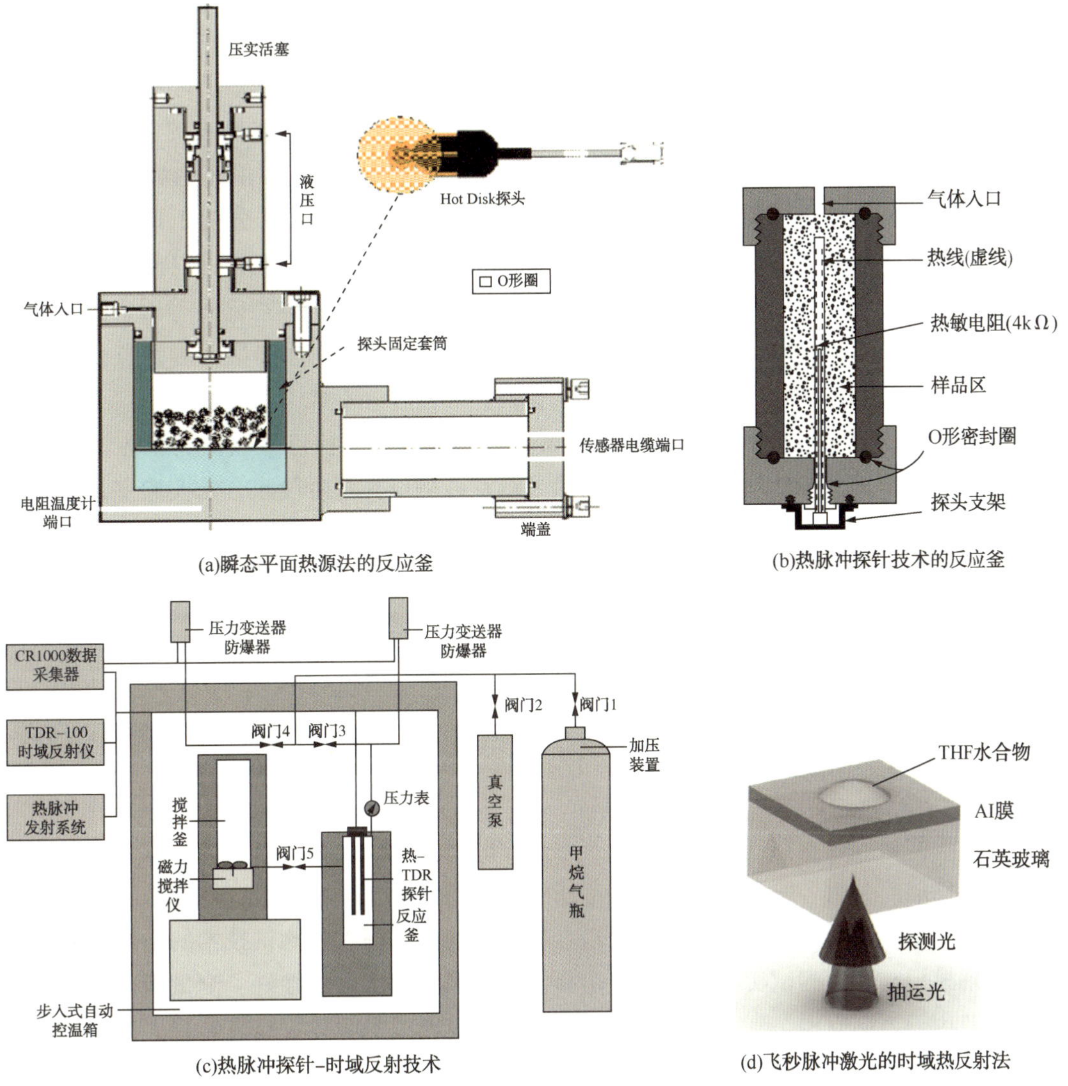

图1　天然气水合物热导率测试实验装置示意图[35~38]

3.2　水合物沉积物渗透性能测试

目前国内外研究机构已经开展众多天然气水合物渗透率测试及可视化实验技术研究。国内主要参与的科研单位包括大连理工大学、中国石油大学(北京)和广州海洋地质调查局等。大连理工大学开发了天然气水合物气相渗透率实验系统[39,40]。该系统不仅能在不同饱和度条件和轴压条件下，研究高岭土的气相渗透性，还可以模拟原位压力、温度和圆柱反应室内的应力条件。中国石油大学(北京)石油资源与勘探国家重点实验室开发了基于CT

扫描的天然气水合物渗流实验系统[41]。该装置能够实现不同轴向应力天然气水合物孔隙结构和物理性质的变化规律研究。广州海洋地质调查局模拟水合物分解后气水两相渗透率测试[42]。该实验转置模拟开采过程中管路生成二次水合物过程，测试二次水合物生产后的渗透能力，通过视窗观察管道中流体流动情况及水合物的形成情况，同时可采用耐高温高压的光纤高压分析控制装置对视窗进行图像分析。

国外也有许多国家机构参与水合物渗透率测量的研究，如加拿大、日本和美国等。加拿大卡尔加里大学研究者在不同的水合物饱和度下，通过填充玻璃珠制成的多孔介质，通过实验确定了对气体的渗透性[43]。该实验能分析水合物形成的孔隙填充趋势。日本 AIST 能源与环境系能源前沿研究所甲烷水合物生产技术研究组利用岩芯分析工具进行岩芯分析，探索渗透率与孔隙、颗粒破碎等因素的影响规律[44]。该实验工具可以模拟水合物岩芯三轴应力条件下的原位有效应力状态，并分析渗透率与孔隙、颗粒破碎等因素的影响规律。美国地质调查局的 W · J · Winters 研发天然气水合物沉积物多参数实验装置该装置可模拟气体水合物和沉积物的流体体积、声波特性、渗透率等参数[45,46]。

通过对国内外天然气水合物沉积物的热导率、渗透率等特色参数的实验方法调研可见：基于瞬态平面热源法的水合物沉积物热导率在线测量是现阶段水合物实验室最为常见的实验装置，水合物渗透率测试装置与常规石油渗透率测试装置差异较小，实验关键在于沉积物中水合物生成均匀程度、分解过程中的动态渗透率数据处理方法等。水合物特色参数测试实验技术的创新与发展朝着多参数复合测试与数据处理方法的方向努力，可在一套实验装置上水合物分解相变过程中渗透实验过程中同时实现渗透性、热物性参数等多种类型参数的动态变化测试。

4 结论与展望

室内实验研究是天然气水合物开采技术研究的基础。通过本文对国内外水合物典型实验技术的综述与分析，明确了水合物基本实验方法与流程。对今后水合物开采实验技术的发展具有一定的指导意义。随着天然气水合物研究的不断深入和测试技术的不断进步，水合物分解模拟与物性测试实验装置向着实验综合性强、操作便捷性好、测试精确度高、模拟环境苛刻等方向发展。水合物开采物理模拟和井筒模拟实验装置具有装置大型化、系统集成化、功能多样化、过程可视化的发展趋势。众多研究者拟通过室内实验的优化设计，更好地反映现场水合物赋存特性和开采特征，获得更具有指导意义的实验数据，支撑水合物现场开采。

参 考 文 献

[1] 周雪冰，刘婵娟，罗金琼，等. 甲烷水合物分解过程的微尺度装置[J]. 2019，70(3)：1042-1047.
[2] 樊震. 多孔介质中天然气水合物分解实验与模拟研究[D]. 大连理工大学，2017.
[3] 任韶然，刘建新，刘义兴，等. 多孔介质中甲烷水合物形成与分解实验研究[J]. 石油学报，2009，30(4)：583-587.

[4] Charles E. Taylor, large-volume. High pressure view well helps fill gaps in understanding of methane hydrate behavior[J]. Fire in the ice newsletter, summer, USA: The national energy technology, 2004: 10-12.
[5] National Energy technology laboratory, Fire in the ice methane hydrate Newsletter, summer, 2004.
[6] 宁伏龙，蒋国盛，张凌，等. 天然气水合物实验装置及其发展趋势[J]. 海洋石油，2008，28(2)：68-72.
[7] 孙海亮，李彦龙，等. 电阻层析成像技术及其在水合物开采模拟实验中的应用[J]. 计量学报，2019，40(3)：455-461.
[8] 陈兵兵，杨明军，王大勇，等. 天然气水合物分解沉积层内水流速度分布特性[J]. 中国科学：物理学力学天文学，2019，49：034610.
[9] 关富佳，卢美月，张杰. 天然气水合物间壁热采实验研究[J]. 西安石油大学学报(自然科学版)，2020，35(1)：62-67.
[10] 梁伟，赵同彬，陈中伟，等. 三轴应力下多饱和度水合物合成、分解试验装置和方法[P]. CN20190488648.
[11] 李海涛，赵金洲，刘安琪，等，海洋非成岩天然气水合物原位快速制备实验及评价，新能源[J]. 2019，39(7)：151-157.
[12] 王平康，张旭辉，祝有海，等. 一种合成与分解混合气体水合物的实验装置[P]. CN 201611076147. 4.
[13] 赵军，周灿灿，戢宇强. 一种天然气水合物合成与分解实验方法及实验系统[P]. CN 201610125996. 8.
[14] 刘芙蓉，王胜杰，张文. 冰-水-气天然气水合物的实验研究[J]. 西安交通大学学报，2000，34(12)：66-69.
[15] 陆斌，李瑞丰，赵阳升，等. 煤层气水合物合成与解实验研究[J]. 科技情报开发与经济，2006，16(17)：182-184.
[16] 周雪冰，刘婵娟，罗金琼，等. 甲烷水合物分解过程中的微尺度测量[J]. 化工学报，2019，70(3)：1042-1047.
[17] 业渝光，张剑，胡高伟，等. 天然气水合物饱和度与声学参数响应关系的实验研究[J]. 地球物理学报，2008，51(4)：1156-1164.
[18] Hu G W, Ye Y G, Zhang J, et al. Acoustic properties of gas hydrate bearing consolidatedsediment sand experimental testing of elastic velocity models[J]. Journal of Geophysical research, 2010, B02102.
[19] 李彦龙，孙海亮，孟庆国，等. 沉积物中天然气水合物生成过程的二维电阻层析成像观测[J]. 天然气工程，2019，39(10)：132-138.
[20] 孟庆国，业渝光，王士财，等. 电阻探测技术在天然气水合物模拟实验中的应用[J]. 青岛大学学报，2008，23(3)：15-18.
[21] 吴青柏，蒲毅斌. 冻结粗砂土中甲烷水合物形成 CT 试验研究[J]. 天然气地球科学，2006，17(2)：239-250.
[22] 刘瑜，宋永臣，赵佳飞，等. 多孔介质断面可视化与孔隙度测量的 MRI 方法[J]. 测试技术学报，2011，25(3)：195-199.
[23] 刘艳军，李森川. 沉积物粒度及组分与天然气水合物合成速度关系实验[J]. 天然气地球科学，2020，31(2)：176-184.
[24] Liu C L, Li Y L, et al. An integrated experimental system for gas hydrate drilling and production and a preliminary experiment of the depressurization method[J]. Natural Gas Industry B, 2000, 7: 56-63.

[25] Li B, Li G, Li X S, et al. Gas Production from Methane Hydrate in a Pilot-Scale Hydrate Simulator Using the Huff and Puff Method by Experimental and Numerical Studies[J]. Energy Fuels, 2012, 26: 7183-7194.

[26] 杨浦，王国荣，周守为，等. 非成岩天然气水合物固态流化模拟实验装置的研制及应用[J]. 岩石力学与工程学报，2019，10：3512-3519.

[27] 高永海，孟文波，崔燕春，等. 深水气井水合物沉积预测新模型[J]. 石油学报，2019，8(40)：975-982.

[28] 张学玲. 天然气水合物摇摆釜系统设计与堵塞特性实验研究[D]. 大连理工大学，2019.

[29] 刘康，朱渊，陈国明，等. 天然气水合物开采井筒温度监测实验[J]. 实验室研究与探索，2019，10(38)：76-79.

[30] 姚淑鹏，李玉星，王武昌，等. 基于群体平衡理论的竖直管内水合物浆液流动特性模拟[J]. 石油化工，2019，2(48)：177-184.

[31] 李文祥，董金婷. 大型海底混输管道多相流水合物实验装置与测试技术[J]. 化学工程与装备，2019，10：123-125.

[32] Cook J G, Leaist D G. An exploratory study of the thermal conductivity of methane hydrate[J]. Geophysical Research Letters, 1983, 10(5): 397-399.

[33] Waite W F. Preliminary laboratory thermal conductivity measurements in pure methane hydrate and methane hydrate-sediment mixtures: a progress report[J]. 2011.

[34] 石磊. 气体水合物导热性能研究[D]. 中国科学院广州能源研究所，2002.

[35] Li D, Liang D. Experimental study on the effective thermal conductivity of methane hydrate-bearing sand [J]. International Journal of Heat and Mass Transfer, 2016, 92: 8-14.

[36] 陈强，刁少波，孙建业，等. 热脉冲探针-时域反射技术测量含水合物沉积物的热导率及水合物饱和度[D]. 2013.

[37] Waite W F, DeMartin B J, Kirby S H, et al. Thermal conductivity measurements in porous mixtures of methane hydrate and quartz sand[J]. Geophysical Research Letters, 2002, 29(24): 82-1-82-4.

[38] 张中印，袁诚阳，樊轩辉，等. 基于 TDTR 技术水合物热导率测量方法[J]. 化工学报，2019，2.

[39] Liu W, Wu Z, Li Y, et al. Experimental study on the gas phase permeability of methane hydrate-bearing clayey sediments[J]. Journal of Natural Gas Science and Engineering, 2016, 36: 378-384.

[40] Wu Z, Li Y, Sun X, et al. Experimental study on the gas phase permeability of montmorillonite sediments in the presence of hydrates[J]. Marine and Petroleum Geology, 2018, 91: 373-380.

[41] Cai J, Xia Y, Lu C, et al. Creeping microstructure and fractal permeability model of natural gas hydrate reservoir[J]. Marine and Petroleum Geology, 2020, 115: 104282.

[42] Li X S, Wan L H, Li G, et al. Experimental investigation into the production behavior of methane hydrate in porous sediment with hot brine stimulation[J]. Industrial & engineering chemistry research, 2008, 47(23): 9696-9702.

[43] Delli M L, Grozic J L H. Experimental determination of permeability of porous media in the presence of gas hydrates[J]. Journal of petroleum science and engineering, 2014, 120: 1-9.

[44] Yoneda J, Oshima M, Kida M, et al. Permeability variation and anisotropy of gas hydrate-bearing pressure-core sediments recovered from the Krishna-Godavari Basin, offshore India[J]. Marine and Petroleum Geol-

ogy, 2019, 108: 524-536.

[45] Winters W J, Waite W F, Hutchinson D R, et al. Physical property studies in the USGS GHASTLI laboratory[J]. Fire in the Ice: NETL Methane Hydrate Newsletter, 2008, 5(4): 6-9.

[46] Winters W J, Waite W F, Pecher I A, et al. Comparison of methane gas hydrate formation on physical properties of fine-and coarse-grained sediments[C]. American Association of Petroleum Geologists Hedberg Conference. 2004, 12: 16.

水合物抑制剂和评价方法技术现状和发展趋势探讨

宋志康[1]　杨立红[2,3]　黄　鑫[2,3]　王　雷[1]

[1]长江大学，武汉，430100

[2]中国石化石油勘探开发研究院，北京，102206

[3]南方海洋科学与工程广东省实验室(广州)，广州，511458

摘要：在可燃冰和天然气的开采、运输以及储存的过程中，天然气水合物的生成经常会造成管道、阀门以及设备的堵塞以及磨损，影响设备的使用寿命以及留下安全隐患。虽然天然气水合物的防治方法有很多，但是应用效果和经济投入最优的方法是加注抑制剂方法。本文就天然气水合物抑制剂的研究与评价方法进行了调研。针对抑制剂的种类及应用现状，分析了抑制剂的优缺点，最终认为复合型抑制剂是未来的主要研究方向，同时对抑制剂的各种评价方法进行了分析，通过分析认为定容方法或气体消耗方法复合直接观测方法是最为直观可信度高的评价方法。

关键词：天然气水合物；抑制剂类型；评价方法；发展展望

1　前言

天然气水合物是在石油以及天然气的开采，运输以及储存的过程中，在特定的条件下由小分子气体与液态自由水形成的冰雪状的结晶物[1~4]。在天然气水合物大量形成的条件下，可造成管道、井筒以及阀门的堵塞，造成设备损坏，带来严重的经济损失[5~10]。

水合物的生成过程是一个多元、多相相互作用的动力学过程，一个完整的水合物生成过程通常包括含气体溶解、成核和生长 3 个阶段[11,12]。在抑制天然气水合物的生成中，其中效果最好的就是破坏天然气水合物的生成条件，其根本就是在天然气水合物的开采、运输以及储存的过程中，创造出与水合物生成相反的条件：高温、低压、除去自由水。因此天然气水合物抑制方法主要分为脱水法、压力法、加热法以及抑制剂添加法[13~22]。但脱水措施受季节影响难以控制，加热法和压力法会给管道带来一些风险，如局部高压，管线

基金项目：南方海洋科学与工程广东省实验室(广州)人才团队引进重大专项(GML2019ZD0102)；
中国石化科技部项目群课题(P20040-4)；
中国石化优秀青年创新基金项目(P20025)

破裂等。化学法是通过在天然气中添加抑制剂，从而抑制水合物的形成或聚集增大。此法是目前应用最广、效果最好的抑制方法[19~22]。但是水合物抑制剂种类很多，评价方法也多样，通过调研明确各种抑制剂的优缺点，明确未来水合物抑制剂的发展方向，同时筛选最为客观实用的评价方法，对于水合物抑制剂的研发和评价过程显得至关重要。各种水合物抑制方法优缺点对比见表1。

表1　各种水合物抑制方法优缺点对比

抑制方法	优点	缺点
脱水法	设备简单，操作方便	操作成本高，不适宜大规模的应用
压力法	操作方便，可大规模使用	压力降低，影响天然气的输送与储存
加热法	设备简单，效率高	成本高，经济效益差，不适合大规模应用
机械法	操作简单，成本低	只能清除已生成的小体积天然气水合物，不能预防以及清除大规模的天然气水合物
化学法	效率高，经济效益高，操作简单	抑制剂对环境具有选择性，且抑制剂对环境有一定的危害

2　水合物抑制剂类型对比分析

随着天然气水合物抑制剂的研究与发展，目前天然气水合物抑制剂的种类主要有以下几种：热力学天然气水合物抑制剂，动力学天然气水合物抑制剂，聚阻剂以及复合型天然气水合物抑制剂[15,23~29]。

2.1　热力学抑制剂

热力学天然气水合物抑制剂是目前广泛应用的防止生成水合物的抑制剂，其作用机理[28]是在气水双组分系统中加入另一种组分，改变天然气分子与水分子的热力学平衡，破坏具有空穴的水分子之间的结构关系，从而降低界面上的蒸汽分压，降低水合物结晶点，使水合物在更低温或更高的压力下才能形成[30]，或者直接与水合物接触，使其分解，抑制水合物的生成。目前，普遍采用的热力学抑制剂主要包括醇类和盐类，如甲醇、乙二醇、异丙醇、二甘醇、氨、氯化钙等。其中，甲醇、乙二醇是应用最为广泛的热力学抑制剂[28,31]。

醇类溶入水中，它的 OH 键属于分子内氢键，而水分子的 OH 键是分子间氢键。分子内氢键的形成与相关物质的浓度无关，而分子间氢键的形成与相关物质的浓度有关。因此水中甲醇越多，则水分子间越不易形成氢键，则水分子间甲醇类抑制剂有良好的效果，能有效地降低水合物的生成温度，随着甲醇浓度的增加，其水合物形成的温度降低，水合物的形成越困难，体系中甲醇的有效质量分数一般为 15%~50%，成本较高，相应的储存、运输、注入成本也较高，且甲醇有毒性，在低压力下进入气相的比例高达 75%，在使用时消耗量较大，带来环境污染等问题，故而逐渐被取代[28,32]。

甘醇类天然气水合物抑制剂的特点是无毒、沸点高、在气相中的蒸发损失少并且可回收循环使用，适用于气量大且不方便采用脱水法的工况。但在应用甘醇类的抑制剂时，有许多需要注意的事项。如：为提高甘醇类抑制剂的使用效果，抑制剂必须以非常细小的液滴的形式注入气流中；甘醇类的抑制剂通常应用于操作温度不是很低的工况中，只有这样的工况，才能保证甘醇类抑制剂的经济效益达到最高。如果管道或设备的操作温度低于0℃时，最好保持甘醇类抑制剂在水溶液中的质量分数在60%~70%之间。甘醇类抑制剂虽然可以用来防止水合物的形成，但却不能分解或溶解已经形成的水合物。

除此之外[32,33]，热力学抑制剂还包括无机盐水溶液（电解质溶液），其有氯化钠，氯化镁，氯化锂，氯化钙等，都可作为天然气水合物的抑制剂。其中氯化钙水溶液因其具有良好的应用效果以及价格低廉无毒，应用最为广泛。但因电解质溶液具有腐蚀性，易破坏管道和设备，故而在工业生产中不常使用。

由图 1 可知，随着热力学抑制剂加量的增加，溶液水活度逐渐降低，ΔT 呈近似线性递增趋势，水合物抑制效果逐渐增强。

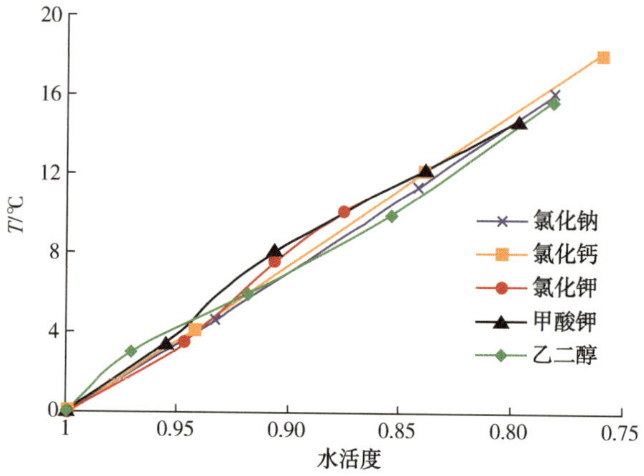

图 1　水合物的生成温度降低值与水活度的关系图

2.2　动力学抑制剂

自 20 世纪 90 年代以来，由于热力学抑制剂的局限性，研究重点转向了动力学抑制剂，旨在开发低用量水合物抑制剂。即在油井的开采生产过程中加入少量的水合物抑制剂，通过降低水合物的成核速率，减慢或者制止水合物临界晶核的成形，以此来干扰水合物形成。

动力学抑制剂的作用机理有两种说法[28,34]，一种为临界尺寸效应，抑制剂在水合物晶体形成的初始阶段，抑制剂中的分子利用化学键吸附在水合物晶体的表面，以此来阻止水合物颗粒达到水合物形成的临界尺寸或者是减慢已达到临界尺寸的水合物晶体颗粒的生长速度；另一种为吸收和空间阻碍效应[35~37]，抑制剂分子依靠氢键吸附到水合物晶体的表面，水合物晶体的颗粒通过较小的曲率半径围绕聚合物分子或聚合物分子链，抑制剂分子被吸收到水合物晶体表面后，与气体中的甲烷分子发生作用，阻止甲烷分子进入水合物晶核的孔隙中。

根据抑制剂分子不同的作用机理，动力学抑制剂分为水合物生长抑制剂、水合物聚集抑制剂和双重功能抑制剂。其中，水合物生长抑制剂可以减慢水合物晶核生长速率，使水合物在一定的时间内不会因为生长速度太快而形成大的晶体沉积下来。水合物聚集抑制剂则是利用化学和物理的协同作用，抑制水合物的聚集，使水合物悬浮在管道中的流体中，随着流体的流动而流动，不聚集沉积到底部，造成堵塞或对设备造成损坏[28]。

到目前为止，天然气水合物动力学抑制剂的类型主要有以下几种：

（1）聚乙烯吡咯烷酮类水合物动力学抑制剂。

Anselme 等[34]通过研究发现聚乙烯基吡咯烷酮（PVP）及乙烯基吡咯烷酮（NVP）和其丁基衍生物对四氢呋喃水合物晶体的生长速率具有一定的抑制作用。Rodger[38]等研究表明，聚乙烯吡咯烷酮的活性中心是吡咯烷酮环，其中的氧原子可与水分子表面形成氢键以吸附在水合物的表面；除此之外，吡咯烷酮环可产生协同作用，也可抑制水合物晶体的生长。羟乙基纤维素也有类似的特性[39]。

（2）聚酰胺类水合物动力学抑制剂。

最开始研发的天然气水合物动力学抑制剂是聚甲基-乙烯基乙酰胺（PVIMA）。但经研究发现，PVIMA 单独使用作抑制剂时，效果并不是很理想，但将乙烯基己内酰胺（VPCap）以 1∶1 共聚后所合成得到的共聚物其对天然气水合物的抑制效果有了明显的提高。

（3）聚醚醇类水合物动力学抑制剂。

Ju 等[40]就聚氧化乙烯（PEO）和阳离子淀粉对天然气水合物的抑制性能进了实验研究。实验结果表明，聚氧化乙烯（PEO）和阳离子淀粉可以明显提高动力学抑制剂的抑制性能，能减缓天然气水合物的成核速度。

（4）绿色天然气水合物动力学抑制剂。

绿色天然气水合物动力学抑制剂是一种环境友好型的抑制剂，因其对环境无污染，现已成为科学研究的热点。目前的绿色天然气水合物动力学抑制剂主要分为两种，一是生物天然气水合物抑制剂，另一个是天然聚合物抑制剂[41]。

① 生物天然气水合物动力学抑制剂。

生物天然气水合物动力学抑制剂其主要种类是蛋白类物质，具体包括抗冻蛋白（antifreeze proteins，AFPs）、抗冻糖蛋白（antifreeze glycoproteins，AFGPs）或冰结构蛋白（ice-structure proteins，ISPs）。

抗冻蛋白的天然气水合物抑制剂的作用是通过 AFPs 分子吸附在大部分的亲水性表面（杂志和水合物晶核）并迅速地形成致密膜，以此来抑制异相成核和生长。经过实验研究发现，抗冻蛋白（AFPs）对天然气水合物的抑制效果比聚乙烯基吡咯烷酮（PVP）对天然气水合物的抑制效果更强。

但由于从动物体内提取 AFPs 成本高，故而难以大规模地生产。目前，利用细菌来大规模培养和生产 AFPs 是比较可行的方法。

② 天然聚合物。

淀粉具有高度的亲水性，可以通过氢键和天然气水合物表面相互作用，且淀粉具有丰富的多糖，无毒、可生物降解，故可用作天然气水合物。一般采用阳离子淀粉，可以很容易地与表面成核位相互作用，从而影响天然气水合物的诱导时间。

Lee 等[42]实验了一系列的淀粉，其中木薯淀粉的天然气水合物抑制效果最好，可是天然气水合物的诱导时间延长 1.5h。这是由于淀粉中的脱水葡萄糖单元吸附在天然气水合物上，以此来实现对天然气水合物生长的抑制效果。有实验所知[43]，壳聚糖也可用作天然气水合物动力学抑制剂，壳聚糖是一种线性结构的多糖，是由 β-(1-4)-D-葡萄糖胺和 N-乙酰基-D-葡萄糖胺组成。壳聚糖的天然气水合物抑制剂的抑制性能与其脱乙酰度呈正相关，其脱乙酰度增加，天然气水合物诱导时间也会增加，而其相对分子质量则对天然气水合物诱导时间影响较小。

2.3 防聚剂类抑制剂

防聚剂是由聚合物和表面活性剂组成，防聚剂的抑制机理与动力学天然气水合物抑制剂不同，主要是其乳化剂的作用，只有当水和油同时存在时才可使用[29]。

被用作防聚剂的表面活性剂大多是一些酰胺类化合物，尤其是羟基酰胺、烷氧己二羟基酸酰胺以及 N,N-二羟基酰胺等，以及烷基芳香族磺酸盐、烷基聚苷与溴化物的季铵盐等。比较典型的防聚剂主要有溴化物的季铵盐(QAB)、烷基芳香族磺酸盐(Dobanax 系列)和烷基聚苷(Dohanol)等。防聚剂的应用主要有两种方式：

(1) 将其和热力学天然气水合物抑制剂以及动力学天然气水合物抑制剂混合使用。目前，此类混合型抑制剂已经在油田中取得了应用。

(2) 将几种防聚剂复配。根据研究表明，复配型防聚剂与单一防聚剂相比，在用量中可大大减少，而且，其所能承受的过冷度也有了极大的提高，具有高效、经济效益高的特点，更适用于大规模的工业化应用。

虽然防聚剂有着很好的工业应用，但其也存在着以下缺点：分散性能有限，应用有局限，仅能在油水同时存在的环境下才有抑制天然气水合物生成的效果。

2.4 复合型抑制剂

单一的天然气水合物抑制剂的性能虽然良好，但都存在一定的优缺点，以及一定的应用限制。所以，目前抑制剂主要发展趋势是采用热力学和动力学抑制剂复配体系。目前主要的复配类型有动力学制剂与甲醇、醇醚类的复配。

(1) 动力学天然气水合物抑制剂与甲醇的复配。

甲醇为一种性能优良的天然气水合物热力学抑制剂，曹莘等经研究发现，动力学天然气水合物抑制剂与甲醇复配使用时能取得良好的抑制效果。因为动力学天然气水合物抑制剂通常是水溶性的高分子聚合物，需要极性溶剂来溶解，而甲醇可作为溶剂来使之溶解。Heidaryan 等[44,45]用聚乙烯基甲基醚与甲醇按不同比例混合，实验现象表明，0.6%(ω)的聚乙烯基甲基醚与 6%(ω)的甲醇复配时，其抑制效果最佳，其作用下的水合物的诱导时间长达 97h，与只使用甲醇(诱导时间为 36h)相比有了明显的提高，且当聚乙烯基甲基醚与甲醇的配比较高时，其形成水合物的诱导时间也随之增长。这是因为天然气水合物的生成分为 3 个阶段，分别为成核、初步形成和快速增长。甲醇可以抑制水合物的成核，聚乙烯基甲基醚可抑制水合物的生长速率，由此可见，两种抑制剂呈现协同作用，互相增强了其抑制作用。

(2) 动力学天然气抑制剂与醇醚类的复配。

乙二醇醚类是常用的增效剂。乙二醇醚类物质与动力学抑制剂复配后对水合物产生了很好的抑制效果。分子中烷氧基团具有 3~4 个 C 原子的醇醚可以起到更好的协同作用，这可能是由于其分子中烷氧基的疏水性使整个分子具有表面活性剂的性质，改变了抑制剂高分子链在溶液中的构象，使高分子的伸展链与更多的水合物晶体作用，提高了抑制效果[44]。

Yang 等[46,47]采用超声波研究发现，将 0.5%(ω)的 PVCap 分别与 0.75%(ω)的乙二醇醚类和 0.75%(ω)的丙二醇醚类复配，产生了明显的协同效果，其中，醇醚类包括乙二醇单丁醚、乙二醇二乙醚、乙二醇乙醚、乙二醇苯醚、1-丙氧基-2-丙醇、1-甲氧基-2-丙醇和 1-苯氧基-2-丙醇等。与 PVCap 相比，复合型水合物抑制剂显著延长了水合物晶核的成核和生长时间。醇醚类化合物增强了 PVCap 分子在水合物晶核生长点和成核位点的吸附作用；乙二醇醚类化合物的协同作用与分子大小有关，相对分子质量越大，协同效应越好。

综合各类型抑制剂的特点(见表 2)，根据大量实验表明，乙醇类，醇醚类为主的热力学抑制剂与动力学抑制剂复配已引起研究者的兴趣。同时通过分子模拟发现，酰胺基、环形结构和羟基均对水合物具有不同程度的分解作用，从分子水平上说明了这种复配方案协同增效的原因。

表 2　不同类型抑制剂的优缺点对比

抑制剂种类	优点	缺点
热力学抑制剂	可改变水合物形成热力学条件，完全阻止水合物晶体的成核，从根本上抑制天然气水合物的生成	实际应用中，要达到需求的抑制效果，用量较大，经济效益较低，且进入气相的体积较大，对天然气有一定的影响
动力学抑制剂	在实际应用中，其较小用量，就可达到较高的抑制效果，相比于热力学抑制剂，其经济效益更高	只能在水合物晶核的生长阶段降低生长速度，并不能阻止水合物晶核的生成，不能根本性地阻止天然气水合物的生成，仍存在水合物晶核
聚阻剂	其在水相和油相间形成微乳液，增大其溶解性，少量加入，其抑制效果显著	其只能在水相和油相同时存在时，才能应用，应用条件苛刻；分散性能有限；不能完全抑制天然气水合物的生成
复配型抑制剂	其不仅能在水合物晶体的成核阶段抑制其生成，还能在其晶体成核后，抑制晶核的生长速度，不让其过快地生长聚集	复配型水合物抑制剂的成本高，其需要多种抑制剂的复配，在使用时对操作的要求较高

3 天然气水合物抑制剂性能的评价方法

目前天然气水合物抑制剂性能的评价方法主要分为以下几大类：分子模拟方法、压力观测方法、温度或放热测定法、黏度测定法、核磁方法。

3.1 分子模拟法

目前天然气水合物抑制剂的选择与评价主要是通过实验来进行，但其工作量太大，且常常需要高压的条件，存在一定的危险。通过计算机模拟的方法来研究其性能，不仅经济效益高，安全性高，且可在模拟中不断地改变天然气水合物抑制剂中的官能团，来考察和调整天然气水合物抑制剂的性能。因此，通过模拟法来选择和研究天然气水合物抑制剂得到重视。目前，越来越多的人采用模拟法来选择和研究天然气水合物抑制剂。

目前使用模拟法来选择和研究天然气水合物的方法主要有两种：(1)建立天然气水合物生长表面，让天然气水合物抑制剂与之接触，通过分析天然气水合物表面原子的径向分布函数和均方位移来判断天然气水合物抑制剂的抑制效果。(2)让水溶性聚合物侵入到液态水中的水竞相与天然气水合物抑制剂的活性基团结合，以此来评价天然气水合物抑制剂的抑制效果。

Carver[48~51]采用分子模拟法开展动力学抑制剂 PVP 对 SI 和 SII 水合物的抑制效果的研究，得到了聚合物分子主要吸附在水合物晶体表面的认识，Freer[52]采用分子模拟法开展了多种聚合物在 SII 水合物(111)表面的抑制效应的研究，模拟表明，抑制效果与温度和 van der Waals 作用力有关。Storr[53,54]用分子动力学(MD)方法模拟了四胺基团的硫族动力学抑制剂 TBAES，TBAPS 和 TBABS 对 SII 水合物的抑制效应，结果显示此类抑制剂是两性的，亲水的硫氧基能抑制水合物生成，憎水的甲基能促进水合物形成。

3.2 核磁方法

采用核磁方法可以测定水合物生成和分解的微观特征，核磁共振(NMR)是磁性原子核在外磁场作用下自旋运动能级发生分裂后，从低能级跃迁至高能级所需的能量。不同的原子核，能级差随所处环境的不同而有所不同。谱图提供化学位移、偶合常数及峰的分裂数、峰的相对面积等，不仅可以对各种物质的结构、成分进行定性分析，而且可以定量分析[55,58]。高分辨核磁共振技术能有效研究水合物特征[56,58]，不仅可以识别水合物晶体的结构类型，还可以识别客体分子所占据孔穴结构以及水合数、占有率等[57,58]。

国内也有学者采用该技术探究水合物形成过程特征。田慧会[59]配制 19%THF(四氢呋喃)溶液置于一定温度梯度下采集核磁总信号，整个过程从室温开始，到水合物形成过程结束为止。实验发现信号的变化具有明显的阶段性，初始期(0~294s)水合 THF(四氢呋喃)没有发生水合，体系物质组成没有变化；诱导期(294~1302s)期间总信号稳定；加速生长期(2394~3150s)阶段信号开始急剧下降，说明水合物在晶核出现后快速生成；稳定期(3150~3402s)阶段样品总信号几乎不变，说明水合物过程已经结束。核磁共振测量装置见图 2。

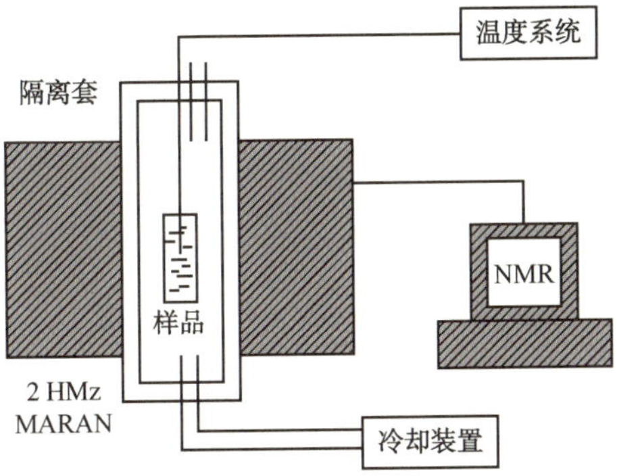

图 2　核磁共振测量装置图

3.3　温度-诱导时间法

温度是影响天然气水合物生成的主要因素之一。对于任何组分的天然气，在一个给定的压力的条件下，其生成天然气水合物的温度是确定的，当低于这个温度时，将形成天然气水合物，但当温度高于此温度时，则不会生成天然气水合物，或已生成的天然气水合物将分解，该温度称为天然气水合物的临界温度。在天然气水合物的临界温度附近，忽略压力对天然气水合物形成的影响，以液态的类烃液体代替天然气来形成气体水合物，此法在国外称为 THF(四氢呋喃)法。

诱导时间指的是天然气水合物达到一定数量可以进行探测所需的时间。Zeng[60] 通过测定诱导时间来研究抗冻蛋白对水合物抑制作用，实验装置如图 3 所示，将四氢呋喃(11H F)水合物与含有 PVP、抗冻蛋白抑制剂 wfAFP、CfA FP 的 THF 水合物分别放入含一个小搅拌棒的试管中。试管沉浸在冰水浴里且恒温在 273K，通过计算机控制数据采集，监测样品的温度，温度突然升高表明水合物生成。实验所得温度——时间曲线如图 4 所示，t_0是样品达到水浴温度的时间，t_n是成核温度的时间，t_p是达到最高峰温度的时间，t_∞是水合物形成的结束时间，诱导时间 $t_i=t_n-t_0$ 可以用来评估抑制性。实验结果发现抗冻蛋白对水合物的成核及生长都有明显的抑制作用，能够延长诱导时间。

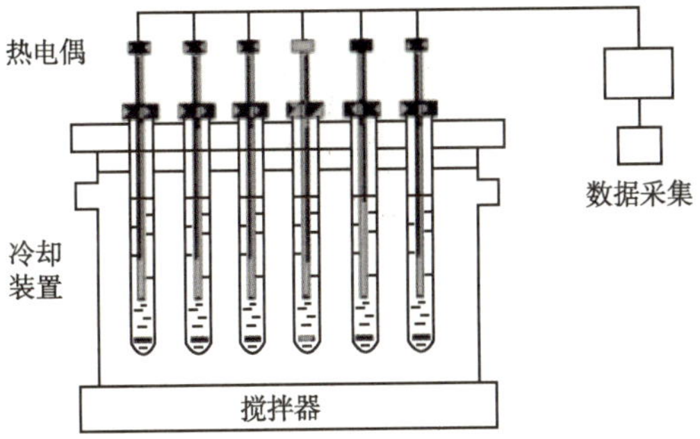

图 3　诱导时间测量装置图

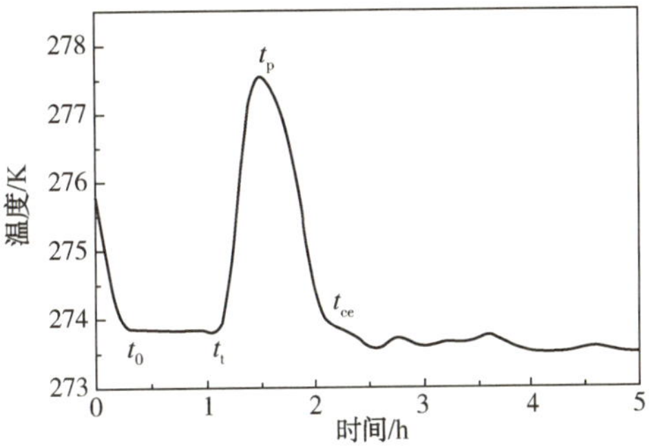

图 4　温度-时间测量曲线

3.4 压力-诱导时间法

诱导期是对过饱和系统在亚稳定平衡态下保持平衡能力的评估，具有表征该状态下系统寿命的物理意义。诱导期不是系统的基本物性参数，但诱导期数据包含关于新相成核和生长动力学的有用的信息。经实验证实，诱导期在天然气水合物结晶中有着重要意义。诱导期的测定主要有以下两种。

（1）压力变化法。向反应器中注入气体并保持一定的压力，在温度恒定的情况下，记录压力随时间的变化。Skovborg 等利用这种方法测得 CH_4、C_2H_6和其混合物在一磁力搅拌间歇反应器中生成天然气水合物的诱导时间。

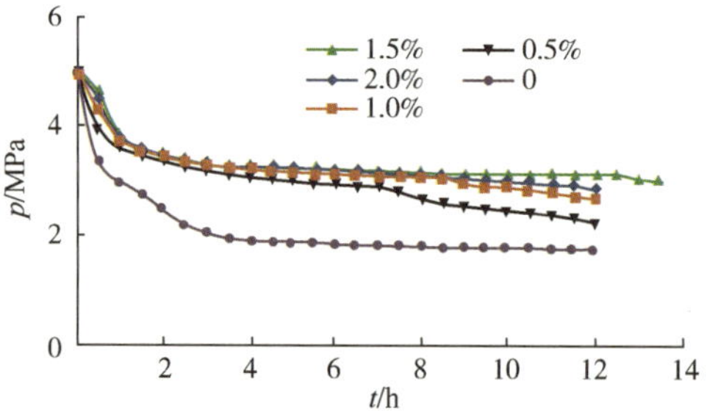

图 5　不同抑制剂浓度下压力随时间变化图

（2）气体消耗法。气体消耗法原理与定容法的原理相似，天然气水合物的生成需要消耗大量的气体。在实验测定的过程中，测试气体随时间消耗的方法被称为气体消耗法。

刘建仪等[61]人采用压力测定的方法来评价一种动力学水合物抑制剂的性能。其压力变化图如下。通过图 5 中数据可以看出，添加抑制剂后，压力下降幅度减小，说明水合物生成后气体消耗量下降。

3.5 直接观测法

Vysniauska 等以及 Natarajan 等采用此种方法来观测天然气水合物的生成。实验采用带有视窗并设有搅拌装置的反应器。通过目测，当反应器内是否出现混浊来判断天然气水合物是否开始成核。但此种方法具有一定的局限性，且目测观察具有很大的不确定性，随机误差较大。水合物生成观察装置见图 6，水合物生成过程见图 7。

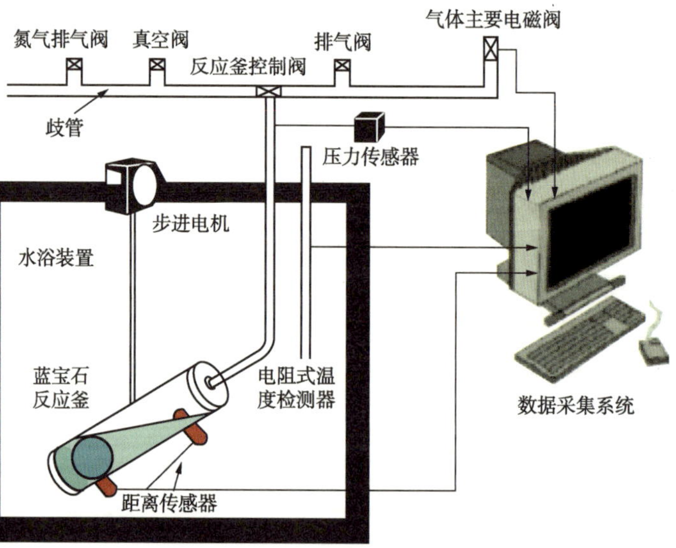

图 6　水合物生成观察装置图

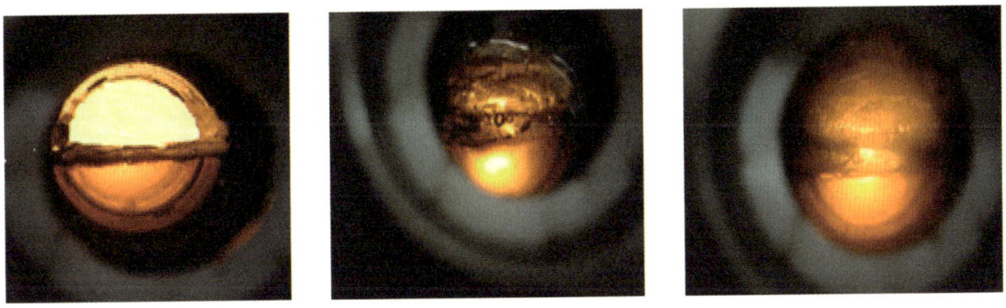

图 7　水合物生成过程

裘俊红和郭天民等人在蓝宝石高压透明釜装置上，采用直接目测和观察压力相结合的方法测得了 CH_4 水合物的成核诱导期。

综合各种评价方法的优缺点，见表 3，目前更为可靠实用的方法还是压力测定法，同时为了实验过程更加直观，诱导时间法和直接观测法复合应用可以作为后面的主要评价方法。

表 3　各种评价方法的优缺点对比

评价方法	优点	缺点
压力–诱导时间法	其可得到压力与天然气水合物生成的关系	在实验中，存在压力靠近时，有水合物的生成，不能得到准确的数据，对实验的影响较大，且当压力高时，存在一定的安全隐患
温度–诱导时间法	可得到水合物晶核的临界形成温度	应用效果较差，在温度接近时，就可能有水合物的生成，不能得到准确的数据，对实验影响大
分子模拟法	设备简单，可对分子进行模拟改性，得到对水合物抑制效果更显著的官能团	模拟作用下地对水合物抑制剂的抑制作用，但不知道具体的应用效果，需要实验证实
核磁共振法	设备简单，操作方便，可准确地指示具体的官能团	存在辐射性，长时间使用，对人体有一定的危害
直接观测法	直观可视	需要配合其他定量评价方法准确判断水合物生成和分解过程

4　总结

综上所述，尽管天然气水合物抑制剂的研究在国内外已经有了几十年的发展，且在国内外已经在现场有了很多的成功的应用，但是其仍然存在很多的问题。如经济效益低，环境污染大，应用被环境或其他条件限制的问题。尤其在我国，天然气水合物抑制剂的发展还处于研究和发展阶段，新型的天然气水合物抑制剂的研究还在攻关，针对天然气水合物抑制剂，进一步的研究重点应放在以下几个方面：

（1）低污染，低消耗，低成本但效用高是未来天然气水合物抑制剂的发展方向。

（2）针对动力学抑制剂以及热力学抑制剂各自的不足，应着重研究复合型天然气水合物抑制剂，以补充其各自的不足。

（3）在评价方法方面，更为直观可靠的方法还是诱导时间法，同时为了实验过程更加直观，诱导时间法和直接观测法相复合可以作为后面的主要评价方法。

参考文献

[1] Sloan E D，Koh C A. Clathrate hydrates of natural gases：third edition. CRC Press（Taylor and Francis Group）：Boca Raton，FL，2008.

[2] 姬彩云，杜智鹏．天然气水合物抑制剂的制备及性能评价[J]．延安职业技术学院学报，2018，32（04）：105-106.

[3] 肖钢，白玉湖，董锦．天然气水合物综论[M]．北京：高等教育出版社，2012，1-50.

[4] 倪婷，王凯，闫晓艳，王鹏飞，郝红．天然气水合物抑制剂的制备及抑制性能评价[J]．离子交换与吸附，2015，31(05)：464-471.

[5] Davies SR，Boxall J A，Dieker L E，et al. Predicting hydrate plug formation in oil－dominated flowlines. Journal of Petroleum Science and Engineering，2010；72：302-309.

[6] 闫柯乐，张红星，李莹，邹兵，肖安山．水合物动力学抑制剂开发与评价方法研究进展[J]．科学技术与工程，2016，16(25)：174-180.

[7] MAHABADIAN M A，CHAPOY A，BURGASS R，et al. Development of a multiphase flash in presence of hydrates：Experimental measurements and validation with the CPA equation of state[J]. Fluid Phase Equilibria，2016，414(1)：117-132.

[8] MASOUDI R，TOHIDI B. Estimating the hydrate stability zone in the presence of salts and/or organic inhibitors using water partial pressure[J]. Journal of Petroleum Science & Engineering，2005，46(1/2)：23-36.

[9] MASOUDI R，TOHIDI B. On modelling gas hydrate inhibition by salts and organic inhibitors[J]. Journal of Petroleum Science & Engineering，2010，74(3/4)：132-137.

[10] 于一帆，史博会，王嘉琪，赵仁杰，刘思良，孟祥华，宫敬．水合物热力学抑制剂临界最低加剂量的计算方法[J]．油气储运，2019，38(05)：547-553+561.

[11] 吴德娟，胡玉峰，杨继涛，吴德娟(中国石油天然气集团公司油气藏流体相态重点研究室等．天然气水合物新型抑制剂的研究进展[J]．天然气工业，2000，(6)：95-98.

[12] Ruoff P，Lekvam K. A reaction kinetic mechanism for methane hydrate fonnation in liquid water. J. Am. Chem. Soc. 1993，115，8565.

[13] 李士伦，等．气田及凝析气田开发[M]．北京：石油工业出版社，2001：116.

[14] 毕曼，贾增强，吴红钦，等．天然气水合物抑制剂研究 与应用进展[J]．天然气工业，2009，29(12)：75-78.

[15] 李欢，孙丽，唐坤利，吴洋，鲁雪梅．天然气水合物抑制剂 DVP 的合成及性能研究[J]．应用化工，2016，45(03)：504-507+510.

[16] Davies S. R.，Ivanic J，Sloan E D. Predictions of hydrate plug dissociation with electrical heating. Proceeding of the Fifth International Conference on Gas Hydrates，Trondhelm，Norway，June 12-

16, 2005: 1396.

[17] Kelkar S K, Selim M S, Sloan E D. Hydrate dissociation rates in pipelines. Fluid Phase Equilibria, 1998; 150-151: 371-382.

[18] Yousif M H. Effect of under inhibition with methanol and ethylene glycol on the hydrate-control process. SPE Production & Facility, 1998; (13): 184-189.

[19] Peng X, Hu Y, Liu Y, et al. Separation of ionic liquids from dilute aqueous solutions using the method based on CO_2 hydrates. Journal of Natural Gas Chemistry, 2010; 19(1): 81-85.

[20] Richard A R, Adidharma H. The performance of ionic liquids and their mixtures in inhibiting methane hydrate formation. Chemical Engineering Science, 2013; 87: 270-276.

[21] Xiao C, Wibisono N, Adidharma H. Dialkylimidazolium halide ionic liquids as dual function inhibitors for methane hydrate. Chemical Engineering Science, 2010; 65(10): 3080-3087.

[22] 王琴，韩庆荣，巨雪霞，霍立春．天然气水合物抑制剂最新研究进展及性能评价[J]．广州化工，2013，41(04)：44-45+56.

[23] 孙长宇，等．多相混输管线中的水合物抑制研究现状[J]．天然气工 业，2003，23(5)：105-108.

[24] 赵义，丁静，等．天然气水合物及其生成促进与抑制研究进展[J]．天然气工业，2004，24(12)：132-134.

[25] 胡玉峰．天然气水合物及相关新技术研究进展[J]．天然气工业，2001，21(5)：84-86.

[26] 陈赓良．天然气采输过程中水合物的形成与防止[J]．天然气工业，2004，24(8)：89-91.

[27] Didier Dalmazzone. Differential scanning calorimetry: A new technique to characterize hydrate formation in drilling muds. [J]. SPE Journal, 2002, (6): 196-201.

[28] 许维秀，李其京，陈光进．天然气水合物抑制剂研究进展[J]．化工进展，2006，第25卷(11)：1289-1294.

[29] 吕涯，杨长城(华东理工大学石油加工研究所)．天然气水合物及其抑制剂的研究和应用[J]．上海化工，2010，(4)：20-23.

[30] Chen Jun, Yan Kele, Chen Guangjin, et al, Insights into the formation mechanism of hydrate plugging in pipeline[J], Chem Eng Sci, 2015, 122: 284-290.

[31] 白云程，孙敬杰，罗向权，周晓惠，孟繁宇．石油工程中的水合物抑制[J]．特种油气藏，2006，(02)：5-8+104.

[32] 苏慕博文，周博宇．气体水合物抑制剂的研制与性能评价[J]．当代化工，2017，46(01)：134-136+140.

[33] 张默思，李文卓，马贵阳，潘振，王昆，王锡钰．天然气水合物抑制剂分析[J]．当代化工，2015，44(11)：2619-2621.

[34] 王守峰．天然气水合物动力学抑制剂的研究现状[J]．油气田地面工程，2013，32(09)：54-55.

[35] 唐翠萍，樊栓狮．天然气水合物新型抑制剂的研究进展[J]．石油与天然气化工，2004，(03)：157-159+141-142.

[36] Lavrencic Stangar U, Groselj N, etal. [J] SolidState. 2001. 145; 109-118.

[37] Zeng H, Walker V K, Ripmeester J A. Approaches to thedesign of better low-dosage gas hydrate inhibitors [J]. Angew Chem, 2007, 119(28): 5498-5500.

[38] Rodger P M. Simulation of surface melting and inhibition in dathrate hydrates. 8th International Symposium on

Molecular Recognition and Inclusion, 1994.

[39] Long J, Lederhos J, Sum A, et al, Proceedings of the 73ed Annual GPA convention New Orleans, LA, 1994-3.

[40] JU DONG LEE, PETER ENGLEZOS. Enhancement of the Performance of Gas Hydrate Kinetic Inhibitors with Polyethylene oxide [J]. Chemical Engineering Science, 2005, 60: 5323-5330.

[41] 樊栓狮，王燕鸿，郎雪梅(华南理工大学化学与化工学院；强化传热与过程节能教育部重点实验室). 天然气水合物动力学抑制技术研究进展[J]. 天然气工业，2011，(12)：99-109.

[42] LEE J D, WU HJ, ENGLEZOS P. Cationic sta rches as gas hydrate kinetic inhibitors [J]. Chemical Engineering Science, 2007, 62(23), 6548-6555.

[43] XU Yongjun, YANG Minlin, YANG Xiaoxi. Chitosan as green kinetic inhibitors for gas hyd ra te formation [J]. Jou rnal of Natu ral Gas Chemistry, 2010, 19(4), 431-435.

[44] 闫晓艳，郝红，王凯等. 复合型天然气水合物抑制剂的研究进展[J]. 石油化工，2013，(11)：1286-1292.

[45] Heidaryan E, Salarabadi A, Moghadasi J, et al. A New High Performance Gas Hydrate Inhibitor[J]. J Nat Gas Chem, 2010, 19(3): 323-326.

[46] 王凯. 复合型天然气水合物抑制剂的研究 [D]. 陕西：西北 大学化工学院，2012.

[47] Yang Jinhai, Tohidi B. Characterization of Inhibition Mecha-nisms of Kinetic Hydrate Inhibitors Using Ultrasonic Test Technique [J]. Chem Eng Sci, 2011, 66(3): 278-283.

[48] Carver, T. J.; Drew, M. G. B.; Rodger, P. M. J. Chem. Soc., Faraday Trans. 1995, 91, 3449.

[49] Carver, T. J.; Drew, M. G. B.; Rodger, P. M. J. Chem. Soc., Faraday Trans. 1996, 92, 5029.

[50] Carver, T. J.; Drew, M. G. B.; Rodger, P. M. Ann. N. Y. Acad. Sci. 2000, 912, 658.

[51] 颜克凤，密建国，仲崇立. 用分子动力学模拟天然气水合物的抑制效应[J]. 化学学报，2006，(03)：223-228.

[52] Freer, E. M.; Sloan, E. D. Ann. N. Y. Acad. Sci. 2000, 912, 651.

[53] Storr, M. T.; Rodger, P. M. Ann. N. Y. Acad. Sci. 2000, 912, 669.

[54] Storr, M. T.; Taylor, P. C.; Monfort, J. P.; Rodger, P. M. J. Am. Chem. Soc. 2004, 126, 1569.

[55] 董炎明. 高分子研究方法[M]. 北京：中国石化出版社，2011.

[56] 金永君，艾延宝. 核磁共振技术及应用[J]. 物理与工程，2002，12(1)：47-50.

[57] 陈光进. 气体水合物科学与技术[M]. 北京：化学工业出版社，2007.

[58] 王庆毓，马尚，李鹏飞，邢雅琪，迟咏梅，董坚. 天然气水合物动力学抑制剂的评价方法[J]. 天然气化工(C1 化学与化工)，2017，42(05)：126-130.

[59] 田慧会，魏厚振，颜荣涛，等. 低场核磁共振在研究四氢 呋喃水合物形成过程中的应用[J]. 天然气工业，2011，31(7)：97-100.

[60] Zeng H. Inhibition of Clathrate Hydrates by Antifreeze Proteins [D]. Canada: Queen'S University, 2004.

[61] 刘建仪，张婧，张广东等. 新型天然气水合物动力学抑制剂评价及应用[J]. 天然气工业，2011，(1)：65-68.

基于原子力显微镜原位观测四氢呋喃水合物的结晶过程

黄 鑫[1,2] 卢海龙[3] 张 乐[1,2] 贺甲元[1,2] 刘 乔[1,2]

[1]中国石化石油勘探开发研究院，北京 102206

[2]南方海洋科学与工程广东省实验室(广州)，广州 511458

[3]北京大学，北京 100038

摘要： 结晶是笼形水合物的主要物理化学性质之一，基于高分辨率原子力显微镜的原位观察，本文首先研究了硅片上四氢呋喃水溶液液滴的结晶过程。根据观察结果，四氢呋喃水合物的结晶过程可以分为两个阶段，即熟化阶段和稳态生长阶段。在熟化阶段内，水合物晶体经历奥斯特瓦尔德熟化过程，中央较大的水合物颗粒生长缓慢，伴随着周围水合物小晶粒的动态形成和分解。在稳态生长阶段，水合物晶体以相对较高的速率稳定生长，并且由于实验系统的过冷而在水合物的晶体表面观察到诸如枝晶和粒间堆积等特殊晶体形貌。

关键词： 笼形水合物；结晶过程；原子力显微镜；奥斯特瓦尔德熟化

笼形水合物是水和甲烷等客体分子在低温高压的环境下形成的类冰状晶体。在笼形水合物的结构中，水分子作为宿主以氢键相互连接的方式形成水分子笼体，客体分子受范德华作用被捕获在笼子中[1,2]。天然气水合物是一种储量巨大的非常规能源，目前分布在海底和永久冻土区的水合物藏中含有的碳量总和约为所有已探明传统能源(煤、原油和天然气)总量的 2 倍[3]。水合物结晶是一个复杂的过程，对这一课题的研究还不够充分，现有的实验报道缺乏从纳米尺度上对水合物结晶过程的表征。利用实验手段从微观尺度对水合物结晶过程的研究，对于深入了解水合物成藏机理十分必要。此外，也有助于发展在油气输运过程中防治水合物生成的策略，加快水合物在能源储存、气体分离、碳固存、海水淡化等工业应用中的发展。

之前的研究表明，原子力显微镜可以通过精确控制针尖与样品表面之间的相互作用，

基金项目： 南方海洋科学与工程广东省实验室(广州)人才团队引进重大专项(GML2019ZD0102)；
中国石化科技部项目群课题(P20040-4)；
中国石化优秀青年创新基金项目(P20025)

在不影响样品的前提下获得纳米级的三维形貌，从而得以研究蛋白质[4~8]、合成聚合物[9~11]和无机物[12~14]等不同物质的结晶过程。与光学显微镜相比，原子力显微镜的横向空间分辨率由探针针尖曲率半径决定，约为数纳米，可以从纳米尺度提供观察水合物结晶初始阶段生长形貌的能力。受限于目前原子力显微镜无法在高压条件下进行扫描，实验中选择四氢呋喃水合物作为本次研究的对象，因其可以在大气压条件下仅仅通过控制温度就能生成，是现阶段最适合原子力显微镜研究的水合物体系。本文利用原子力显微镜观测了四氢呋喃水合物晶体在硅片上生长的完整过程，提供了对水合物晶体初期生长阶段更为深入的认识。

1 实验装置及流程

1.1 原子力显微镜

原子力显微镜(Atomic Force Microscopy，AFM)自约30年前被Binning等[15]发明之后，已经成为纳米科学研究中越来越重要的实验手段。原子力显微镜属于扫描探针显微镜(Scanning Probe Microcopy，SPM)的一员[16]，其原理是通过测量探针针尖与样品表面之间的相互作用力的大小来完成对样品表面形貌的表征。

探针是原子力显微镜的核心，由针尖(Tip)和悬臂梁(Cantilever)两部分组成，其中针尖尖端与样品表面的局部区域直接发生相互作用，样品表面的凹凸起伏会导致针尖与样品距离发生变化，从而引起相互作用力的变动。图1展示了AFM的工作原理，系统中通过一束激光打到探针悬臂梁的背部(通常覆盖薄金属层以形成反射镜)，经反射后落在对光斑位置极其灵敏的四象限光电检测器上。探针悬臂梁的微小形变就会引起反射光束的偏移，改变光斑在探测器上的位置。扫描器(Scanner)是一个非常精确的定位台，由z方向扫描器和xy方向扫描器两部分构成。在从反馈电路获取信号后，z方向扫描器控制物台上下移动

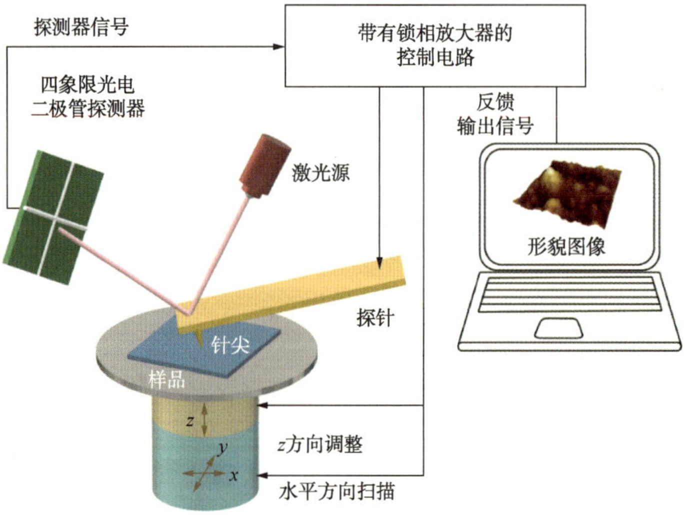

图1 AFM工作原理示意图

来调整样品与针尖之间的距离，以保持相互作用的恒定。与此同时，*xy* 方向扫描器通过精准移动样品来实现逐行逐点的信号采集。在整个原子力显微镜系统中，样品、探针、光学系统、电子反馈系统和扫描器形成了一个反馈回路，利用一个足够灵敏且随着样品与针尖距离单调变化的物理量作为反馈参数，实现对样品形貌的表征。

1.1.1　原子力显微镜的成像模式

图 2 为基于 Lennard-Jones(L-J)势能函数曲线得到的针尖与样品表面之间理想化的分子间相互作用示意图。图中主要可以分为 3 个区域，当针尖距离表面较远时相互作用力可以忽略；针尖和样品在一个稍近的距离范围内的相互作用呈现为较强的吸引力；而当针尖和样品距离进一步缩小时，两者之间的相对作用变为斥力。根据不同的成像原理，原子力显微镜主要包括接触模式(Contact mode)、非接触模式(Noncontact mode)和轻敲模式(Tapping mode)三种成像模式。如图 2 所示，接触模式主要工作在斥力区，非接触模式工作在引力区，而轻敲模式则跨越了斥力区和引力区。

如图 3 所示，在接触模式的扫描过程中，探针针尖始终紧贴样品表面，用于反馈调节的物理参数是悬臂梁的弯曲量。若探针扫描到样品表面的一个凸起时，悬臂梁弯曲幅度变大，使得光电检测器上的光斑向上偏移。此时 *z* 方向扫描器会及时降低样品高度来修正误差，以维持恒定的悬臂梁弯曲量。接触模式的优势在于具有最高的空间分辨率，但是由于扫描过程中针尖与表面一直接触，会产生相当大的剪切力，在对生物分子、活细胞等软物质的成像中会损伤样品[18]。

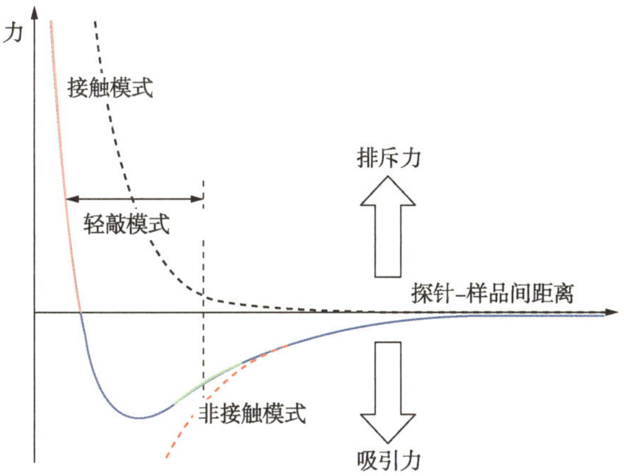

图 2　探针针尖与样品相互作用示意图及 AFM 三种成像模式对应区间范围[17]

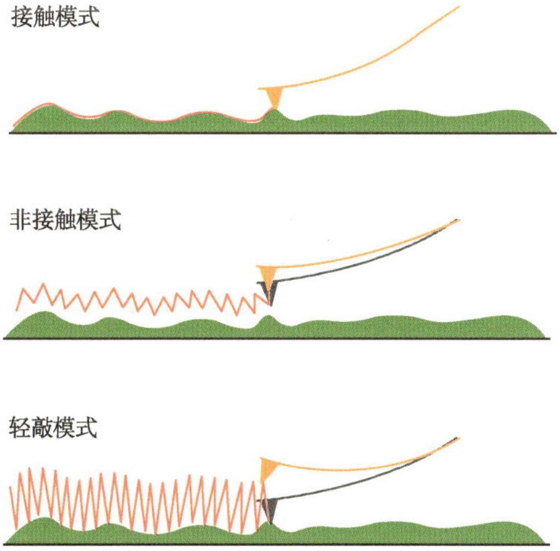

图 3　原子力显微镜三种扫描模式示意图

非接触模式下，振动探针靠近(但不接触)样品表面，并感应范德华引力，该引力会导致悬臂梁共振频率发生偏移。在扫描过程中，通过监测并保持恒定的悬臂梁在固定频率下的振幅来完成对样品表面的成像。在该模式下，针尖与样品的相互作用非常小，基本不会给样品表面带来损伤，但是相比于其他工作模式其分辨率较低。而且，非接触模式对样品表面干燥度有较高的要求，无法在液下或对湿润的样品进行扫描。

轻敲模式也称为间歇接触模式（Intermittent contact mode），在嵌入探头支架的一块压电材料驱动之下，探针悬臂梁以共振频率或稍低的频率做受迫振动。在每个振动周期的最低点，探针尖端都会与表面发生瞬间接触。轻敲模式的垂直分辨率和横向分辨率都很好。与接触模式相比，轻敲模式中探针与样品表面作用力较小，特别是横向剪切力大大降低，更加适用于液滴[19]、气泡[20]和细胞[21]等软物质的成像。但是，如果使用相同的扫描器，一般而言轻敲模式要比接触模式慢[22]。

此外，除了上述三种最为常见的方式，随着原子力显微镜技术的不断发展，一些新的扫描模式应运而生。例如，由布鲁克公司近几年开发出来的基于峰值力轻敲（Peakforce Tapping）的智能扫描模式。在该模式下，使用正弦波来调制 z 方向扫描器，使得探针以几千赫兹的速度持续对样品表面做力-距离曲线。在每一个调制周期内，当探针到最低点时就达到了斥力的最大值，即峰值力。智能扫描模式用峰值力作为反馈调节参数，通过扫描管控制样品高度，以维持恒定的峰值力来得到样品表面形貌。有别于轻敲模式下的悬臂梁的振动，峰值力轻敲模式不依赖于悬臂梁的共振，而是以准静态的方式工作，即探针连同基座一起振动。智能扫描模式的优点在于直接以相互作用力的最大值作为反馈信号，具有优越的力控制能力，控制极小的峰值力就能得到高分辨的成像，进而保障样品表面完整度并避免探针针尖的磨损。

1.1.2 原子力显微镜的优劣势

相比于其他表征手段，原子力显微镜具有其独特的优势，主要体现在：

（1）AFM 具有极高的分辨率。z 方向的垂直分辨率可以优于 0.1nm；水平方向上的分辨率受探针针尖曲率半径的影响，与探针型号的选择有关，通常在 1~10nm 之间。

（2）可以实现表面的三维成像，通过逐行逐点地记录样品表面每一点的高度信号，使用后期软件重建来获取三维的表面形貌，对样品形貌的呈现方式更为直观。

（3）AFM 克服了扫描电子显微镜（Scanning Electron Microscope，SEM）和透射电子显微镜（Transmission Electron Microscope，TEM）等对真空环境的需求，可以在包括真空、气相或液下的任何环境中对样品完成表征。此外，AFM 不要求样品导电，被扫描样品一般不需要经过预处理，就可以直接执行扫描。

（4）AFM 经过 30 多年的发展，目前其功能不仅仅局限于表面形貌的表征。包括表面杨氏模量、黏弹性和纳米压痕等拓展功能的实现，使得 AFM 已经广泛应用于物理[23]、化学[24]、生命科学[25]和材料科学[26]等领域。

不过原子力显微镜也同样具有一些不足之处。受扫描管压电陶瓷的限制，AFM 的扫描范围较小，不适合对大范围和过于粗糙的样品表面进行表征。此外，由于 AFM 是通过逐点采集、后期整合的方式来得到完整的图像，使得 AFM 获取完整样品形貌的速度较慢。最后，探针型号的选择以及对扫描参数的控制，都会对 AFM 成像质量起到决定性的作用，需要一定的经验才能获取效果较好的样品表面形貌。

1.2 基于 AFM 的实验测量系统

如图 4 所示，水合物结晶过程原位观测系统基于一台带有智能扫描模式的原子力显微镜(Dimension Fast Scan，Bruker Corporation)。为了提供四氢呋喃水合物晶体生长所需要的温度条件，系统中使用一个冷热台(Instec，Inc.)来调控实验温度。该冷热台基于半导体的热电效应来实现控温，控温范围为-30~150℃。该冷热台内置了一个 PT100 铂电阻来对控温区温度进行实时检测，并且通过精密的温度反馈调节机制保证 AFM 成像所需要的稳定性。经测试，冷热台控温区上下振动的最大幅度不超过 1nm，对 AFM 成像质量的影响可以忽略。

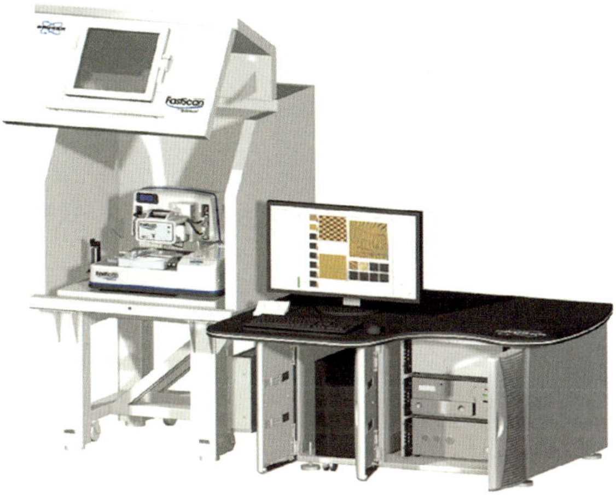

图 4　布鲁克公司 Fast Scan 型号的原子力显微镜系统

智能扫描模式基于布鲁克公司(Bruker Corporation)特有的峰值力轻敲模式，可以通过将悬臂梁响应与共振动力学解耦来自动调整关键成像参数(如 Setpoint、Scan rate 等)，从而实现对结晶过程中的晶体表面形貌动态演变过程的追踪。实验中选用的探针型号为 Scan Asyst Fluid+(Bruker Corporation)。该探针的谐振频率为 150kHz，弹簧常数为 0.70N/m。该型号探针结合了硅针尖的锐利性和氮化硅悬臂梁的高灵敏度的优点，针尖尖端具有极小的曲率半径(约 2nm)，是专门为实现液下环境中的高分辨成像而设计的。

1.3 实验材料与测试流程

由于四氢呋喃水合物在常压条件下即可形成，因此目前对其研究较为广泛和深入。而且四氢呋喃经常作为辅助剂添加到其他水合物体系中，如氢气等可显著降低水合物体系的平衡压力[27,28]。纯的四氢呋喃水合物在常压下形成Ⅱ型水合物，一个晶胞中包含 16 个小笼子(由 12 个五边形组成，表示为 5^{12})和 8 个大笼子(由 12 个五边形和 4 个六边形组成，表示为 $5^{12}6^{4}$)。在水合物结构中，由于四氢呋喃分子体积较大，只能进入晶体结构中的大笼子[29,30]。

原位结晶观测实验测试区照片见图 5。由于Ⅱ型水合物的一个晶胞中包括 136 个水分子和 8 个填充在大笼子中的 THF 分子。根据水合物晶体中 THF 分子的化学计量比值(8/144)，我们配制了摩尔质量分数为5.56%的THF水溶液，以保证结晶过程中THF溶液的浓度恒定。如图5(b)所示，实验选用了$1cm^2$的正方形硅片作为基底，晶面为(100)面。在实验之前，硅片表面先用酒精和去离子水依次清洗，并在氮气气氛下进行干燥。我们将硅片放置在控温台正中的位置，并在硅片和冷热台控温区之间涂抹了一层均匀的硅脂，以保证良好的导热性。随后，我们使用一个注射剂将配置好的THF水溶液轻轻滴到洁净的硅片表面上。受表面张力的影响，液体在硅片表面会形成一个半球形液滴，截面直径约6mm。在执行扫描的过程中，AFM的探针会完全浸没在THF水溶液液滴内，在液下环境中观察水合物在硅片表面上的结晶过程。因此在实验过程中，并非整个液滴都转化成水合物，我们所观察的实际上是水合物薄膜紧贴硅片表面生长的过程。

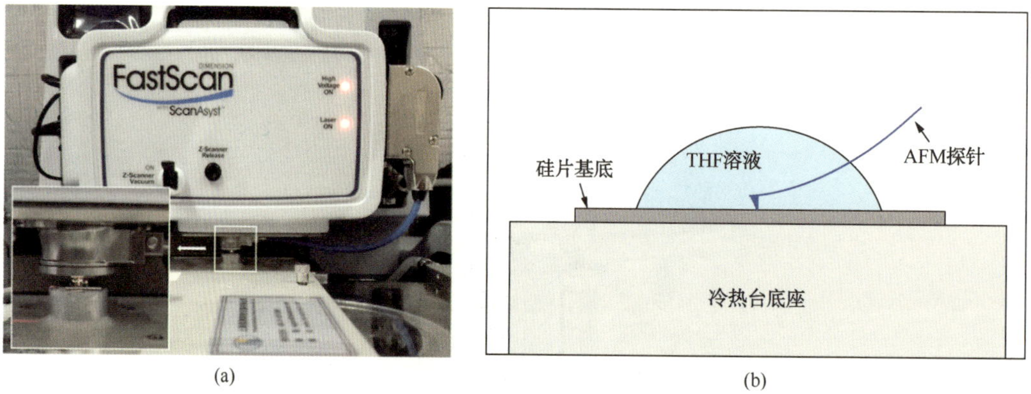

图5　原位结晶观测实验测试区照片(a)及测试区域示意图(b)

由于AFM的成像并不是瞬时的，在我们的实验参数设定下得到一张完整的图像需要大约11min，这就要求我们必须将THF水合物的结晶控制在一个合理的速度。既然THF溶液浓度在整个结晶过程中均保持恒定，控制合适的温度就成了决定整个实验成败的关键因素。当溶液过冷度较高时，水合物结晶速度过快，原子力显微镜参数难以及时调整以获得稳定的图像。较大的过冷度甚至会使得整个液滴都结晶成固态的水合物，迫使实验终止。但当过冷度较低时，可能THF水合物根本无法结晶。图6展示的是四氢呋喃水合物在常压下的稳定温度条件[31]，我们通过在1~4.5℃的温度区间内进行多次尝试，最终在温度设定为3℃的时候成功使用原子力显微镜观测到THF水合物的结晶过程。

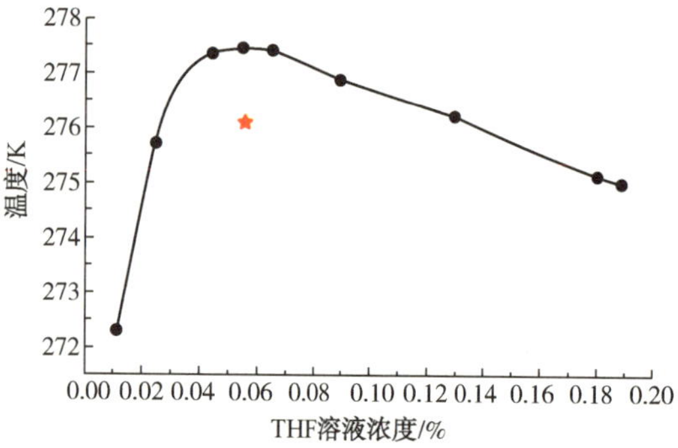

图6　四氢呋喃水合物在常压下的稳定曲线及实验条件

本次实验中所有AFM图像均以512×512像素的分辨率获得，即均匀采集512条扫描线上的数据，每条线上采集512个点的样品表面信息。扫描过程中记录了高度传感器和峰值力误差这两路的信号。高度传感器的信号记录每一个像素点位置的样品高度，通过拼接可以得到样品的表面形貌；峰值力误差是智能扫描模式下的误差反馈信号，在非均匀表面的边界处会产生较大的反馈信号，有助于帮我们更清楚地判定水合物晶粒的边界位置。实验过程中，扫描速率一直控制在 0.7~0.9Hz 之间。本次实验观测时间较长，整个结晶的过程持续了约 34h。

2 水合物的结晶过程

图 7(a)展示的是在降温之前扫描得到的洁净的硅片表面，经计算表面均方根(RMS)粗糙度为 1.05nm，表明该硅片表面足够光滑。在将温度设定为 3℃ 维持了 1h 20min 后，硅片上出现如图 7(b)所示的若干水合物颗粒。这个阶段内表面形貌产生突变，而参数还没有调整至足够理想，导致成像的质量较差。为了揭示水合物颗粒的更多细节，扫描范围被缩小到图 7(b)中红色方块(3μm×3μm)所示的区域，聚焦研究区域内一个较大的水合物颗粒的形貌演变过程。在扫描过程中可能会观察到探针针尖黏附晶粒的现象，此时我们会将探针移出扫描区域，并通过增加峰值力或加快扫描速度的方式，尝试将针尖黏附的晶粒通过摩擦的方式去除，之后再将探针移至原有扫描区域继续完成扫描。

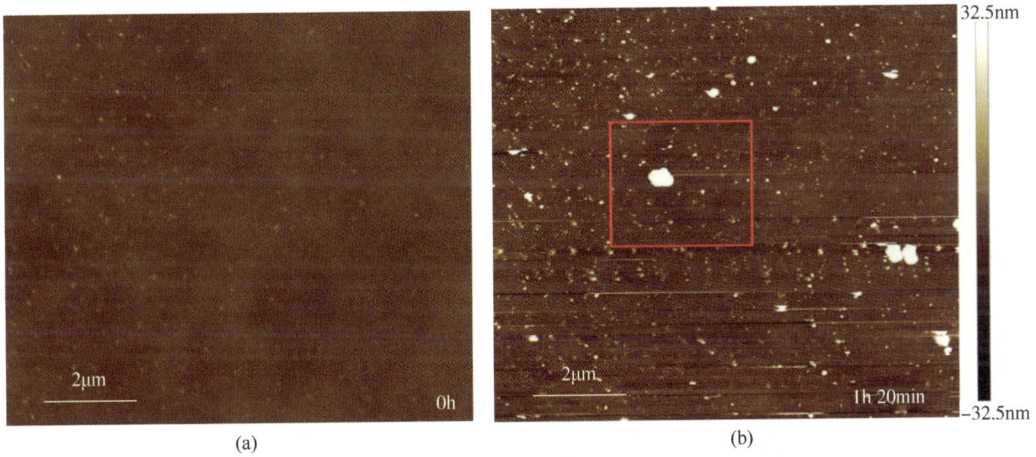

图 7 降温前(a)及降温 1h 20min 后(b)的硅片表面形貌

图 8(a)~(f)是在不同时间点从扫描区裁剪出的图像，展示了结晶初期的水合物晶体的形态演变。值得注意的是，这些展示的图像来自峰值力误差信号，可以更好地识别实验过程中水合物晶体细微的形态变化。由图中可以看出，中心较大的水合物颗粒不是一个单晶，而是由几个不同大小的水合物晶粒堆积而成的聚集体，这些小晶粒的尺寸分布在 80~400nm 的范围内。

随着水合物新晶粒的形成和水合物晶体的生长，扫描范围内水合物晶粒的总体积将增加。由于每一张 AFM 高度图像都记录了 512×512 像素点的高度数据，通过减去拟合的硅片平面，可以获得每个像素点处准确的晶体高度数值。进而可以利用三维体积积分的方式，对扫描范围内所有的水合物晶体的总体积进行计算，结果如图 9 所示。根据水合物晶

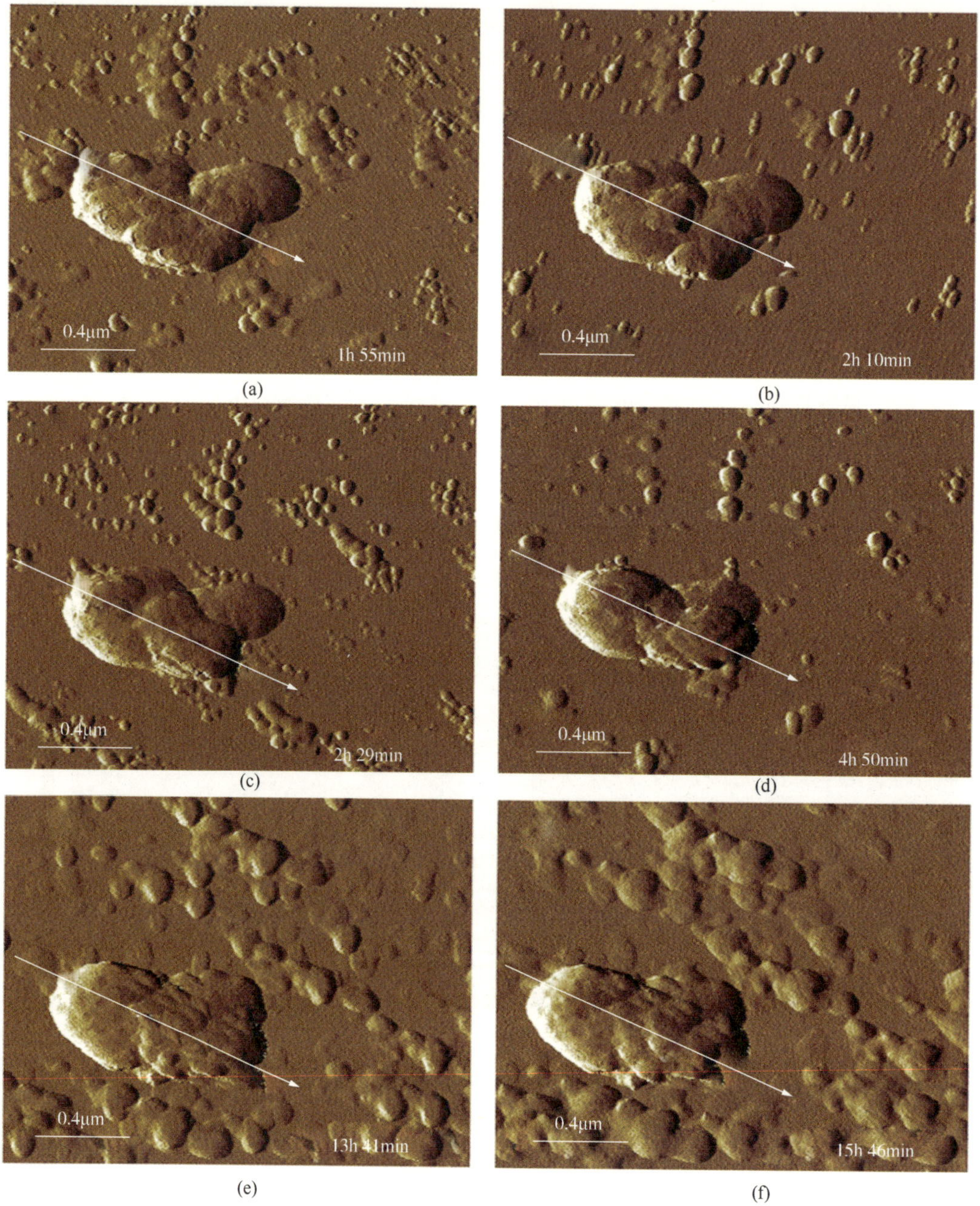

图 8　实验前期 THF 水合物形貌演变图

体总体积随时间的变化趋势，可以大致将整个结晶过程分为两个阶段。第一阶段从实验开始持续到 25h，在此期间水合物晶体的生长速度较为缓慢。

沿着图 10 中标示的白色实线，对该阶段内不同时刻在中心较大的水合物颗粒进行了高度截面分析，结果展示在图 10 中。尽管在图 8 中看出中心大水合物颗粒的形态随着时间的推移一直在发生变化，但其高度在整个初始结晶阶段几乎没有增长，一直保持在 200nm 左右的高度。

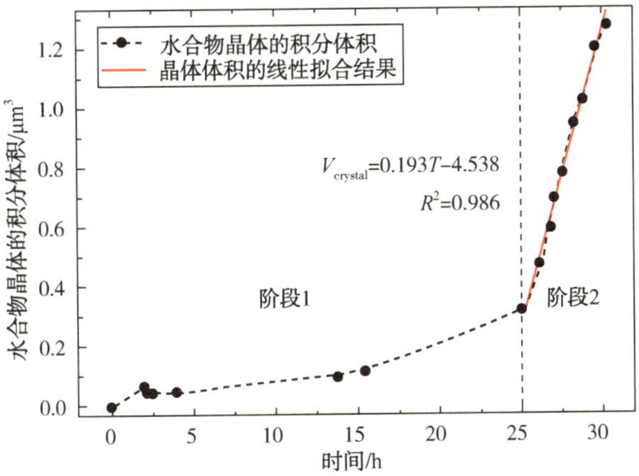

图 9　测试区内水合物晶体的总积分体积随时间变化示意图

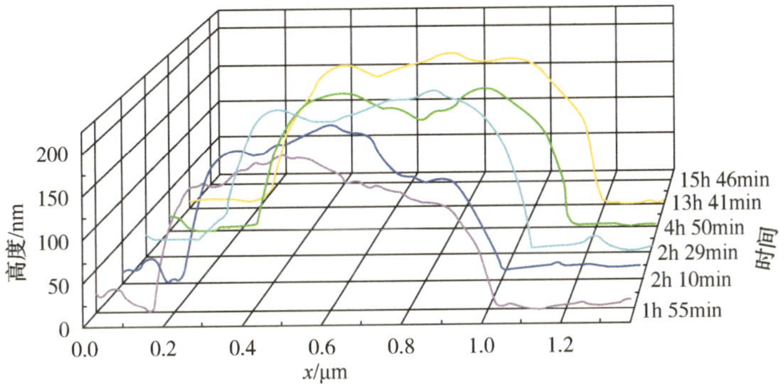

图 10　中心较大的水合物颗粒不同时刻的高度截面分析

如图 8 所示，在中心较大的水合物颗粒的周围，可以观察到水合物小晶粒在不同位置的连续成核。然而，周围的许多水合物小晶粒在成核后很快就消失了，这表明体系在这段时期内经历了奥斯特瓦尔德成熟(Ostwald ripening)过程，这是一个与吉布斯-汤姆森效应(Gibbs-Thomson effect)有关的动力学过程。这种受溶质分子扩散影响下的奥斯特瓦尔德成熟过程是一种常见的晶体生长机制[32~34]。因为在溶液中产生的较小的晶粒曲率较大，表面能量较高，其对应的平衡溶解度就会高于大体积晶粒的平衡溶解度。在晶体生长的过程中，由于不同晶粒存在对溶质分子的竞争，大体积晶粒就会在这种竞争中占据优势。最终使得小晶粒会逐渐溶解到周围的溶液中，并稍后在较大的晶粒的表面重新结晶，使得较大晶粒的尺寸得以进一步增大。由于观察到水合物晶体生长经历了奥斯特瓦尔德成熟过程，本文用“熟化阶段”这一术语来描述水合物结晶过程中这第一个阶段。

在水合物晶体实际生长过程中，体系一直存在着两个对立的动态过程，即结晶和溶解。根据 LaMer 晶体生长理论，在一定实验条件(浓度、压力、温度)下，水合物晶粒应存在一个特定尺寸，该尺寸水合物晶粒的结晶和溶解具有相同的速率[35]。也就是说，在固定的结晶条件下，小于该特定尺寸的水合物晶粒将在随后的实验中溶解消失，而大于此尺寸的水合物颗粒可以稳定地存在并继续生长。因此，我们统计了不同时刻动态形成–分解的水合物小晶粒的尺寸，结果展示在图 11 中。从图中可以看出，在最初的 5h 内，小晶粒的尺寸主要分布在 15~75nm 之间，并且这个时间段内大部分小晶粒都不稳定，绝大多数都在随后的观察中消失。然而，图 8(e) 中出现的大部分水合物小晶粒在 2h 后仍稳定存在于图 8(f) 中。结合水合物小晶粒尺寸的柱状分布图来推断，在本次观察的实验条件下，水合物晶粒保持稳定所需的最小尺寸约为 75nm。

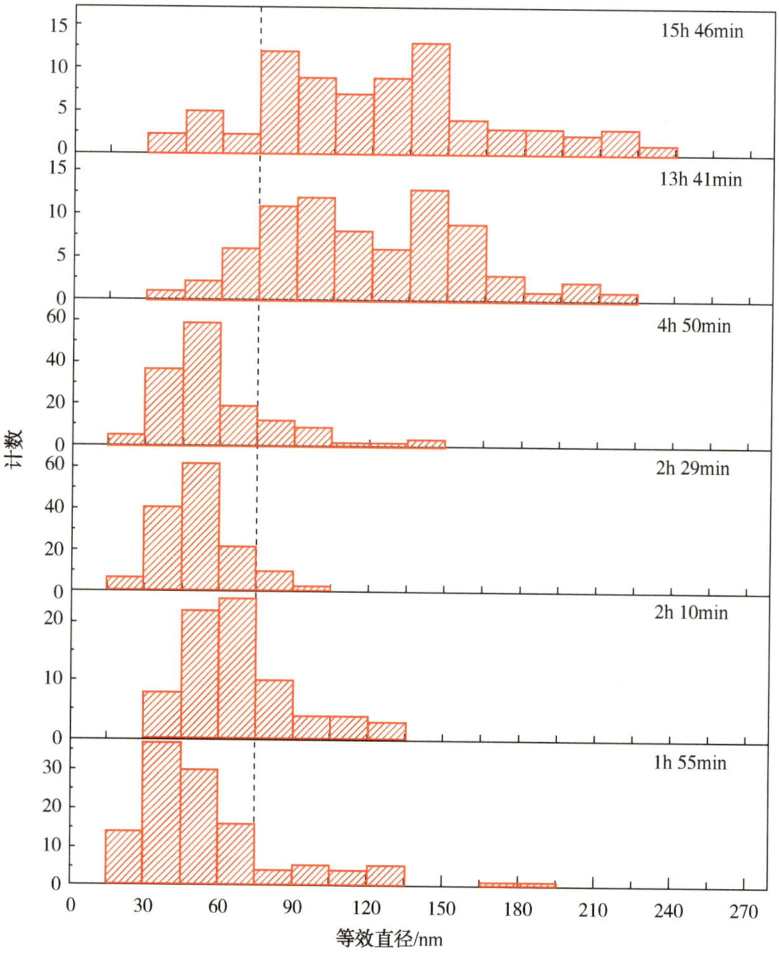

图 11　不同时刻的水合物小晶粒尺寸的柱状分布图

对水合物小晶粒尺寸的估计，不可避免地要修正由 AFM 探针针尖曲率所导致的测量误差。如图 12 所示，AFM 实际测量获得的球形帽状晶粒的表观轮廓(红色虚线)比橙色区域所示粒径真实尺寸要宽，这是由于 AFM 测试的晶粒尺寸实际上是晶粒真实尺寸与探针针尖形貌的卷积[36~38]。图中，R 是真实曲率半径，R_a 表观曲率半径，H 是球帽高度，r_{tip} 是 AFM 探针的曲率半径。$2L_a$ 是 AFM 测量的表观横向晶粒尺寸，需要一种反卷积的算法来进行修正，从而得到真实的横向晶粒尺寸 $2L$[39]。

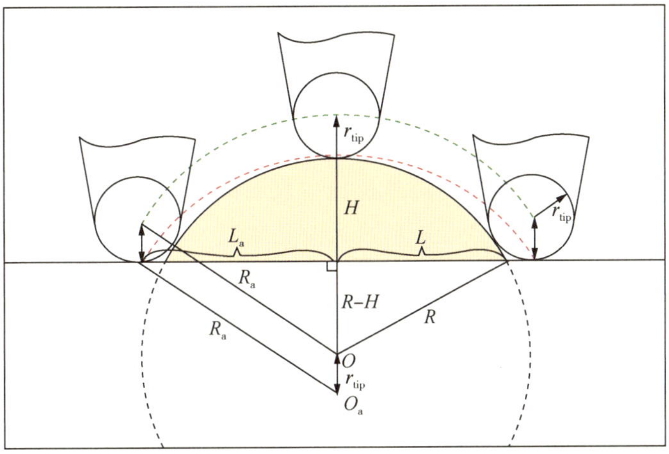

图 12　用反卷积算法修正原子力显微镜测试球帽型晶粒尺寸的示意图

首先晶粒表观横向尺寸 $2L_a$ 和球帽高度 H 可以从 AFM 测量图像中直接获得。通过关系式 $R_a^2=L_a^2+(R_a-H)^2$，可以计算得到晶粒表观的曲率半径 $R_a=(L_a^2+H^2)/2H$。由图中可以看出，测量中探针曲率中心和探针针尖所经过的路径完全相同，所以真实曲率半径可以由表观曲率半径减去探针曲率半径得到，即 $R=R_a-r_{tip}$。最终，通过计算可以得到修正后的真实横向晶粒尺寸：

$$L=\sqrt{R^2-(R-H)^2}=\sqrt{2RH-H^2}=\sqrt{2(R_a-r_{tip})H-H^2}=\sqrt{L_a^2-2Hr_{tip}} \tag{1}$$

我们随机选取一个晶粒为例，进行高度截面分析，结果如图 13 所示。晶粒的表观横向尺寸 $2L_a$ 和球帽高度 H 分别为 71.3nm 和 19.7nm。实验中使用的探针是 Scan Asyst Fluid+，该探针针尖曲率半径约为 2nm，远小于实验中扫描的晶粒尺寸。基于式(1)，计算出修正后的真实横向晶粒尺寸为 69.1nm，与表观横向晶粒尺寸无显著差异。由于上述水合物颗粒最小稳定尺寸约为 75nm 的说法仅是一种估计，该结论受 AFM 探针针尖曲率的影响可以忽略不计。

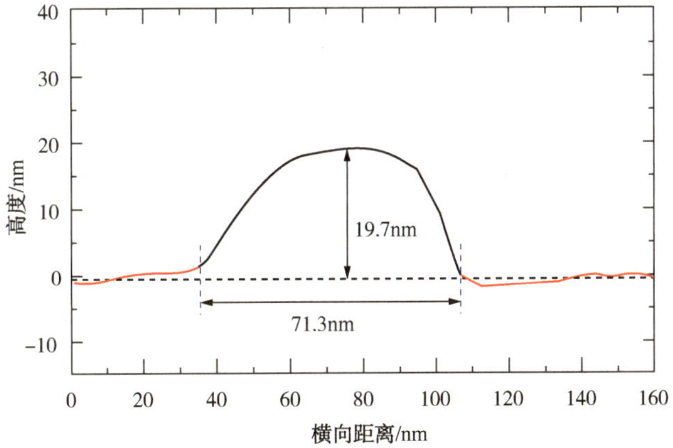

图 13　随机选取实验结果中一个晶粒的高度截面分析

根据图 9 中的数据，在大约 2.5h 处，水合物晶粒的总积分体积略有减少的趋势。这一现象的出现可能是由于扫描期间 AFM 探针和水合物晶粒之间的相互作用造成的。因为在系统温度达到 3℃后，1h 55min～2h 29min 本文采用的是连续扫描方式，水合物结晶过程中表面一直受着探针的影响。为了尽可能地减小 AFM 探针的干扰，在实验的初期阶段采用了间隔扫描的方式，间隔若干小时才进行一次图像的采集。

从图 9 看出，结晶过程在大约 25h 后进入第二阶段。与熟化阶段相比，其主要区别在于第二阶段内不再观察到新的水合物小晶粒的出现。在此阶段内水合物晶体生长速率较为稳定，本文称之为“稳态生长阶段”。通过拟合发现，该阶段内晶体体积随时间的变化符合线性分布，这意味着晶体生长速率在第二阶段内是基本恒定的，在 $9\mu m^2$ 扫描范围内约为 $0.193\mu m^3/h$。由于在实验的初期阶段采用了间隔扫描，因此无法确定这两个阶段之间转换的准确时间节点。需要指出的是，在晶体生长阶段本文重新采用了连续扫描方式进行图像采集，以记录晶体生长过程中表面形貌的快速变化。根据对扫描得到图像的观察，AFM 探针在稳态生长阶段内对水合物晶体形貌的影响可以忽略不计。

图 14 展示了整个结晶过程中 THF 水合物晶体的三维高度形貌图像。不难看出，水合物晶体的形态在上述两个阶段内都发生了巨大的变化。根据晶粒生长理论，晶粒的生长可以分为两种生长机制：一种是正常的晶粒生长，其特征是生长过程中所有晶粒尺寸基本保持均一；另一种是异常的晶粒生长，不同晶粒生长速率之间存在差异，其中一部分晶粒以牺牲相邻晶粒为代价生长得更快，从而形成以几个体积较大的晶粒占据主导的微观结构[40]。简而言之，前者机制下的晶粒生长是均匀的，而后者中的晶粒生长是不均匀的。与正常晶粒长大机制不同，异常晶粒长大的驱动力主要来自于小晶粒被包裹所引起的晶界能减小[41]。据报道，界面能各向异性和化学不平衡性在异常晶粒生长机制中起着重要作用[42~44]。

在水合物结晶初期，除中心较大的水合物颗粒外，硅片上的水合物小晶粒形貌均呈半椭球状。根据图 11 中的晶尺寸统计，在 4h 50min 之前，晶粒尺寸符合单峰分布，分布范围相对较窄，表明这一时期周围的小晶粒可以被视为以正常晶粒生长机制生长。然而，13h 41min 后，晶粒尺寸开始呈双峰分布，意味着不同晶粒的生长速率之间开始出现明显差异，生长机制向异常晶粒生长转变。随着结晶过程的进行，小颗粒相互重叠并覆盖整个硅片后，结晶即进入稳态生长阶段，在此阶段内水合物晶粒整体的生长速度都较快。由于原子力显微镜难以准确识别发生重叠后的晶粒边界，所以无法精确计算该阶段内每一个晶粒的尺寸。但从图 14(e)～(h) 中不难看出，水合物晶粒相互之间的尺寸差异显著，并最终形成了图 14(i) 中的由几个体积较大的水合物晶粒占据主导的表面形态。这说明水合物在稳态生长阶段遵循异常的晶粒生长机制。此外，稳态生长阶段最终形成的水合物大晶粒的表面相对光滑平整。

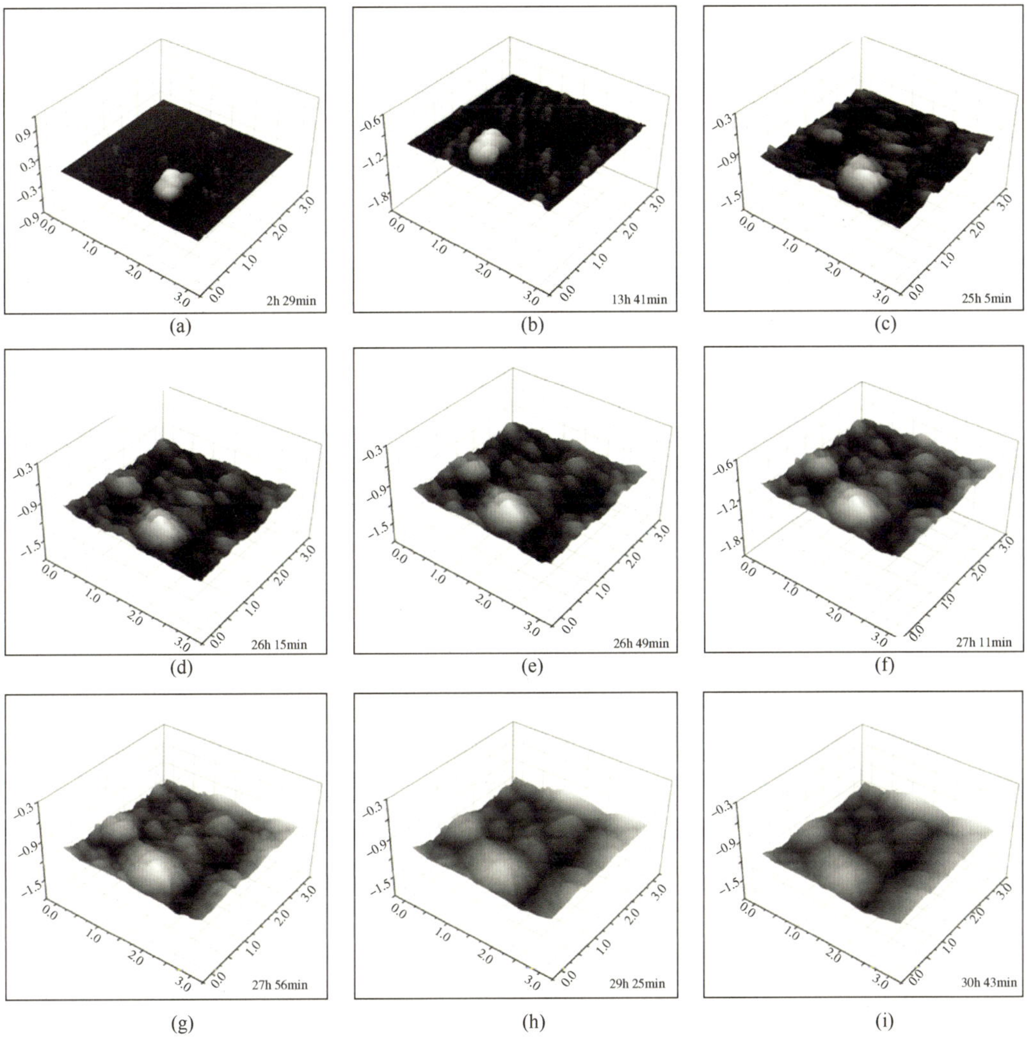

图 14　整个结晶过程中 THF 水合物晶体的三维形貌演变

3　结晶过程中的特殊结晶形貌

3.1　枝晶的发育

图 15 展示了晶体稳态生长阶段中 THF 水合物表面的一系列的峰值力误差图像，从中可以清楚地识别出一些出现在晶体表面上的特殊生长形貌。图 15(e) 中用箭头所指示出来的树枝状结构是结晶过程中形成的水合物枝晶。枝晶是一种常见于过冷溶液体系结晶过程中的结晶现象。完整的枝晶实际上最初都是由结晶过程中晶体表面出现的一个微小突起发育而来。由于结晶是放热过程，在晶体表面出现微小突起后，会在生长前沿表面形成一个逆温度梯度，生长前沿尖端温度较低，从而导致溶液中溶质分子优先扩散到突起尖端[45]。这也就意味着枝晶会沿着某一方向优先进行生长，最终发育形成图中所示的枝晶形貌。由

于 THF 水合物是面心立方晶体，Lee 等[46]通过模拟和实验结果表明 THF 水合物枝晶的优先生长方向应为<100>晶向。

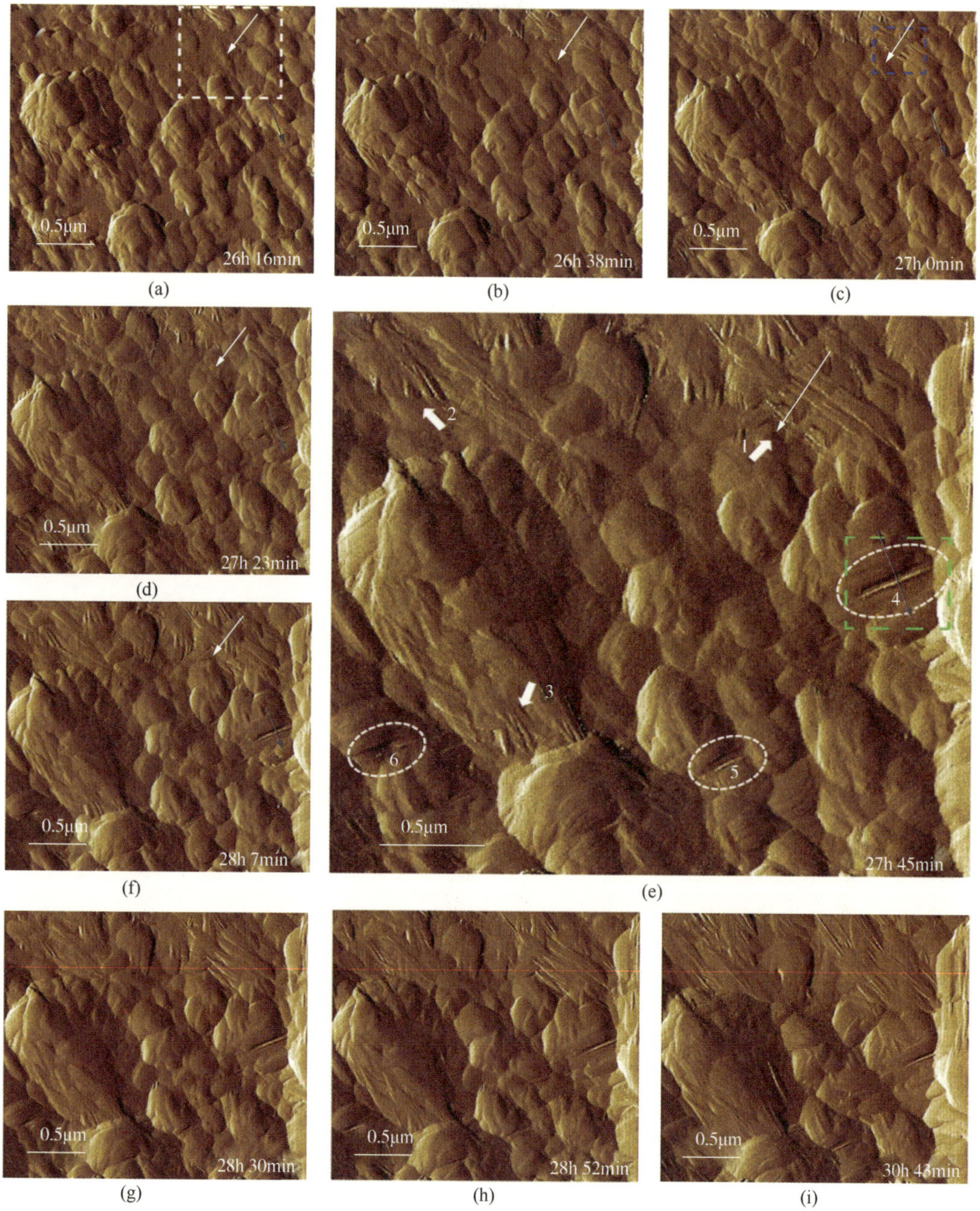

图 15　快速生长阶段中 THF 水合物表面形貌的峰值力误差图

图 16 展示了枝晶发育过程的放大细节。可以看出水合物枝晶除了沿优先生长方向纵向延伸之外，还伴随着横向发育从而使得枝晶变得更宽。这也最终导致枝晶发生相互重叠，形成一个新的平面并覆盖下面的水合物晶粒。但是在新形成的平面上仍然保留着枝晶

生长的痕迹。枝晶的出现也是水合物结晶两个阶段的主要区别之一。在熟化阶段内较大的水合物颗粒上没有发育水合物枝晶。然而，枝晶在稳态生长阶段突然大量出现并迅速生长发育，这说明水合物晶体生长速率的快慢是枝晶能否形成的关键。

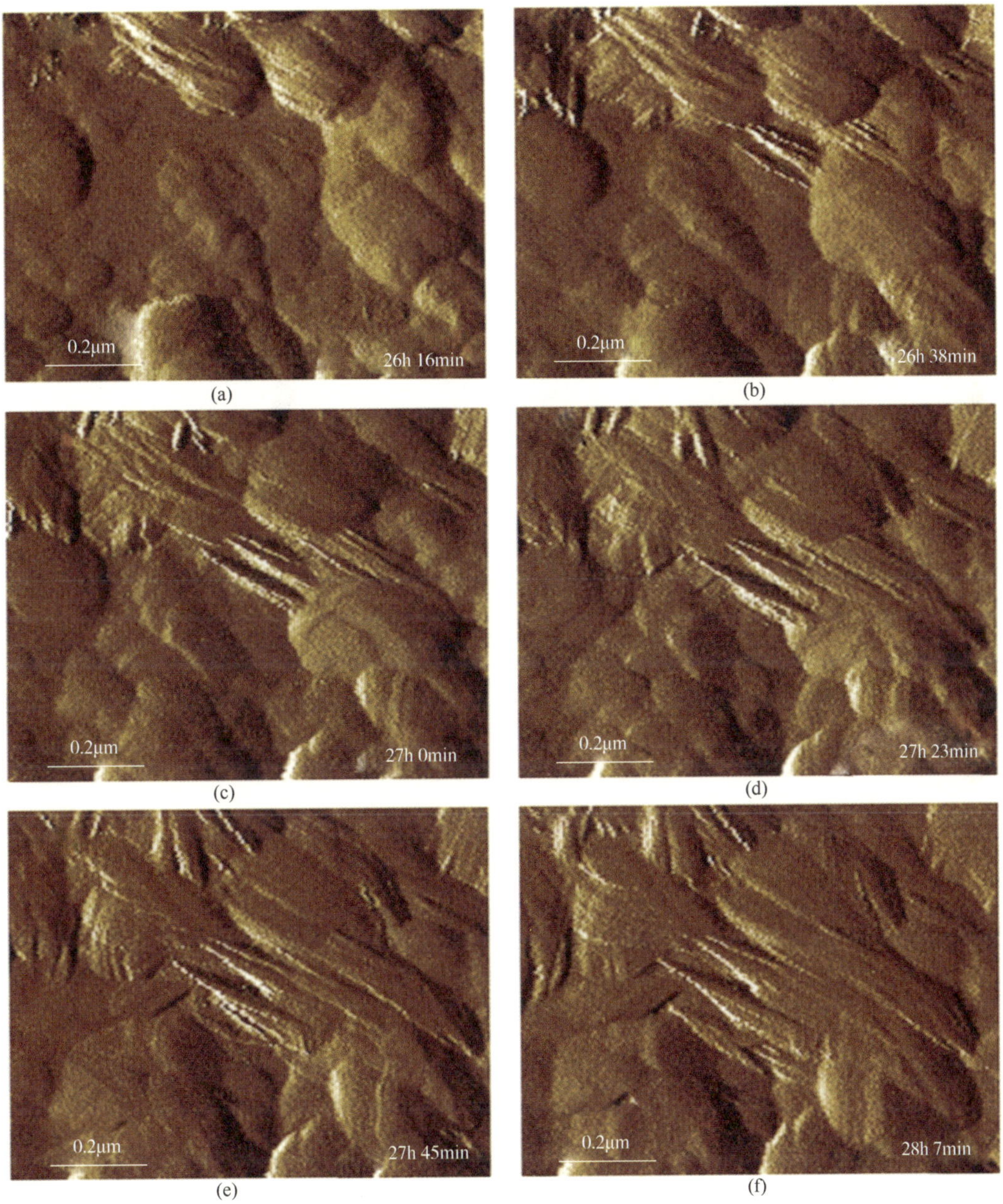

图 16　枝晶发育过程的峰值力误差图

图 17 展示了 27h 的枝晶三维形貌，所示区域取自 15(c) 中蓝色虚线所标出的部分。从图中可以看出多个水合物枝晶通常会平行生长，这与枝晶优先生长方向由晶体结构类型决定有关。此外，枝晶的延伸不受原有水合物晶粒边界的阻碍，可以延伸跨越多个晶粒。

图 18 是沿着图 15 中标示的白色直线的高度横截面图像，箭头表示横截面选取的方向。由图看出，枝晶的高度在增长到一定程度后就基本保持稳定，27h 之后枝晶的横向生长较为明显。

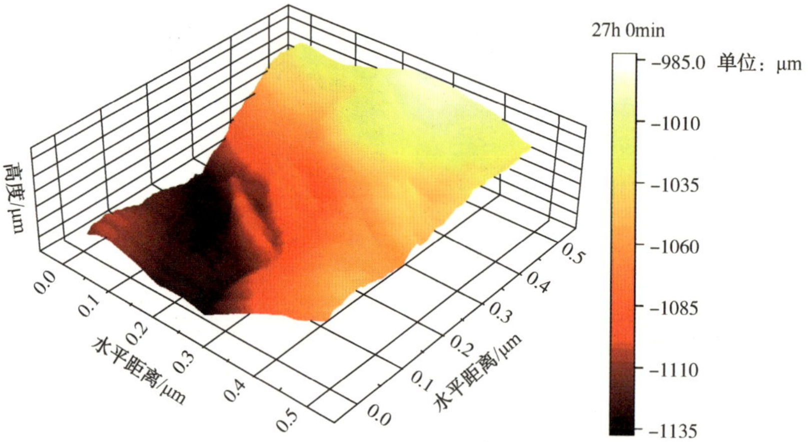

图 17　在 27h 的枝晶形貌的三维形貌放大图

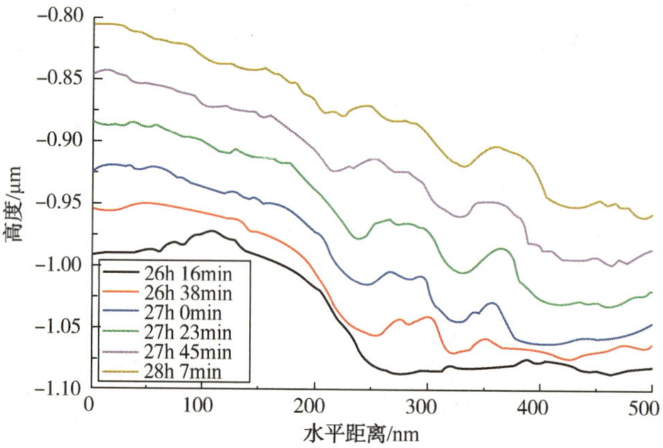

图 18　不同时刻的水合物枝晶的高度截面分析

3.2　粒间堆积的形成

图 15(e)中由用虚线椭圆圈出的几个突起与水合物枝晶明显不同，其优先方向大致垂直于枝晶的优先生长方向，外观形貌也与枝晶存在显著差异。我们选取图 15(e)中绿色虚框圈出的部分绘制了三维形貌图，展示在图 19 中。不难看出该突起是孤立的，其形状仅限于非常窄的条带。该突起可能是沿着水合物晶粒边界形成的粒间堆积。从热力学角度分析，粒间堆积的产生与晶粒边界处较低的结合能和较高的扩散效率有关[47]。

图 20 是沿着图 15 中红色直线的高度横截面，箭头仍表示横截面选取的方向。图中可以看出，该粒间堆积随着时间推移，其高度不断增长，但是其宽度基本维持不变，对比水合物枝晶其基本不会发生横向生长。在粒间堆积形成后，溶质分子将优先迁移到粒间堆积

处，因此在突起附近溶液中会引起一个更高浓度梯度的产生，从而阻碍相邻晶粒的生长[48]。因此，晶界处形成的突起将反过来影响晶体的微观形貌，从图 19 中可以看出，平行于该晶粒突起产生了一个陡峭的晶粒表面。

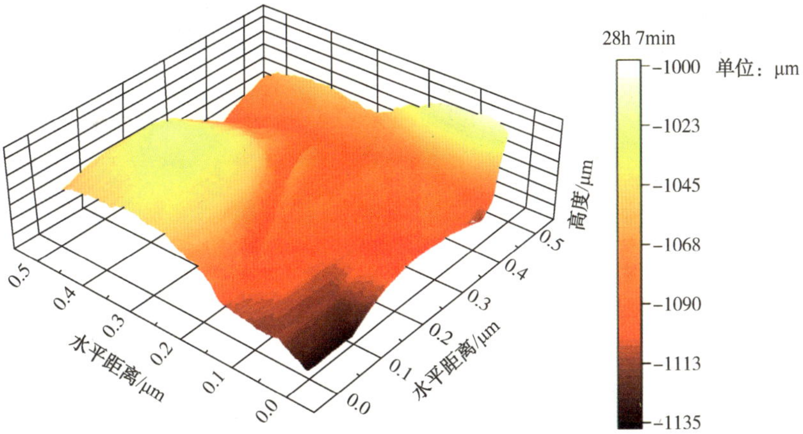

图 19　在 28h 7min 的粒间堆积的三维形貌放大图

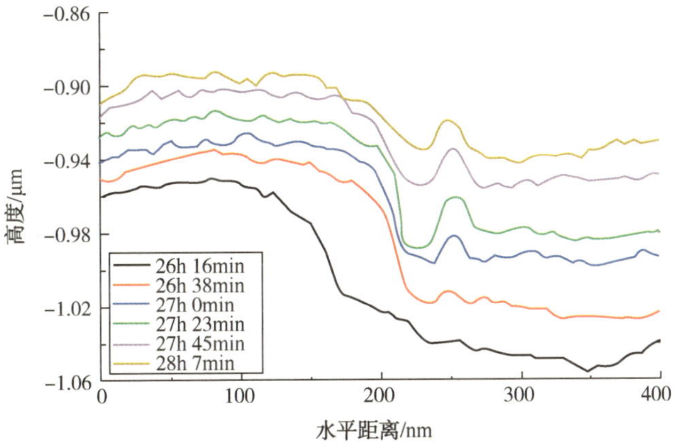

图 20　不同时刻的粒间堆积的高度截面分析

图 15(e) 中序号 4 所标示突起的形成细节被展示在图 21 中。该突起形成于图 21(b) 中标示的②号和③号晶粒之间的边界处，并优先沿边界生长。随着晶粒体积的增大，粒间堆积的长度也逐渐增加。在该粒间堆积产生之后，在图 21(b) 中标识的①号晶粒的生长受到了阻碍，无法向下延伸，导致在其下部形成了一个与粒间堆积相平行的陡峭的晶粒表面。

4　高过冷度下晶体形貌的变化

当表面形貌基本稳定 3h 以上后，我们将系统设定温度降低 0.1℃。在该情况下，由于体系过冷度的增加，水合物晶体表面上迅速出现了许多新的小晶粒，而且水合物表面不同位置的形态差异也变得更大，如图 22 所示。Beltrán 等[49]研究表明在过冷度较高的情况下

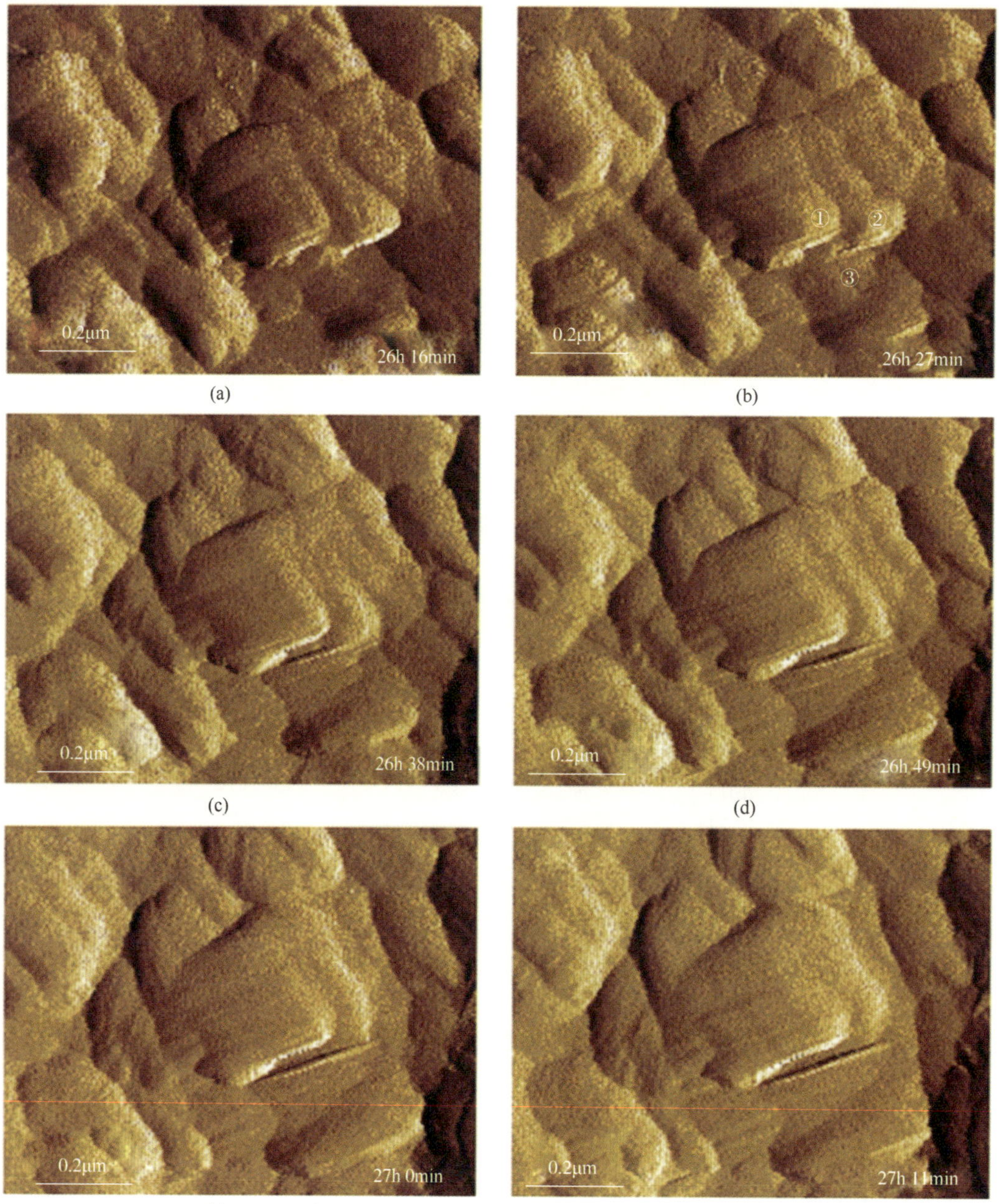

图 21　粒间堆积形成过程的峰值力误差图

所形成的甲烷水合物膜具有较大的表面粗糙度和非均质性，这一结论与观察结果相吻合。此外，由图 22(b)中椭圆所标识的部分可以看出，新形成的水合物晶粒优先沿着水合物枝晶发育所留下的痕迹形成。这些由枝晶生长所带来的晶体表面的不平整可以被视为晶体生长过程中的缺陷，相对于平整的晶粒表面具有较低的表面能，更有利于晶体的进一步生长。基于降温后的水合物表面形貌的演变，证明了体系的过冷度对于水合物的结晶过程起到决定性的影响。

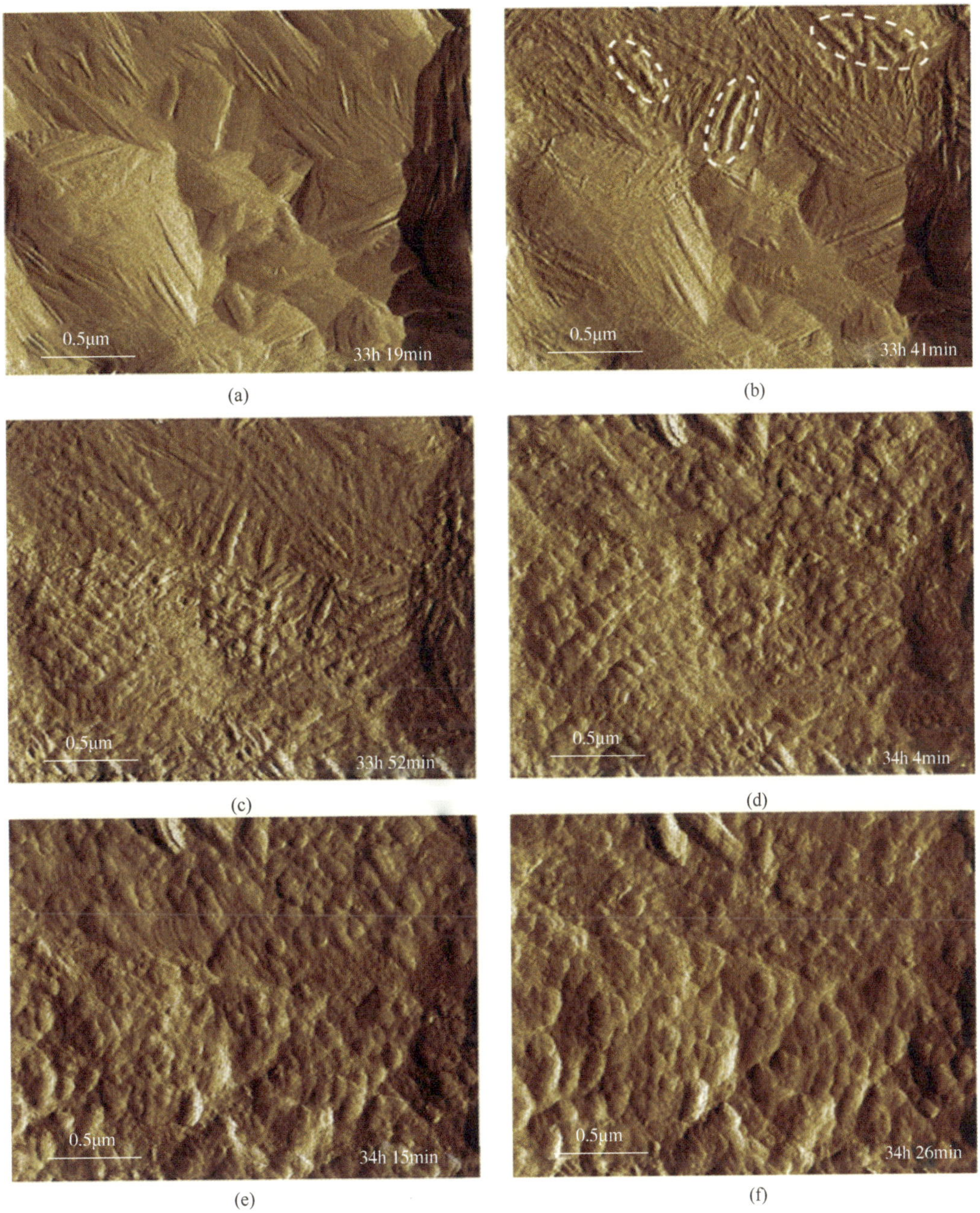

图 22　实验末期降温 0.1℃后 THF 水合物晶体表面形貌演变

5　结论

综上所述，根据晶体生长速率的不同，四氢呋喃水合物的结晶过程可以分为两个阶段：熟化阶段和稳态生长阶段。在熟化阶段中，水合物晶体生长经历了奥斯特瓦尔德成熟过程，中心较大的水合物颗粒缓慢长大，伴随着在周围不同位置的水合物小晶粒动态形成与分解。依据对熟化阶段内水合物小晶粒的粒径分析，在我们的实验条件下水合物晶粒稳定所需的最小尺寸约为 75nm。

结晶过程在约 25h 后进入稳态生长阶段，扫描范围内的水合物晶体以较高的速率稳定生长，速率约为 0.193$\mu m^3/h$。在此阶段内，水合物晶体表面可以观察到一些特殊的形貌，如水合物枝晶和粒间堆积。枝晶是类似树枝状的晶体结构，常出现于过冷溶液中的晶体生长过程之中。水合物的结晶速率可能是枝晶形成的决定因素，在水合物快速生长阶段才能观测到枝晶的生长。此外，粒间堆积的形状往往仅限于一条非常窄的条带，其生长方向与枝晶优先生长方向大致垂直，且粒间堆积的产生会反过来影响相邻晶粒的表面形貌。临近实验结束时，设定 0.1℃的温度降低后观察到水合物表面形貌产生巨大的变化，说明体系的过冷度对于水合物的结晶过程起到决定性的影响。

参 考 文 献

[1] SLOAN JR E D, KOH C A. Clathrate hydrates of natural gases[M]. 3rd ed. Boca Raton, FL: CRC press, 2007.

[2] ENGLEZOS P. Clathrate hydrates[J]. Industrial & engineering chemistry research, 1993, 32(7): 1251-1274.

[3] KVENVOLDEN K A. Methane hydrate—a major reservoir of carbon in the shallow geosphere? [J]. Chemical geology, 1988, 71(1-3): 41-51.

[4] LAND T, DE YOREO J, LEE J. An in-situ AFM investigation of canavalin crystallization kinetics[J]. Surf Sci, 1997, 384(1-3): 136-55.

[5] KUZNETSOV Y G, MALKIN A, GLANTZ W, et al. In situ atomic force microscopy studies of protein and virus crystal growth mechanisms[J]. J Cryst Growth, 1996, 168(1-4): 63-73.

[6] NAKADA T, SAZAKI G, MIYASHITA S, et al. Direct AFM observations of impurity effects on a lysozyme crystal[J]. J Cryst Growth, 1999, 196(2-4): 503-510.

[7] LI H, NADARAJAH A, PUSEY M L. Determining the molecular-growth mechanisms of protein crystal faces by atomic force microscopy[J]. Acta Crystallogr, Sect D: Biol Crystallogr, 1999, 55(5): 1036-1045.

[8] MALKIN A, LAND T, KUZNETSOV Y G, et al. Investigation of virus crystal growth mechanisms by in situ atomic force microscopy[J]. Phys Rev Lett, 1995, 75(14): 2778.

[9] GODOVSKY Y K, MAGONOV S. Atomic force microscopy visualization of morphology and nanostructure of an ultrathin layer of polyethylene during melting and crystallization[J]. Langmuir, 2000, 16(7): 3549-3552.

[10] HOBBS J, HUMPHRIS A, MILES M. In-situ atomic force microscopy of polyethylene crystallization. 1. crystallization from an oriented backbone[J]. Macromolecules, 2001, 34(16): 5508-5519.

[11] HOBBS J, MCMASTER T, MILES M, et al. Direct observations of the growth of spherulites of poly (hydroxybutyrate-co-valerate) using atomic force microscopy[J]. Polymer, 1998, 39(12): 2437-2446.

[12] RADENOVIĆ N, VAN ENCKEVORT W, VERWER P, et al. Growth and characteristics of the {111} NaCl crystal surface grown from solution[J]. Surf Sci, 2003, 523(3): 307-315.

[13] ANDERSON M W, AGGER J R, THORNTON J T, et al. Crystal growth in zeolite Y revealed by atomic force microscopy[J]. Angew Chem, Int Ed Engl, 1996, 35(11): 1210-1213.

[14] HILLNER P, MANNE S, HANSMA P, et al. Atomic force microscope: a new tool for imaging crystal growth processes[J]. Faraday Discuss, 1993.

[15] BINNIG G, QUATE C F, GERBER C. Atomic force microscope[J]. Phys Rev Lett, 1986, 56(9): 930.

[16] GARCıA R, PEREZ R. Dynamic atomic force microscopy methods[J]. Surface science reports, 2002, 47(6-8): 197-301.

[17] VOIGTLäNDER B. Atomic Force Microscopy[M]. 2nd ed. Switzerland: Springer, 2019.

[18] BRAGA P C, RICCI D. Atomic force microscopy: biomedical methods and applications[M]. 1st ed. Totowa, NJ: Springer Science & Business Media, 2004.

[19] CONNELL S, ALLEN S, ROBERTS C, et al. Investigating the interfacial properties of single-liquid nano-droplets by atomic force microscopy[J]. Langmuir, 2002, 18(5): 1719-1728.

[20] TYRRELL J W, ATTARD P. Images of nanobubbles on hydrophobic surfaces and their interactions[J]. Phys Rev Lett, 2001, 87(17): 176104.

[21] PUTMAN C, VAN DER WERF K O, DE GROOTH B G, et al. Viscoelasticity of living cells allows high resolution imaging by tapping mode atomic force microscopy[J]. Biophysical journal, 1994, 67(4): 1749-1753.

[22] CAI J. Atomic Force Microscopy in Molecular and Cell Biology[M]. 1st ed. Singapore: Springer, 2018.

[23] PENG J, GUO J, HAPALA P, et al. Weakly perturbative imaging of interfacial water with submolecular resolution by atomic force microscopy[J]. Nature communications, 2018, 9(1): 1-7.

[24] LI Q, ZHENG J, LIU Z. Site-selective assemblies of gold nanoparticles on an AFM tip-defined silicon template[J]. Langmuir, 2003, 19(1): 166-171.

[25] PELLING A E, SEHATI S, GRALLA E B, et al. Local nanomechanical motion of the cell wall of Saccharomyces cerevisiae[J]. Science, 2004, 305(5687): 1147-1150.

[26] LEE C, WEI X, KYSAR J W, et al. Measurement of the elastic properties and intrinsic strength of monolayer graphene[J]. science, 2008, 321(5887): 385-388.

[27] SUGAHARA T, HAAG J C, PRASAD P S, et al. Increasing hydrogen storage capacity using tetrahydrofuran[J]. 2009, 131(41): 14616-14617.

[28] HU Y H, RUCKENSTEIN E J A C I E. Clathrate hydrogen hydrate—a promising material for hydrogen storage[J]. 2006, 45(13): 2011-2013.

[29] DAVIDSON D. Clathrate hydrates[M]//FRANKS F. Water in crystalline hydrates aqueous solutions of simple nonelectrolytes. New York; Springer. 1973: 115-234.

[30] KLUG D, WHALLEY E. The rotational oscillations of tetrahydrofuran in tetrahydrofuran clathrate hydrate[J]. Can J Chem, 1973, 51(24): 4062-4071.

[31] MAKINO T, SUGAHARA T, OHGAKI K. Stability boundaries of tetrahydrofuran+water system[J]. J Chem Eng Data, 2005, 50(6): 2058-2060.

[32] LIFSHITZ I M, SLYOZOV V V. The kinetics of precipitation from supersaturated solid solutions[J]. J Phys Chem Solids, 1961, 19(1-2): 35-50.

[33] WAGNER C. Theory of precipitate change by redissolution[J]. Z Elektrochem, 1961.

[34] PANIGRAHI S. Studies on growth kinetics of nanoparticles Formation in bulk solution[D], 2010.

[35] ZONG R, WANG X, SHI S, et al. Kinetically controlled seed-mediated growth of narrow dispersed silver nanoparticles up to 120 nm: secondary nucleation, size focusing, and Ostwald ripening[J]. Phys Chem Chem Phys, 2014, 16(9): 4236-4241.

[36] WINZER A, KRAFT C, BHUSHAN S, et al. Correcting for AFM tip induced topography convolutions in protein-DNA samples[J]. Ultramicroscopy, 2012.

[37] SHEN J, ZHANG D, ZHANG F-H, et al. AFM tip-sample convolution effects for cylinder protrusions [J]. Appl Surf Sci, 2017.

[38] SONG B, WALCZYK W, SCHONHERR H. Contact angles of surface nanobubbles on mixed self-assembled monolayers with systematically varied macroscopic wettability by atomic force microscopy[J]. Langmuir, 2011, 27(13): 8223-8232.

[39] LI D, ZHAO X. Micro and nano bubbles on polystyrene film/water interface[J]. Colloids Surf, A, 2014.

[40] DENNIS J, BATE P S, HUMPHREYS J F. Abnormal grain growth in metals[J]. Mater Sci Forum, 2007.

[41] GLADMAN T. On the theory of the effect of precipitate particles on grain growth in metals[J]. Proc R Soc London, Ser A, 1966, 294(1438): 298-309.

[42] HANAOR D A, XU W, FERRY M, et al. Abnormal grain growth of rutile TiO_2 induced by $ZrSiO_4$[J]. J Cryst Growth, 2012.

[43] KANG S-J L. Sintering: densification, grain growth and microstructure[M]. Elsevier, 2004.

[44] RIOS P. Abnormal grain growth development from uniform grain size distributions[J]. Acta Mater, 1997, 45(4): 1785-1789.

[45] KARMA A. Dendritic growth[M]//FLEURY V, GOUYET J F, LEONETTI M. Branching in Nature. New York; Springer. 2001: 365-402.

[46] LEE D N. Orientations of dendritic growth during solidification[J]. Met Mater Int, 2017, 23(2): 320-325.

[47] BALLUFFI R. Grain boundary diffusion mechanisms in metals[J]. Metall Trans B, 1982, 13(4): 527-553.

[48] TEDMON C, VERMILYEA D. Some observations on carbide precipitation and grain boundary migration in a duplex stainless steel[J]. Metall Mater Trans B, 1970, 1(7): 2043-2046.

[49] BELTRáN J G, SERVIO P. Morphological investigations of methane-hydrate films formed on a glass surface [J]. Cryst Growth Des, 2010, 10(10): 4339-4347.

含甲烷水合物多孔介质渗透率的瞬态实验研究

陈　畅[1,2,3]　张　郁[1,2]　李小森[1,2]　陈朝阳[1,2]

[1]中国科学院广州能源研究所，广东，广州，510640

[2]中国科学院天然气水合物重点实验，广东，广州，510640

[3]中国科学技术大学工程科学学院，合肥，230026

摘要：含水合物沉积物的渗透率是影响水合物开采过程产气产水速率的关键参数之一。目前，稳态测量法被广泛应用于含水合物沉积物渗透率的测定，该方法在测量过程中存在着稳定渗流困难、水合物易分解和测量周期较长等缺点。为此，基于瞬态压力脉冲法的原理及求解方法，我们研制开发了一套适用于含水合物沉积物渗透率测量的实验装置；利用该装置原位合成了甲烷水合物，并基于瞬态脉冲衰减的基本原理测量，研究了有效围压对含水合物岩芯渗透率的影响，验证了瞬态脉冲衰减法的可行性；最后，测量了40~60目、80~120目和325~400目石英砂中不同甲烷水合物饱和度岩芯体系的渗透率。研究结果表明，在较低水合物饱和度条件下，有效围压、孔隙度对渗透率影响显著。多孔介质中甲烷水合物的存在会导致其渗透率急剧下降，饱和度-渗透率曲线呈指数分布。瞬态脉冲法适用于含水合物沉积物渗透率测量，在含水合物沉积物渗透率试验研究方面具有潜在的应用前景。

关键词：渗透率；瞬态法；天然气水合物；水合物饱和度；孔隙度

1　前言

天然气水合物主要是指甲烷与水在低温、高压条件下形成的一种外形类似冰状的笼状晶体化合物，由于其遇火可以燃烧，一般又称为“可燃冰”。1立方米“可燃冰”在标准条件下可释放164立方米的天然气和0.8立方米的水[1]，属于较为清洁的能源。在自然界中，天然气水合物主要富集于陆地永久冻土层和大陆架海底区域[2]，当前已探勘的水合物藏主要分布在中国南海北部、日本南海海槽、墨西哥湾、印度洋、多巴哥、特立尼达、加拿大麦肯兹三角洲等海域，以及美国阿拉斯加、中国青藏高原、俄罗斯西伯利亚永冻土带[3,4]。有研究指出，世界上90%的海域都能为形成水合物稳定区提供合适的条件，基于其能量密度高、资源储量丰富、污染较小等优势，天然气水合物被认为是一种极具潜力的替代能源[5]。

目前常用的天然气水合物开采方法有降压开采法[6,7]、注热开采法[8,9]、注抑制剂法[10]及二氧化碳置换法[11,12]等，每一种开采方式的原理都是基于打破水合物稳定存在的热力学平衡条件而实现的。在水合物分解过程中，含水合物沉积物的渗透率变化是控制沉积物中流体在其空间流动难易、影响流体流动过程传热传质的重要参数。因此，研究多孔介质渗透率特性随水合物饱和度的变化规律，对天然气水合物藏的开发具有重要意义。

目前对天然气水合物储层渗流特性的研究通常沿用油、气渗流理论研究，采用达西定律计算，而对低渗透非线性渗流的渗透率往往是借助测定达西流渗透率的方法转换得到[13]。实验直接测量是获得含甲烷水合物的不同沉积物渗透率的基本手段和重要基础，测量方法主要包括稳态法(恒压法或恒流法)和瞬态法。稳态法是指流体(气体或者流体)在稳定的渗流状态下通过多孔介质孔隙结构，测量孔隙结构两端压力差和体积流量，利用达西定律计算渗透率。李刚等[14]利用一维稳态测试装置测量了水合物生成前后含水合物多孔介质渗透率的变化规律，结合等径球体简单立方体堆积方式的理论计算，提出了水合物渗透率预测模型。李栋梁等[15]实验研究了力学性质变化对含水合物沉积物渗透率的影响。结果表明，在低水合物饱和度沉积物体系中，围压、轴压的升高对测得的水合物沉积物渗透率有负相关性。宋永臣等[16]采用稳态法测量并研究了玻璃砂中甲烷水合物对多孔介质渗透率的影响，发现甲烷水合物饱和度对渗透率曲线呈指数关系。Johnson 等[17]采用氮气驱法测量了含水合物沉积物体系的渗透率，实验结果表明：在甲烷气驱替实验中，甲烷气体易与水合物沉积物的剩余水形成二次水合物，造成管道堵塞，而氮气不易溶于其他流体，它的惰性性质使其非常适合含水合物体系的渗透率测量，但是在用氮气进行实验过程中并没有观察到实际的两相流，仅测得了端点的气体渗透率。上述实验方法大多只能进行水合物稳态状态下的单次渗透率测量过程，并且稳态法在测量渗透率较低的沉积物时存在稳定渗流难和实验周期长等缺点。为了研究水合物沉积物生成、分解动态过程对渗透率的实时影响，部分研究人员采用岩土力学、石油工程领域中常用的瞬态法进行含水合物沉积物渗透率研究[18~20]。刘昌岭等[21]研制的瞬态压力脉冲法测量实验装置能够适用于渗透率低至 $0.5\times10^{-9}\mu m^2$ 的岩芯样品。Choi 等[22]制备了石英砂与高岭土的混合沉积物，模拟非均质细粒含天然气水合物沉积物，采用瞬态水驱替法进行气、液相对渗透率试验，基于 Buckley Leverett 理论进行相对渗透率曲线的计算，结果表明非稳态法更适用于细砂、粉土和黏土等渗透性较差的样品渗透率测量。Kleinberg 等[23]采用瞬态法测量了石英玻璃珠中水合物生成对多孔介质渗透率的影响，并结合核磁共振成像技术获得了沉积物中气液两相的饱和度变化和速度分布关系，获得了相对渗透率曲线，并与渗流实验结果进行对比。研究发现，通过核磁共振波谱计算的渗透率值与达西定律计算出的渗透率结果相近，由此提出了一种新型多孔介质渗透率测量方法。上述研究结果表明与稳态法相比，瞬态法的测量阶段不需要达到稳定渗流状态，具有实验周期短、测量范围广和测量精度高等优点。

在本研究中，我们自行研制了一套水平、垂向双向含水合物沉积物渗透率测量装置，在高压岩芯夹持器中原位模拟地层环境合成甲烷水合物。基于瞬态压力脉冲法，开展了不同粒径尺寸、围压以及水合物饱和度条件下含水合物多孔介质渗透率测量实验，获得了水合物生成引起的水合物饱和度变化对储层渗透率的影响规律，探究了水合物多孔介质渗透率的影响机制，可为天然气水合物开采技术的开发提供基础数据与理论支撑。

2 瞬态压力脉冲法测量渗透率基本原理

瞬态压力脉冲法首先由 Brace 等[24]于 1968 年提出并应用于测量花岗岩的渗透率，其渗透率的基本原理如图 1 所示。被测样品两端分别与储水标准室 1 和标准室 2 相连，初始状态下，样品孔隙压力与标准室内压力处于平衡状态 P_1；向左端标准室 1 施加一个水力压力脉冲 P_f，建立岩芯上游端和下游端的压差，此时，在样品内部形成一维渗流，样品内出现由左向右的渗流过程；在液体渗流过程中，标准室 1 压力不断降低，标准室 2 压力不断升高，待系统逐渐趋于新的压力平衡状态后停止[如图 1(b)所示]，基于达西定律，通过建立被测样品两端压差衰减数据即可计算样品的渗透率，具体计算方法如下：

$$\Delta P_i = P_1 - P_f = \Delta P(V_2/V_1 + V_2)\mathrm{e}^{at} \tag{1}$$

将式(1)两端取对数，a 可由 $\ln(\Delta P)$ 与时间 t 的拟合直线的斜率表示(如图 2 所示)，表达式如下：

$$a = \frac{kA}{\mu_g L C_1}\left(\frac{1}{V_1} + \frac{1}{V_2}\right) \tag{2}$$

其中，k 为脉冲衰减法渗透率，$10^{-3}\mu\mathrm{m}^2$；μ_g 为气体黏度，Pa·s；L 和 A 分别为岩芯长度、岩芯横截面积，cm、cm^2；V_1 和 V_2 分别为标准室 1 和 2 的体积，cm^3；C 为与容器体积、流体压缩性以及样品尺寸有关的函数；C_1 为液体的有效压缩系数。本实验设备中标准室 1，V_1 与标准室 2，V_2 的体积相同，渗透率计算公式如下：

$$k = \frac{\mu_g L C_1 V\left[\ln\left(\frac{\Delta P_i}{\Delta P}\right)/\Delta t\right]}{2A} \tag{3}$$

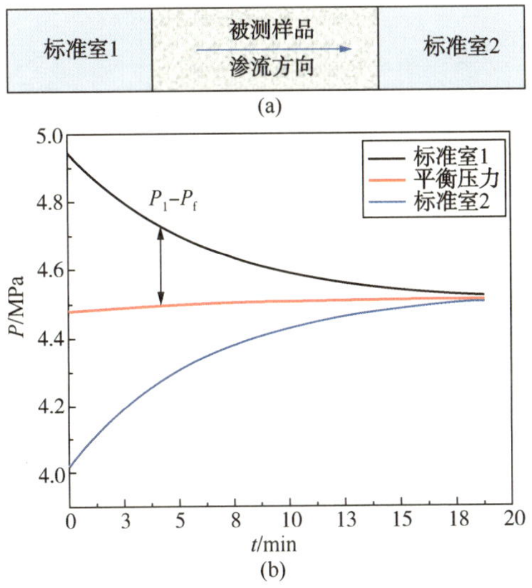

图 1 瞬态压力脉冲法测量基本原理

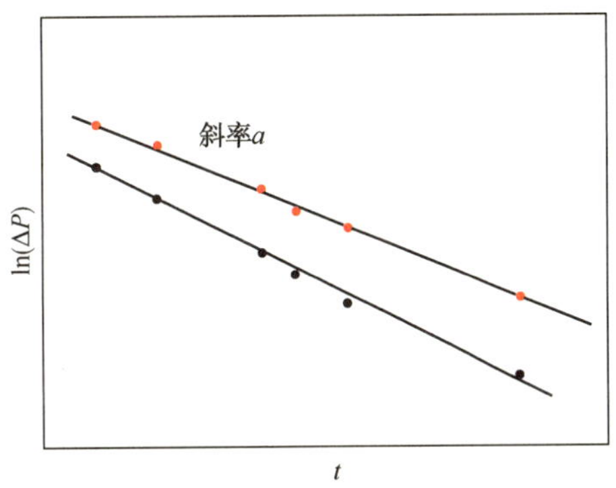

图 2 压差随时间的变化

3 实验

3.1 实验装置

图3为含水合物沉积物岩芯瞬态脉冲法测量渗透率实验装置。该装置主要由可旋转岩芯夹持器、气液供给系统、围压加载系统、轴压加载系统、控温系统、回压控制系统、恒压驱替系统以及数据采集系统组成，可进行甲烷水合物的原位生成、分解与渗透率测定实验研究。岩芯夹持器由316不锈钢制成，内部附有橡胶筒，可实现水平、垂向双向渗流试验测试以及加载围压，最高工作压力为30MPa，直径为25mm，长度为100mm；岩芯夹持器的进出口两端连接有2个压力传感器（瑞士Trafag公司，测量范围0~25MPa，精度±0.1℃），2个温度传感器（Pt100铂热电阻，测量范围-15~90℃，精度±0.25%）和1个高精度差压传感器（美国Honeywell公司，测量范围0~250kPa，精度0.25%，用于在水合物生成和渗透率测量过程中实时测量岩芯夹持器两端的温度、压力和差压变化；岩芯夹持器的温度由恒温控温水浴（杭州雪中炭恒温技术有限公司，测量范围是-10~50℃，控制精度为±0.1℃）控制。数据采集系统实时自动记录实验过程中的所有温度、压力及流体流量变化，时间间隔设定为8s。

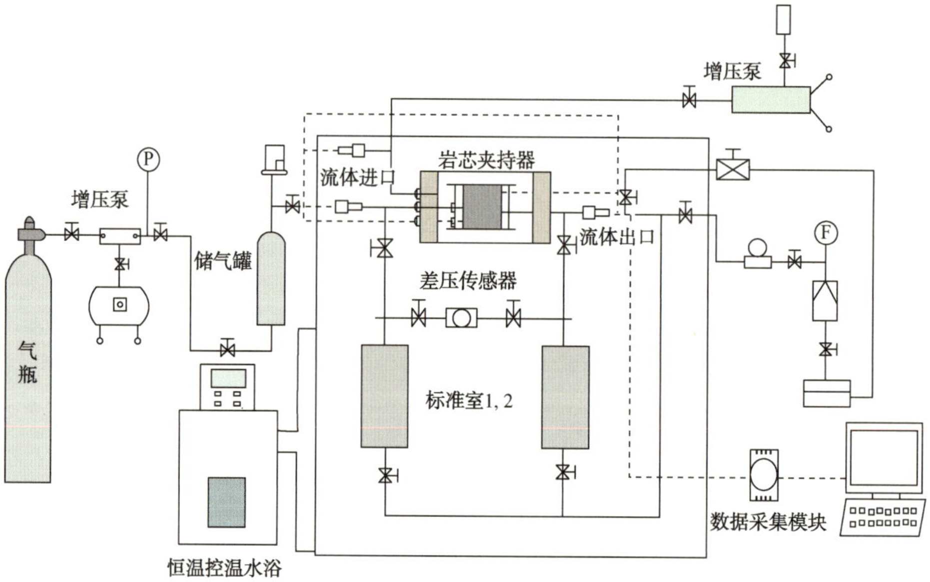

图3 实验装示意图

3.2 实验材料

实验中所使用的去离子水的电阻率为18.25MΩ/cm，由南京易普易达科技发展有限公司生产；所使用的甲烷气体纯度超99.9%，由佛山华特气体有限公司提供。粒径尺寸分别为40~60目，80~120目，325~400目的石英砂由麦克林公司提供。实验前，石英砂需要用去离子水清洗，并进行筛选烘干处理。三种石英砂的平均粒径分别为30.43μm，

145.65μm 与 484.09μm，由英国 Malvern 仪器有限公司生产的 Mastersizer 2000E 型激光微米粒度仪测量，石英砂颗粒的粒径分布如图 4 所示。

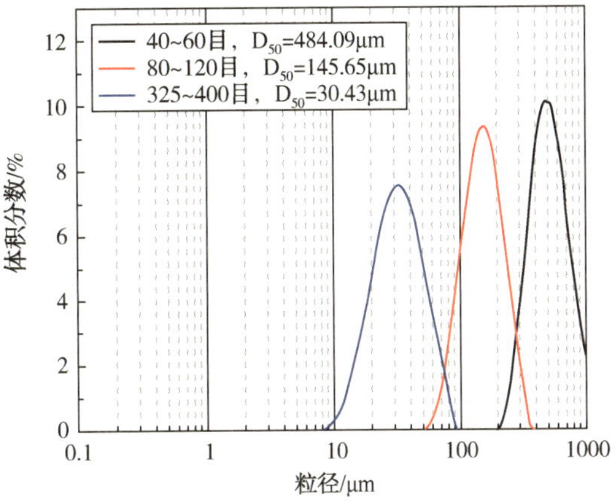

图 4　不同粒径尺寸石英砂粒径分布

3.3　实验步骤

（1）岩芯制备：为保证石英砂颗粒在水合物生成与渗透率测量过程中的稳定，我们采用环氧树脂与石英砂混合制备胶结的岩芯，首先称取一定量石英砂与 5% 的环氧树脂充分搅拌均匀后，然后将砂粒填充至岩芯制作模具内，并在填充过程中不断用夯实器压实，砂粒填充完毕后静置 48 小时，待岩芯塑形制备完毕后静置烘箱中，在 105℃ 条件下烘干至恒定质量，记录烘干后样品质量，岩芯具体参数如表 1 所示。

（2）岩芯饱和水和前期准备：将岩芯浸泡在去离子水中 12 小时，待岩芯充分饱和后，擦干岩芯表面去离子水，放置空气中干燥，得到目标初始水饱和度后将其装入高压岩芯夹持器中，连接管线完毕后将岩芯夹持器放置于恒温水浴中，并将水浴温度调节至 20℃，为整个实验提供稳定的环境温度。

（3）检漏：除储气罐外，连通所有管线，向夹持器中注气增压至 3MPa，检查系统气密性。

（4）注气：向夹持器中注液增加围压，确保围压要大于系统内压力 1.5MPa 左右；打开增压泵，开始注气至目标压力。

（5）水合物生成：调节水浴温度至 3℃，水合物定容条件下逐渐合成，待系统压力保持 3 小时稳定，甲烷水合物合成时间结束，甲烷水合物合成过程持续时间一般为 2~7 天，甚至更长，取决于反应釜的体积、初始气液饱和度及气液分布等多种因素。

（6）驱气：采用冷却后的去离子水驱替夹持器中的剩余气体，直到出口没有气体产出。

（7）瞬态法注水渗透率测定：打开连通样品与两个标准室的阀门，静置 5min，使其温度和压力处于平衡状态；关闭标准室 1 阀门，增压泵增压以施加压力脉冲，达到预定压差后，快速打开标准室 1 阀门，采用差压传感器记录标准室 1、2 之间差压 ΔP 随时间的衰变数据，待差压衰减至 0 时，认为瞬态压力脉冲法测量过程结束。

（8）重复进行上述(5)、(6)、(7)步骤，测量不同水合物饱和度下的渗透率。

4　结果与谈论

4.1　粒径尺寸对岩芯渗透的影响

粒径尺寸是影响多孔介质渗透率的重要参数，为此我们测量了不同粒径石英砂岩芯未含水合物的渗透率，实验所用岩芯参数见表 1，实验结果见表 2。由表 2 可以看出，在孔隙度基本相同时，不同粒径岩芯渗透率相差较大，且粒径尺寸越大渗透率越高，但并不是简单的线性关系；在粒径尺寸相同时，微小孔隙度仍会对渗透率产生影响，这主要是受多孔介质孔隙结构和颗粒喉道分布差异微观机理的影响。

表 1　实验具体参数

实验编号	目数	中值粒/μm	岩芯质量/g	岩芯长度/mm	孔隙度/%
1-1	40~60	484.09	68.36	91.42	35.85
1-2	40~60	484.09	68.25	91.42	35.43
1-3	40~60	484.09	68.38	91.42	35.60
1-4	40~60	484.09	68.33	91.42	35.55
2-1	80~120	145.65	67.89	92.22	34.91
2-2	80~120	145.65	67.91	92.22	35.15
2-3	80~120	145.65	67.83	92.22	35.05
2-4	80~120	145.65	67.88	92.22	35.01
3-1	325~400	30.43	66.72	90.20	34.69
3-2	325~400	30.43	66.83	90.20	34.71
3-3	325~400	30.43	66.85	90.20	34.80
3-4	325~400	30.43	66.89	90.20	34.75

表 2　不同粒径尺寸对岩芯渗透的影响

实验编号	目数	孔隙度/%	渗透率/μm^2
1-1	40~60	35.85	13.26
1-2	40~60	35.43	13.04
1-3	40~60	35.60	13.51
1-4	40~60	35.55	13.22
2-1	80~120	34.91	9.33
2-2	80~120	35.15	9.69
2-3	80~120	35.05	9.26
2-4	80~120	35.01	9.39
3-1	325~400	34.69	3.66
3-2	325~400	34.71	3.79
3-3	325~400	34.80	3.81
3-4	325~400	34.75	3.77

4.2　水合物生成

岩芯中甲烷水合物的生成过程是气、液、固三相饱和度变化过程，主要表现为岩芯夹持器内压力逐步降低，水合物的生成一般持续 1~5 天左右。为了达到实验预期的水合物饱和度，采用多次注气增压的方法，提高水合物生成速率。在水合物生成过程中，假设甲烷气体与水的消耗比(平均水化数)为理想化学计量值 5.75。水和甲烷水合物的摩尔质量分别为 18g/mol 和 119.5g/mol。甲烷水合物的密度为 0.94g/cm^3。甲烷气体的摩尔体积根据夹持器内监测的温度和压力数据采用 Peng-Robinson(PR)气体方程计算得出，实验过程中气、液、固三相饱和度的变化通过质量守恒方程和甲烷气体的体积变化计算可得到[25]。

图 5 所示为实验 1(40~60 目)岩芯中水合物生成过程中的夹持器内进/出口压力以及水合物饱和度随时间的变化趋势。夹持器内初始水饱和度为 24.53%，初始气体饱和度为 75.47%。由图 5 可见，在第一阶段(0~500min)，随着甲烷水合物的生成，甲烷气体被不断消耗，夹持器的系统压力由 5.50MPa 降低至 3.75MPa，水合物的生成使得反应釜内气相饱和度降低至 73.64%，水合物饱和度升高至 9.85%，用储气罐进行二次注气加压，夹持器内压力由 3.75MPa 升高至 5.49MPa，本阶段水合物生成速率变缓，水合物生成时间持续 525min 时压力降低至 5.02MPa，水合物饱和度增加到 12.61%；进行第三次注气体增压，系统压力升高至 5.49MPa，本阶段水合物生成速率变得非常缓慢，水合物生成实验结束时，夹持器内气液水合物三相饱和度分别为 72.88%，13.20%和 13.92%。实验结果表明，甲烷水合物的生成速率随着夹持器内压力下降而降低，采用多次补气增压的方法可以提高水合物生成驱动力，可以有效提高甲烷水合物生成速率，水合物饱和度实验条件如表 3 所示。

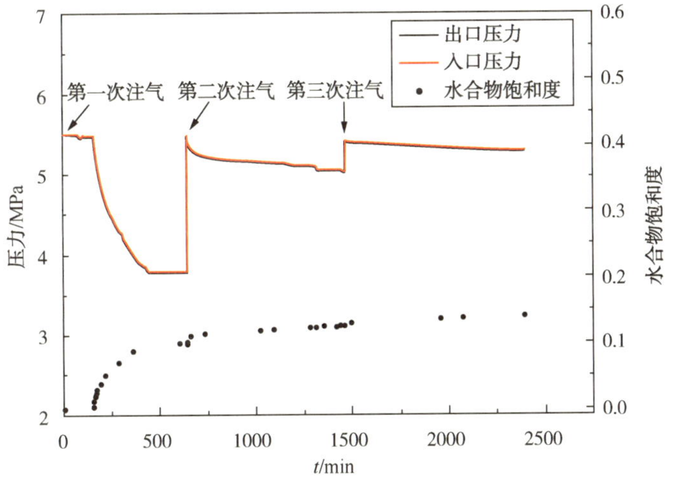

图 5　甲烷水合物生成过程中压力和水合物饱和度变化曲线图

4.3　水合物饱和度对渗透率的影响

利用不同粒径尺寸石英砂模拟多孔介质岩芯，测量不同水合物饱和度下岩芯的渗透率变化，实验温度为 3℃，初始压力范围为 5.5~12MPa，详细实验条件和结果如表 3 所示。实验结果表明，水合物饱和度的增加与多孔介质渗透率呈负相关性。如图 6 所示，水合物饱和度-渗透率曲线呈指数分布。在低水饱和度条件下，多孔介质粒径尺寸对水合物岩芯渗透率影响较大；当水合物饱和度高于 12.36%时，水合物岩芯渗透率受粒径尺寸和水合物饱和度的影响较小，其结果趋势与前人的研究成果[14~16]具有良好的一致性，体现了瞬态压力脉冲法在含水合物岩芯渗透率测量方面具有良好的适用性。

表 3 甲烷水合物生成测量的实验数据

实验编号	目数	水合物饱和度/%	温度/K	孔隙度/%
1-1	40~60	5.68	273.15	35.85
1-2	40~60	9.87	273.15	35.43
1-3	40~60	12.39	273.15	35.60
1-4	40~60	13.98	273.15	35.55
2-1	80~120	5.73	273.15	34.91
2-2	80~120	9.66	273.15	35.15
2-3	80~120	12.33	273.15	35.05
2-4	80~120	14.32	273.15	35.01
3-1	325~400	5.78	273.15	34.69
3-2	325~400	9.83	273.15	34.71
3-3	325~400	12.36	273.15	34.80
3-4	325~400	13.88	273.15	34.75

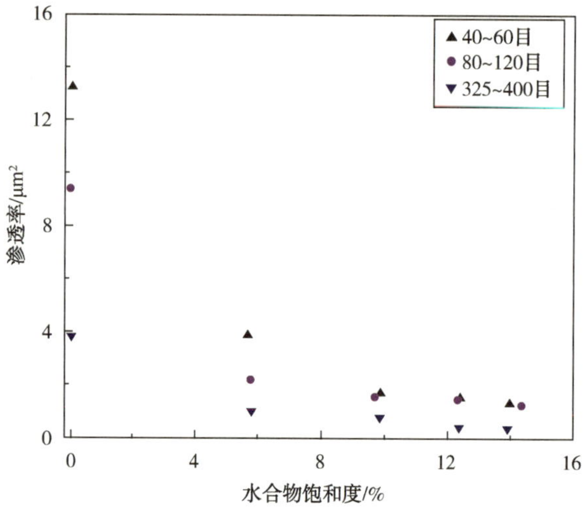

图 6 渗透率随甲烷水合物饱和度变化曲线图

4.4 围压对含水合物沉积物渗透率的影响

表 4 给出了不同有效围压下含水合物石英砂中渗透率的测量结果。由表 4 可知，随着有效围压的增加，水合物岩芯的渗透率均有不同程度的下降。对于相同水合物沉积物样品随着有效围压的增大，其渗透率逐渐降低，当围压从 7.2MPa 增大至 10.53MPa 时，水合物岩芯渗透率大约降低至初始值的 78%，表明多孔介质中孔隙通道的变化会对流体的流动能力有显著的影响，特别是粒径较小颗粒、低渗透岩芯，由于其具有细微孔道的特征，孔

隙体积较小的变化也会造成渗透率的大幅度下降。综上所述，有效围压的差异会对水合物沉积物渗透率的测量产生较大的影响，因此，在模拟实际水合物地层开采实验过程中，应当考虑有效围压参数的影响；另一方面，在水合物开采实验中，过高的围压参数的变化会造成孔隙的变形，该变形符合塑形变化特征，对水合物储层渗透率造成不可逆变化。

表 4　不同粒径尺寸对岩芯渗透的影响

实验编号	目数	水合物饱和度/%	有效围压/MPa	渗透率/μm^2
1-1	40~60	12. 39	7. 20	1. 55
1-2	40~60	12. 39	8. 52	1. 32
1-3	40~60	12. 39	10. 53	0. 927
3-1	325~400	12. 36	7. 51	0. 392
3-2	325~400	12. 36	8. 50	0. 317
3-3	325~400	12. 36	10. 53	0. 213

5　结论

本文研制了一套含水合物沉积物渗透率测量装置，基于瞬态注水脉冲法，测量了含水合物沉积物的渗透率，通过实验结果与文献中其他研究对比，验证了瞬态压力脉冲法测量沉积物渗透率的实用性，研究了不同有效围压、水合物饱和度对沉积物渗透率变化的影响，主要结论包括：

（1）瞬态法测量水合物岩芯渗透率过程中，注水驱替过程不需要达到稳定渗流状态，整个流程只持续 5~20min，降低水合物分解的可能性，且更适合渗透率较低岩芯样品的测量，在含水合物沉积物渗透率试验研究方面具有潜在的应用前景。

（2）在孔隙度基本相同时，粒径尺寸对岩芯渗透率影响较大，粒径尺寸越大渗透率越高，这说明受多孔介质孔隙结构、孔隙喉道分布差异以及孔隙度的影响，多孔介质中孔隙通道的变化对流体流动能力影响显著。

（3）由于甲烷水合物的生成占据多数岩芯孔隙空间和流动通道，含甲烷水合物岩芯的渗透率随着甲烷水合物饱和度的增加而迅速降低；在低水饱和度(低于 10%)条件下，多孔介质粒径尺寸对水合物岩芯渗透率影响较大，特别是粒径尺寸较大的颗粒；当水合物饱和度高于 12. 36%时，水合物岩芯渗透率基本不受水合物饱和度的影响。

（4）甲烷水合物岩芯的渗透率随有效围压的增大而减小，且随着围压的增大，渗透率下降速率变缓。

参 考 文 献

[1] Sloan ED Jr, Koh C. Clathrate hydrates of natural gases[M]. 3rd ed. Boca Raton: CRC Press, 2008.

[2] Klauda JB, Sandler SI. Global distribution of methane hydrate in ocean sediment[J]. Energy and Fuels, 2005, 19(2): 459-470.

[3] Li XS, Xu CG, Zhang Y, et al. Investigation into gas production from natural gas hydrate: A review. Applied Energy, 2016, 172: 286-322.

[4] Ye Y, Liu C. Natural Gas Hydrates: Experimental techniques and their applications Heidelberg: Springer Science & Business Media, 2012.

[5] 蔡建超，夏宇轩，徐赛，等. 含水合物沉积物多相渗流特性研究进展[J]. 力学学报，2020，52(1)：208-223.

[6] Li G, Li B, Li XS, Zhang Y & Wang Y. Experimental and numerical studies on gas production from methane hydrate in porous media by depressurization in pilot-scale hydrate simulator[J]. Energy & Fuels, 2012, 26(10): 6300-6310.

[7] Heeschen KU, Abendroth S, Priegnitz M, et al. Gas production from methane hydrate: A laboratory simulation of the multistage depressurization test in Mallik, Northwest Territories, Canada[J]. Energy & Fuels, 2016, 30(8): 6210-6219.

[8] Li G, Li XS, Li B, et al. Methane hydrate dissociation using inverted five-spot water flooding method in cubic hydrate simulator[J]. Energy, 2014, 64: 298-306.

[9] Nair VC, Ramesh S, Ramadass GA, et al. Influence of thermal stimulation on the methane hydrate dissociation in porous media under confined reservoir[J]. Journal of Petroleum Science and Engineering, 2016, 147: 547-559.

[10] Yousif MH. Effect of underinhibition with methanol and ethylene glycol on the hydrate-control process[J]. SPE Production & Facilities, 1998, 13(3): 184-189.

[11] 孙建业，刘乐乐，王小文，等. 沉积物中甲烷水合物的 CO_2 置换实验[J]. 天然气工业，2015，35(8)：56-62.

[12] Khlebnikov VN, Antonov SV, Mishin AS, et al. A new method for the replacement of CH_4 with CO_2 in natural gas hydrate production[J]. Natural Gas Industry, 2016, 36(7): 40-47.

[13] 刘乐乐，张旭辉，鲁晓兵. 天然气水合物地层渗透率研究进展[J]. 地球科学进展，2012，27(07)：733-746.

[14] 李刚，李超，李小森，等. 石英砂中甲烷水合物渗透率实验与模型验证[J]. 天然气工业，2017，37(12)：53-60.

[15] 曾家明，李栋梁，梁德青，等. 含水合物沉积物的渗透率实验研究[J]. 新能源进展，2021，9(03)：232-238.

[16] 宋永臣，黄兴，刘瑜，等. 含甲烷水合物多孔介质渗透性的实验研究[J]. 热科学与技术，2010，9(1)：51-57.

[17] Johnson A, Patil S, Dandekar A. Experimental investigation of gas-water relative permeability for gas-hydrate-bearing sediments from the Mount Elbert Gas Hydrate Stratigraphic Test Well, Alaska North Slope [J]. Marine and Petroleum Geology, 2011, 28(2): 419-426.

[18] Marinakis D, Varotsis N, Perissoratis C. Gas hydrate dissociation affecting the permeability and consolidation behavior of deep-sea host sediment[J]. Journal of Natural Gas Science and Engineering, 2015, 23: 55-62.

[19] 张宏源，刘乐乐，刘昌岭，等. 基于瞬态压力脉冲法的含水合物沉积物渗透性实验研究[J]. 实验力学，2018，33(2)：263-271.

[20] 孙军昌，杨正明，郭和坤，等. 致密储层渗透率测试的稳态与非稳态法对比研究[J]. 岩土力学，2013，34(4)：1009-1016.

[21] 王自豪，万义钊，刘乐乐，等. 含水合物沉积物相对渗透率研究进展[J]. 海洋地质前沿，2022，38(02)：14-29.

[22] Chio JH，Myshakin EM，Lei L，et al. An experimental system and procedure of Unsteady-state relative permeability test for gas hydrate-bearing sediments[J]. Journal of Natural Gas Science and Engineering，2020，83：103545.

[23] Kleinberg RL，Flaum C，Griffin DD，et al. Deep sea NMR：Methane hydrate growth habit in porous media and its relationship to hydraulic permeability，deposit accumulation，and submarine slope stability [J]. Journal of Geophysical Research，2003，108(B10)：2508.

[24] Brace WF，Walsh[24]JB，Frangos WT. Permeability of granite under high pressure[J]. Journal of geophysical research，1968，73(6)：2225-2236.

[25] Zhang Y，Li XS，Chen ZY，et al. Effect of Hydrate Saturation on the Methane Hydrate Dissociation by Depressurization in Sediments in a Cubic Hydrate Simulator[J]. Industrial & Engineering Chemistry Research，2015，54(10)：2627-2637.

天然气水合物热导率测试标准制定研究

张　乐[1,2]

[1]中国石化石油勘探开发研究院，北京，100083
[2]南方海洋科学与工程广东省实验室(广州)，广州，511458

摘要： 热导率是描述水合物分解过程传热能力的重要参数，其精确定量是开展天然气水合物可采性和长期稳定产气能力评价的关键。基于瞬态平面热源法的热物性分析测试仪，配置低温高压水合物反应釜、恒温循环水浴的实验系统能够自动测量、在线获得水合物样品热导率、热扩散率等热物性参数。目前没有统一水合物人工制备和热导率测试一体化的标准，需要规范化基于瞬态平面热源法测定含天然气水合物块状样品热导率的方法，用于实验室人工合成制备的含水合物多孔介质样品、单组分气体水合物以及多组分气体水合物的热导率测定。立项相关的国家或者行业标准，对于促进天然气水合物勘探开领域的发展具有重要的现实意义。

关键词： 天然气水合物；热导率；瞬态平面热源法；热扩散率

1　引言

天然气水合物是 CH_4 等分子与水分子在一定温度和压力(低温高压)的环境下形成的笼形固体化合物。天然气水合物是一种高效清洁能源，被誉为 21 世纪的绿色能源。我国天然气水合物资源主要分布于南海、东海海域，青藏高原冻土区等。根据官方初步预测我国海域与陆地冻土区天然气水合物资源潜力达 1000×10^8t 油当量，其中海域资源量约 800×10^8t 油当量。因此，国务院已于 2017 年 11 月 3 日正式批准将天然气水合物列为新矿种，成为我国第 173 个矿种，此项政策必将促进我国天然气水合物勘探开发进程，早日实现天然气水合物安全有效开采突破，对于缓解我国能源短缺压力、促进能源结构调整和经济绿色可持续发展具有重要意义。

天然气水合物热导率、比热容等热物理性质参数是评价水合物可开采性的关键参数。室内实验可以帮助测试纯水合物和水合物沉积物的热导率、比热容等重要参数，是天然气

基金项目： 南方海洋科学与工程广东省实验室(广州)人才团队引进重大专项(GML2019ZD0102)；
中国石化优秀青年创新基金项目(P20025)；
中国石化科技部项目群课题(P20040-4)

水合物资源品质评价与开采方案编制的重要基础。海域天然气水合物现场保温保压取芯、转移和处理测试难度较大，技术很不成熟。水合物的基础理论和方法技术的研究仍以参照目标区域水合物赋存特征，室内人工制备合成的天然气水合物样品为主要研究对象。与常规样品不同，天然气水合物在常温常压下极不稳定，需要低温高压环境。同时天然气水合物在热量和压力波动的情况下会发生分解，固体的水合物分解成气体和水，原先被水合物占据的孔隙成为渗流通道，沉积物骨架发生改变，这对其测试技术方法提出了更高的要求。因此针对天然气水合物热导率等基础物性参数的测定，常规油气测试方法及标准已经无法满足。从国内外现状看，天然气水合物领域内只有中国海洋工程咨询协会的团体标准 T/CAOE 23—2020《天然气水合物实验测试技术规范》，但是其中未涉及水合物热导率参数测试，无法满足天然气水合物资源可开采性评价和开采方案编制的需求。

因此，开展天然气水合物实验样品热导率等参数测试方法的实验技术标准研究，形成规范、统一的测试实验技术规范，有利于提高实验室及操作人员间测试结果的可比性、准确性，为天然气水合物可开采性评价、优化开发方法及工艺参数等方面的理论和实践研究提供可靠稳定的基础数据，为我国天然气水合物资源勘探、开发及产业化发展提供技术支撑。

2 天然气水合物热导率测试方法研究

天然气水合物开发技术的研究进展从根本上依赖于高品质的物性数据的获取和对天然气水合物物化性质的深刻认识。可靠的热物性数据对于模拟自然界天然气水合物的成藏和天然气水合物勘探、开发具有重要研究意义。

利用实验室合成纯水合物或水合物沉积物，采用稳态法和非稳态法测试纯水合物或者复合结构水合物的热导率、热扩散率等参数。稳态法测试基于傅里叶导热定律，将水合物样品置于两平板之间，对加热板加热，通过水合物向散热板传递热量，通过测量稳定状态的温度分布和加热板加热功率，即可获得水合物热导率，见图 1，实验装置测试温度可到-60℃，压力达到 1MPa。Cook 等[1]、Waite[2]、石磊等[3]采用稳态平板法分别对不同水合物的导热系数(包括 sⅠ型和 sⅡ型)作了测试。但稳态法测量需要较长的时间来达到稳态温度场。

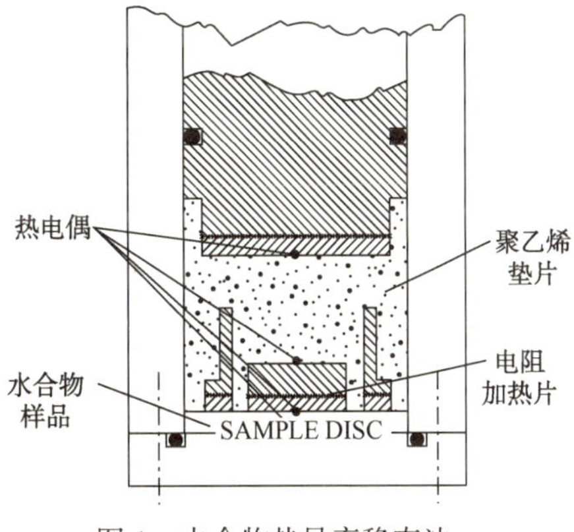

图 1　水合物热导率稳态法测试装置剖面图(Cook，1983)[1]

由于水合物在温度、压力等条件发生变化时易分解，导热性能动态变化，因此其热导率多采用瞬态法进行测量。瞬态法热导率测试方法主要分为热线法、瞬态热带法及瞬态平面热源法。热线法及其随后发展的探针法主要用于松散介质的热导率的测试，且测量结果受接触热阻影响。热带法将线热源压扁成带状，扩大热源和介质的接触面积，可减少接触热阻。瞬态平面热源法是如今水合物沉积物热导率研究最常用的方法。将热源弯曲成螺旋状，压成平面板热源，可在更小的空间内获得更大的接触面。黄犊子等[4]采用了瞬变平面热源法测试-10~5℃附近的甲烷水合物、-10~5℃的混合气(体积占比：甲烷90.01%，乙烷5.03%，丙烷4.96%)水合物的热导率。Li[5]采用了瞬变平面热源法测试系统对神狐海域250~425μm的石英砂合成的水合物沉积物的热导率进行了实验研究。水合物反应釜见图2。图3所示反应釜中水合物样品直径5.0cm，高1.5cm，探头水平放置于反应釜水合物样品和背景材料之间，同时通过活塞装置实现水合物样品压实。刘等[6]实验研究了测试温度-5~5℃，压力3MPa条件下，不同种类(Al_2O_3、Cu、SiO_2)、不同质量分数(0.05%、0.1%、0.15%)及不同粒径(10nm、30nm、50nm)的纳米粒子对CO_2水合物热导率的影响。实验系统见图3，测试探头竖直放置于反应釜样品中，反应釜温度通过恒温水槽进行调节。

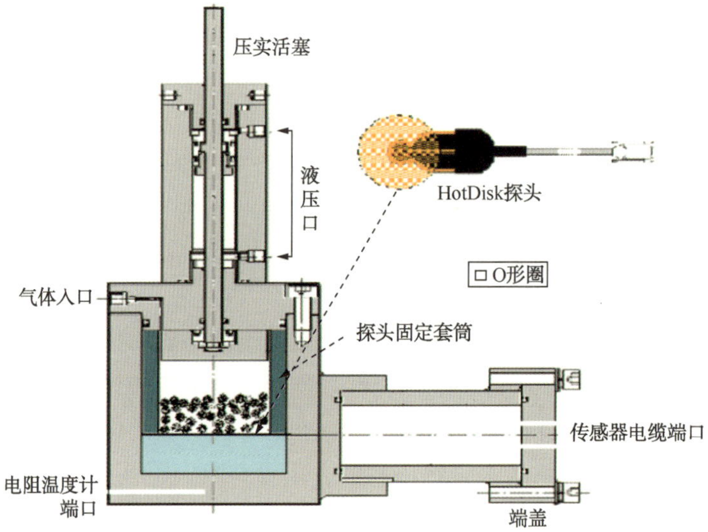

图2 水合物反应釜[5]

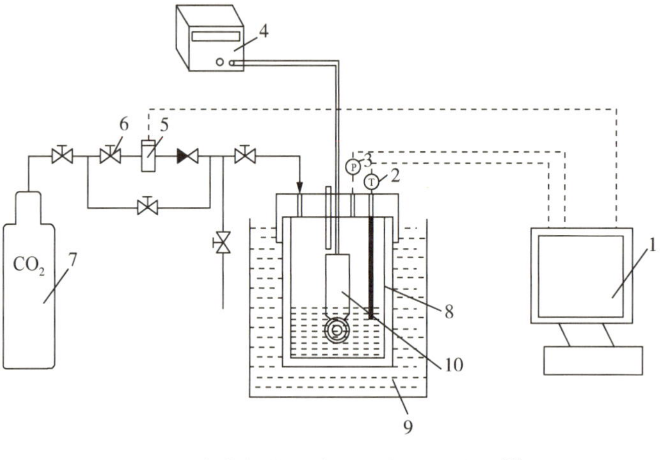

图3 水合物热导率测试实验系统图[6]

1—数据采集器；2—温度传感器；3—压力传感器；4—Hot Disk热常数分析仪；
5—气体流量计；6—压差传感器；7—CO_2气瓶；8—高压反应釜；
9—低温恒温浴；10—高压探头

热脉冲探针技术方法加热源和温度感应器置于同一探针中，用探针插入到水合物中测热导率。Stoll 等[7]、Waite[8]也应用热脉冲探针技术研究了水合物热导率。如图 4 所示的热脉冲探针实验系统，样品直径 31.75mm，探针为直径 1.58mm 的环氧树脂填充高压管，包含一个 4kΩ 热敏电阻和一个电阻为 335Ω/m 的加热线回路。

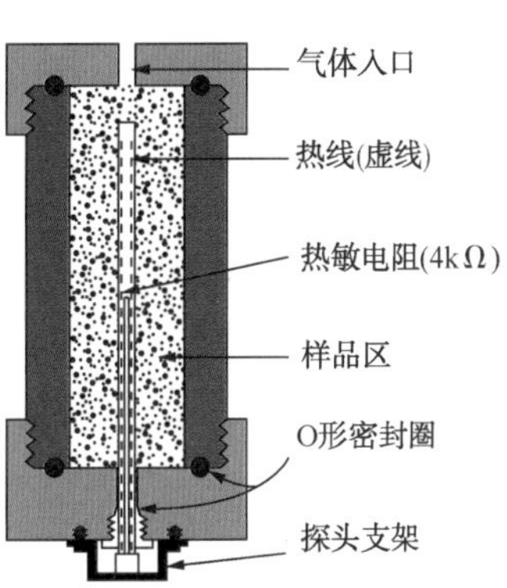

图 4　压力容器和探针测试原理[8]

水合物热导率的测试目前出现了时域反射技术(Time Domain Reflectometry，TDR)与稳态或非稳态法结合的新测试技术。时域反射技术是一种通过观测电磁波在介质中的传播情况来确定待测样品介电性质的探测技术。中国海洋大学[9]研制出一套热-TDR 法水合物热物理性质测试系统，见图 5，实验压力 7.8MPa，文中实验水合物饱和度测试可达 50%。该系统利用 TDR 技术即时监测反应釜中水合物生成进度，可以获得瞬态过程中水合物热导率与饱和度的密切关系。

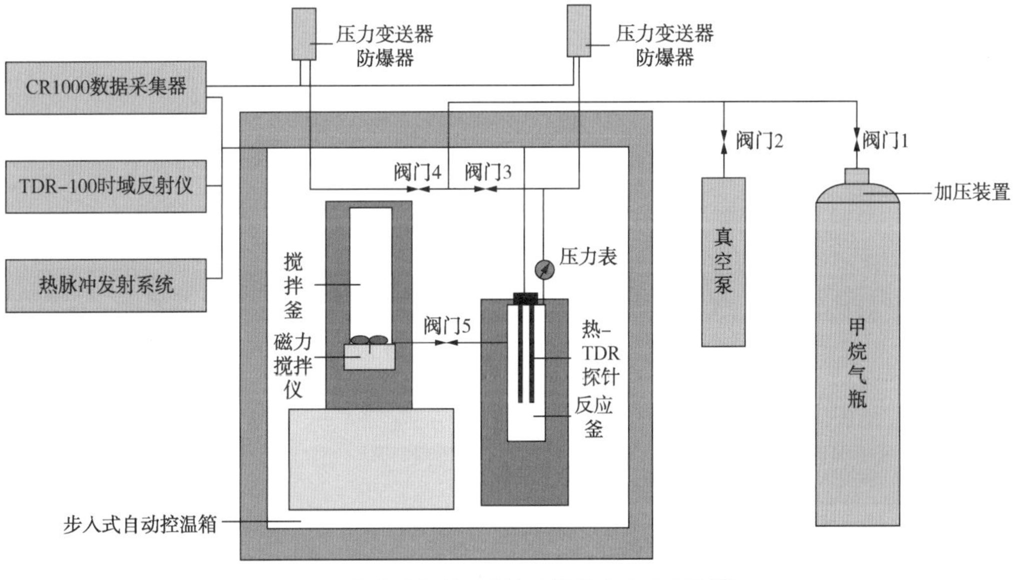

图 5　热脉冲探针-时域反射技术实验系统[9]

大连理工大学张等[10]采用基于飞秒脉冲激光的时域热反射法(TDTR)测量四氢呋喃水合物(THF)笼形水合物的热导率。TDTR 实验系统是基于瞬态热反射法建立的一套热物性测量系统。如图 6 所示，设计了可同时适用样品制备及 TDTR 测量的温控台，实现 THF 热导率非接触原位测量。

3　瞬态平面热源法

近年来，国内外最为常见的水合物沉积物热导率实验系统是采用基于瞬态平面热源法的热物性分析测试仪，配置低温高压水合物反应釜、恒温循环水浴(空气浴或酒精浴等)以

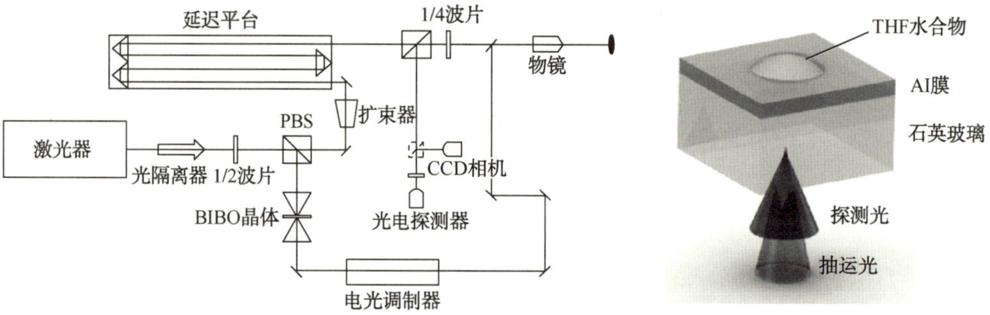

图 6　基于飞秒脉冲激光的时域热反射法（TDTR）实验系统[10]

及瞬态测试参数监测系统，该实验系统自动测量、在线获得水合物样品热导率、热扩散率等热物性参数，具有测量精度快、速度快的优势。

平面瞬态导热原理即在初始热平衡状态下，样品受到平面热源瞬态加热作用后产生温度场的变化。在保证样品边界处温度未被影响的前提下，利用样品测点处温度随时间的变化曲线，同时解析出被测样品的热导率和热扩散率，已知样品密度，可以计算得到样品比热容。

将探头放置于两块被测样品之间，形成三明治结构，如图 7（a）所示。测试时，在探头［图 7（b）］上输出恒定的电流，由于探头尖端电阻比例最大，会将电能转变为热量，使探头在有效测试时间内产生一定温升。因为探头与样品直接接触，其产生的热量会传导至被测样品。单位时间内探头热量散失快慢与被测样品导热性能直接相关，即在相同时间内，导热性能好的样品会将探头热量大量导走，被测样品温升较快。而热导率较低的样品会出现热量积聚，被测样品温升较慢。探头同时作为温度传感器，记录被测样品的温度变化。

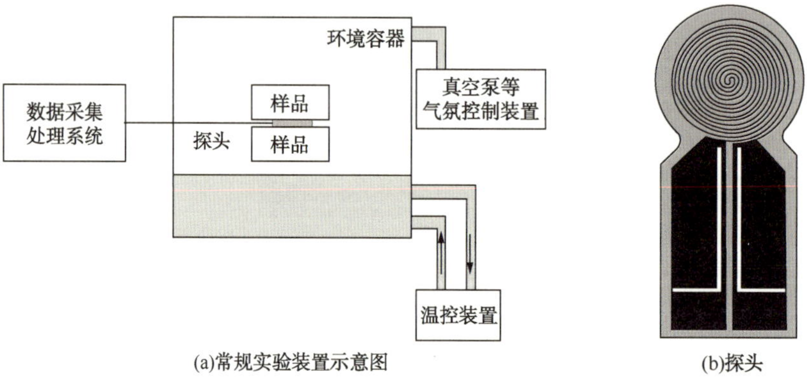

图 7　块状样品热导率测试基础装置

4　水合物热导率测试技术

基于瞬态平面热源法测定含天然气水合物块状样品热导率的方法，可同时获得被测样品的热扩散率和比热容。水合物热导率测试技术适用于实验室人工合成制备的含水合物多孔介质样品、单组分气体水合物以及多组分气体水合物的热导率测定。

4.1 水合物热导率实验方法

与常规热参数分析方法不同的是，水合物或水合物沉积物的实验室合成与测试需要低温高压的实验环境。由于水合物现场样品取样难度大，通常国内外实验室均采用在合成制备水合物样品的基础上，开展水合物热物性等其他特征研究。因此如图 8 所示的是国内外最为常用的人工制备水合物样品热导率测试装置示意图。

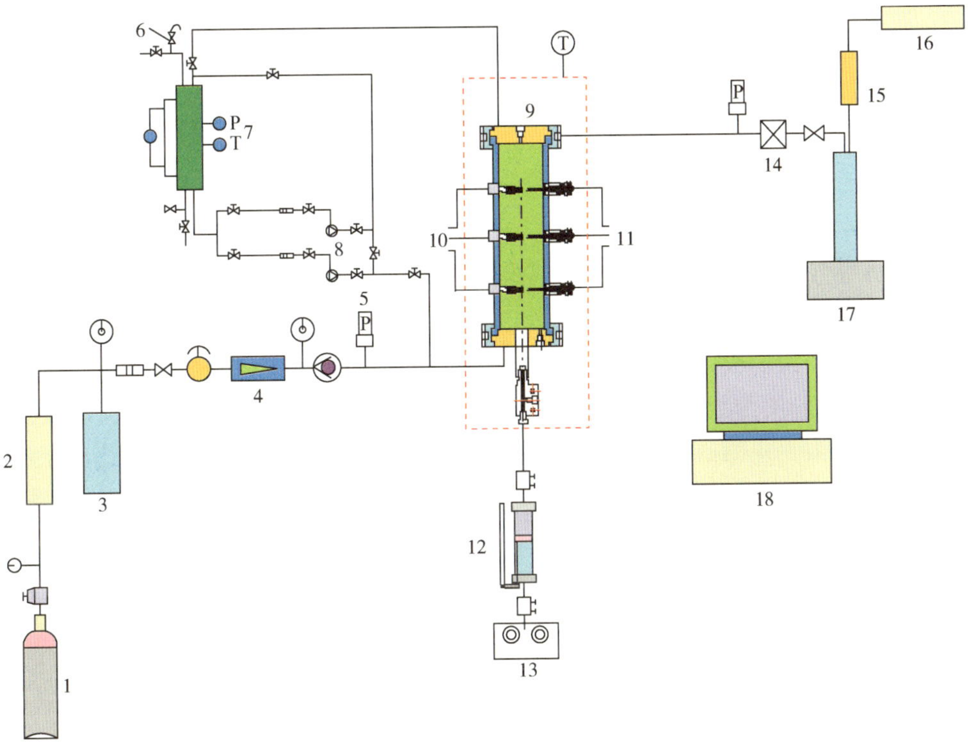

图 8 人工制备水合物样品热导率测试装置示意图

1—气瓶；2—气体增压泵；3—贮罐；4—气体流量控制器；5—压力传感器；6—安全阀；7—甲烷溶解罐；8—注入泵；9—反应釜及水浴；10—双螺旋圆形聚酰亚胺覆膜探头；11—温压多功能传感器探头；12—定量容器及位移计；13—加压泵；14—气液分离器；15—干燥器；16—气体流量计；17—电子天平；18—数据采集及分析系统

根据目标水合物地层特征，选取石英砂颗粒的目数，样品尺寸应根据反应釜内腔和覆压加载装置确定。将双螺旋圆形聚酰亚胺覆膜探头和温压多功能测试探头水平置于测试样品中部，且与样品充分接触。继续填充多孔材料至塞满反应釜内腔，封闭反应釜。开启覆压加载装置，设置模拟目标地层上覆压力值，压实填充材料，根据目标水合物层赋存条件，设置含水合物多孔介质样品的合成温度和压力，完成实验样品合成。

设定合理的初始测试时间和初始输出功率，对探头施加恒定的直流电，加热被测样品。在测试时间内，自动记录探头测量温度，采集记录次数不少于 200 次。实验结束后，选取第 20~200 之间的记录点，计算样品热导率和热扩散率；在初次测试结束后，根据测试时间、探头半径和计算得到的热扩散率，判断测试结果有效性。

4.2 热导率计算方法

实验过程中记录到的传感器表面的平均温升为：

$$\Delta T(\tau)=\frac{1}{\pi a(m+1)}\frac{P_0}{2\pi^{3/2}am(m+1)k}\int_0^{\tau}\frac{d\sigma}{\sigma^2}\sum_{n=1}^{m}\frac{na}{m}\sum_{l=1}^{m}l\mathrm{e}^{-\left(\frac{n^2}{a^2}+\frac{l^2}{m^2}\right)/4\sigma^2}\times I_0\left(\frac{nl}{2m^2\sigma^2}\right)2\pi=\frac{P_0}{\pi^{3/2}ak}D(\tau) \tag{1}$$

其中，$D(\tau)$是时间的无量纲函数，即：

$$D(\tau)=\frac{1}{m^2(m+1)^2}\int_0^{\tau}\frac{d\sigma}{\sigma^2}\sum_{n=1}^{m}n\sum_{l=1}^{m}l\mathrm{e}^{-\left(\frac{n^2+l^2}{m^2}\right)/4\sigma^2}\times I_0\left(\frac{nl}{2m^2\sigma^2}\right) \tag{2}$$

式中，m为具有相同间距的同心圆环组成的双螺旋镍线的圈数；a为最外圈的圆环直径；无量纲参数$\tau=\sqrt{\alpha t}/a$，在瞬态平面热源法中称为特征时间比；水合物热导率$k=\alpha\rho c$；ρ为水合物沉积物密度，单位kg/m^3；c为水合物沉积物比热容，单位$J/(kg\cdot K)$；P_0为热源探头输出功率。

编制程序时，预估水合物热扩散系数，获得无量纲参数τ值，并画出温升$\Delta T(\tau)$与无量纲时间函数$D(\tau)$的函数曲线，直至二者呈线性关系，则该τ值为合适的，即可获得水合物的热扩散系数。并根据曲线斜率计算获得水合物沉积物的热导率。图9给出了一个例子，图9(a)是温度随时间的变化曲线；图9(b)是基于最小二乘法拟合获得温升与$D(\tau)$的线性关系，由拟合曲线的斜率，根据式(1)，由探头输出功率、热源探头最外层半径即可获得该物质的热导率。图10为基于瞬态平面热源法获得的甲烷水合物的热导率测试实验结果。

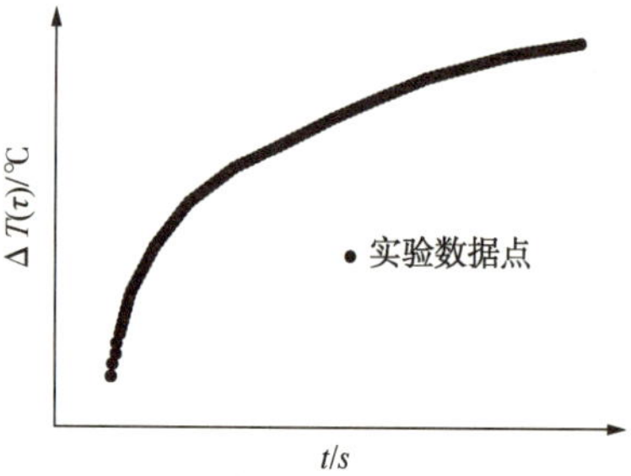

(a)实验测量平均温升
ΔT随时间的变化(示例)

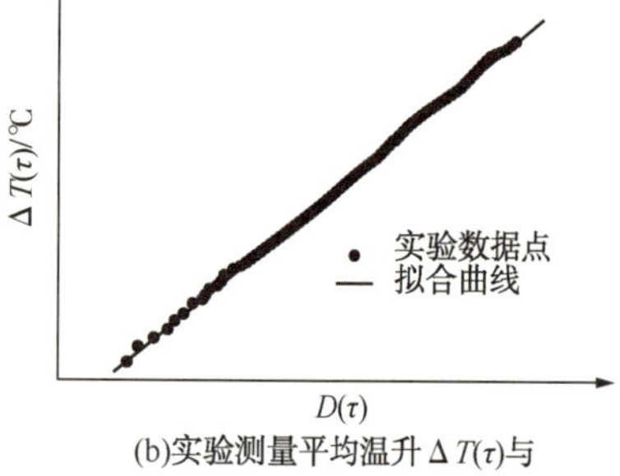

(b)实验测量平均温升ΔT(τ)与
无量纲参数D(τ)的关系(示例)

图9　热导率测试实例演示

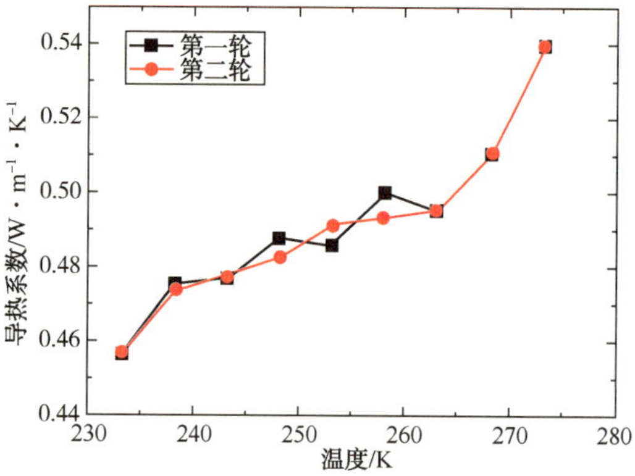

图10　水合物热导率测试结果

5 结论与认识

（1）热导率表示材料导热能力的大小，是描述水合物分解过程传热能力的重要参数，是开展天然气水合物可采性和长期稳定产气能力评价的关键。

（2）近年来，国内外最为常见的水合物沉积物热导率实验系统是采用基于瞬态平面热源法的热物性分析测试仪，配置低温高压水合物反应釜、恒温循环水浴（空气浴或酒精浴等）以及瞬态测试参数监测系统。该实验系统自动测量、在线获得水合物样品热导率、热扩散率等热物性参数，具有测量精度快、速度快的优势。

（3）基于瞬态平面热源法测定含天然气水合物块状样品热导率的方法，可同时获得被测样品的热扩散率和比热容。水合物热导率测试技术需要适用于实验室人工合成制备的含水合物多孔介质样品、单组分气体水合物以及多组分气体水合物的热导率测定。

（4）规范化天然气水合物人工制备实验方法、遴选出针对天然气水合物的瞬态平面热源法的探头，给出初始输出功率、测试时间、数据处理等方面的标准化建议，对于促进天然气水合物勘探开领域的发展具有重要的现实意义。

参 考 文 献

[1] Cook J G, Leaist D G. An exploratory study of the thermal conductivity of methane hydrate[J]. Geophysical Research Letters, 1983, 10(5): 397-399.

[2] Waite W F, Pinkston J, Kirby S H. Preliminary laboratory thermal conductivity measurements in pure methane hydrate and methane hydrate-sediment mixtures: a progress report[C]//Proceedings of the Fourth International Conference on Gas Hydrate, Yokohama, Japan, 2002.

[3] 石磊. 气体水合物导热性能研究[D]. 广州：中国科学院广州能源研究所，2002.

[4] 黄犊子. 水合物及其在多孔介质中导热性能的研究[D]. 合肥：中国科技大学，2005.

[5] Dongliang Li, Deqing Liang. Experimental study on the effective thermal conductivity of methane hydrate-bearing sand[J]. International Journal of Heat and Mass Transfer, 92(2016): 8-14.

[6] 刘妮，洪春芳，柳秀婷. 纳米粒子对 CO_2 水合物导热性能的影响. 化工学报，2017，68(9)：3404-3408.

[7] STOLL R D, BRYAN G M. Physical properties of sediments containing gas hydrates[J]. Journal of Geophysical Research, 1979, 84(B4): 1629-1634.

[8] WAITE W F. Thermal conductivity measurements in porous mixtures of methane hydrate and quartz sand[J]. Geophysical Research Letters, 2002, 29(24): 2229-2235.

[9] 陈强，刁少波，孙建业. 热脉冲探针-时域反射技术测量含水合物沉积物的热导率及水合物饱和度[J]. 岩矿测试，2013，32(1)：108-113.

[10] 张中印，袁诚阳，樊轩辉等. 基于 TDTR 技术水合物热导率测量方法[J]. 化工学报，2019，70(S2)：54-61.

激光拉曼法测定天然气水合物笼占有率的标准研究

黄　鑫[1,2]　贺甲元[1,2]　张　乐[1,2]　王海波[1,2]

[1]中国石化石油勘探开发研究院，北京，100083

[2]南方海洋科学与工程广东省实验室(广州)，广州，511458

摘要：笼占有率是描述气体水合物晶体结构中笼子的充填效率的关键参数，其精确定量是天然气水合物资源品质评价与开采方案编制的重要基础。激光拉曼光谱这种非破坏性的分析技术是开展水合物笼占有率测试的优选。但是由于目前没有统一的标准，测试结果可靠性与准确度难以得到保障，需要规范化激光拉曼光谱仪校准、拉曼测试参数优化及拉曼谱图拟合处理等流程，立项制定天然气水合物笼占有率测试行业标准具有重要的现实意义。

关键词：天然气水合物；笼占有率；激光拉曼光谱；资源品质评价

1　引言

天然气水合物是在特定条件下，由水和气体分子形成的类冰状的笼形结晶化合物[1]。其储量约为全球已探明化石燃料中碳含量的 2 倍，被视为是未来理想的替代能源之一[2]。在气体水合物的晶体结构中，水分子通过氢键作用形成特定尺寸的笼子，气体分子作为客体通过范德华力被包络在笼子内部。气体水合物是非化学计量的，通常情况下水合物晶体结构中的笼子不可能完全被气体分子填满。

激光拉曼光谱技术能够在保证水合物样品稳定性的前提下，获得结构类型、组分、笼占有率等重要参数，被广泛地用于水合物基础物性研究领域[3~6]。笼占有率是描述气体水合物晶体结构中笼子的充填效率的重要参数，是开展天然气水合物储量评价及可采性评价的关键。通过室内开展天然气水合物岩芯样品及人工制备的气体水合物样品的拉曼光谱测试，是天然气水合物资源品质评价与开采方案编制的重要基础。但是由于天然气水合物样品在常温常压具有不稳定性，需要采用专用的测试与评价技术，因此建立适用于水合物开

基金项目：南方海洋科学与工程广东省实验室(广州)人才团队引进重大专项(GML2019ZD0102)；

中国石化科技部项目群课题(P20040-4)；

中国石化优秀青年创新基金项目(P20025)

发领域的笼占有率测试方法标准具有重要的现实意义。

2 拉曼激光光谱测试技术

2.1 拉曼散射的基本概念

根据美国工具与制造工程师协会 ASTM E 131-5《Raman Spectrum》中定义，拉曼散射描述的是当物质与入射单色光相互作用有能量交换时，同时产生的反映物质振/转动量子化能级及玻尔兹曼(Boltzmann)分布特征的、峰位对称分布于入射线两侧的散射谱线(带)的一种非弹性散射现象。

2.2 拉曼散射机制

当光入射介质，受介质不均匀性所产生的传播路径的改变就是光的散射。根据量子力学理论，可以将光散射看作入射光子和物质分子相互作用从而引起电子在量子化的能级之间跃迁。当入射光照射于物质上，物质分子会吸收光子能量，从基态跃迁到一个能量虚态。散射发生时，分子能级下降，释放光子。如果分子回到初始能态，意味着散射光与入射光频率相同，这即是瑞利散射。若分子从由虚态降至第一激发态，散射光相比于入射光频率降低，对应着拉曼散射中的斯托克斯散射。反之，若第一激发态的分子吸收光子跃迁到虚态却降至了基态时，散射光频率反而升高，对应拉曼散射中的反斯托克斯散射。拉曼光谱散射机制见图 1。

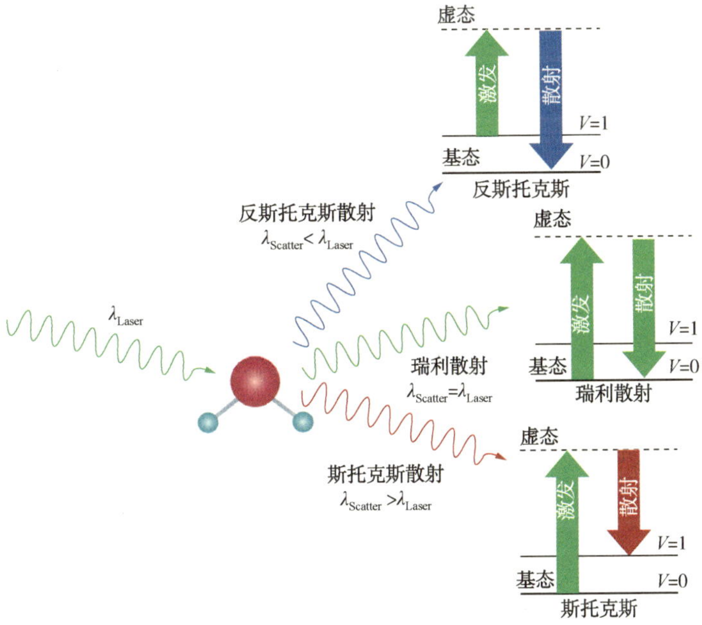

图 1 拉曼光谱散射机制

2.3 拉曼光谱分析技术及其优点

在水合物研究中应用最广泛的是激光共焦显微拉曼技术，其将激光拉曼光谱与显微技术相结合，对共聚焦的光斑区域进行取样分析，可以将激光聚焦于更理想的样品点上，从而对样品各处进行采样分析并加以对比，归纳同质性信息。此外，由于激光单色性、相干性好，作为发射光源可以显著提高拉曼光谱的信噪比与灵敏度。最重要的，激光拉曼法是非破坏性的，不会对样品本身造成干扰与破坏。

2.4 气体水合物的拉曼特征

在天然气水合物的晶体结构中，气体分子与水分子晶格之间存在范德华力，这必然对气体分子键的伸缩振动产生影响。一般来说，笼子越小，气体分子与水分子间的相互作用力越大，对应更大的拉曼峰的位移。获得拉曼谱峰的位置和强度，可用于判断水合物的结构类型，开展关键物性参数的定量计算[7]。

3 天然气水合物笼占有率测试

3.1 激光拉曼光谱仪校准

激光拉曼光谱仪在使用前应先进行校准，校准方法流程参照 JJF 1544《拉曼光谱仪校准规范》，确保仪器满足测试要求，消除仪器本身对实验结果的影响。依据行业标准 JY/T 0573—2020《激光拉曼光谱分析方法通则》要求，校准用器具及材料需要化学、物理性质稳定，无毒无害，并尽可能采用有证标准器具、标准物质或标准试样。拉曼光谱仪峰位矫正的标准物质及其峰位见表 1。

表 1 拉曼光谱仪峰位矫正的标准物质及其峰位

标准物质	标准峰位(cm^{-1})及相对强度(%)	标准峰位来源
单晶硅片	520.7±0.05(100)；1449.0(<1)	硫黄矫正实测谱
金刚石	1332.0±0.05(100)	硫黄矫正实测谱
硫黄	26.9；50.0；82.1±2.6(17)；153.8±0.50(38)；219.182.1±0.57(100)；473.282.1±0.49(36)；	ASTM E1840-96(2014)
左旋胱氨酸	14.6，9.5	ASTM E1683-02(2014)
聚苯乙烯	1001.4±0.54(100)；1602.3±0.73(28)；3054.3±1.36(32)	ASTM E1840-96(2014)

3.2 拉曼光谱测试

天然气水合物在常温常压下极不稳定，因此开展激光拉曼法测定的关键是确保水合物样品稳定不发生分解。对于常见的两类测试对象，一是在深海或冻土环境下钻探得到的天然气水合物样品，二是实验室内高压原位模拟合成的水合物样品。后者一般可以在合成过程中保持足够的稳定性，而针对钻探得到的天然气水合物样品，需要设计专用的采用液氮控温的低温样品观察池，应符合 GB 32708《实验室仪器及设备安全规范 反应釜》中的有关规定，以确保在测定的过程中天然气水合物保持稳定状态。

由于天然气水合物受激光照射时易发生热解，因此需要精准选择激光功率密度。对于未知的实验条件，可以采用预检测步骤，从最低激光功率密度开始，逐步升高，并采用快速采谱的方式动态监测光谱的重现性，以优选合适的激光功率密度开展水合物光谱测试。同时优选 CCD 曝光时间和积分次数来保障水合物谱峰具有较优的信噪比。天然气水合物拉曼测试推荐参数见表 2。

表 2　天然气水合物拉曼测试推荐参数

测试参数	参考值	测试参数	参考值
激光波长/nm	532	波段范围/cm^{-1}	20~4000
激光功率密度/mW	5~10	曝光时间/s	2~5
物镜放大倍数	50	积分次数	5~15
测试温度/℃	常压：-180　高压：-10		

3.3　水合物的拉曼谱图

天然气水合物存在不同的晶体结构，常见的水合物结构有Ⅰ型、Ⅱ型和 H 型三种。即使对于同一种气体，以 CH_4为例，在Ⅰ型和Ⅱ型的水合物中，C—H 键的伸缩振动受局部分子环境的差异，会对应不同的振动频率。此外，水合物态与自由分子的拉曼峰位也不同（详见表 3）。

表 3　天然气水合物常见气体拉曼特征峰位[7,8]

组分	波数/cm^{-1}	结构、笼子	振动类型
甲烷(CH_4)	2914.4	Ⅰ型大笼	C—H
	2903.8	Ⅰ型小笼	C—H
	2913.3	Ⅱ型大笼	C—H
	2903.6	Ⅱ型小笼	C—H
	2918	气态分子	C—H
乙烷(C_2H_6)	2891.2；2946.2	Ⅰ型大笼	C—H
	1000.9	Ⅰ型大笼	C—C
	2887.3；2942.3	Ⅱ型大笼	C—H
	992.9	Ⅱ型大笼	C—C
	994.5	气态分子	C—C
丙烷(C_3H_8)	2870；2878.5；2984	Ⅱ型大笼	C—H
	875.5；1054；1157.5	Ⅱ型大笼	C—C
	871.3	气态分子	C—C
硫化氢(H_2S)	2593	Ⅰ型大笼	S—H
	2604	Ⅰ型小笼	S—H
二氧化碳(CO_2)	1277；1381	Ⅰ型大笼	C—O
	1287；1383	液态分子	C—O
氮气(N_2)	2324	Ⅱ型大笼	N—N
	2330	液态分子	N—N

3.4 笼占有率计算方法

对于天然气水合物而言，晶格的化学势可以用下式来表示。

$$\Delta\mu_{w}^{H}(T,\ P)=-RT[\nu_{s}\ln(1-\theta_{s})+\nu_{l}\ln(1-\theta_{l})] \tag{1}$$

其中，$\Delta\mu_{w}^{H}(T,\ P)$为水分子在水合物空晶格中与冰之间的化学势之差，通常Ⅰ型[9,10]取1297J·mol^{-1}，Ⅱ型[11]取883.8J·mol^{-1}[关于水合物$\Delta\mu_{w}^{H}(T,\ P)$的取值，不同文献给出过不同的参考值[12,13]]；R为气体常数，通常取值8.314J/(mol·K)；T为标准温度；ν_i为水合物中单位水分子含i型笼子数，Ⅰ型水合物中$\nu_s=1/23$，$\nu_l=3/23$，Ⅱ型水合物中$\nu_s=2/17$，$\nu_l=1/17$。

公式(1)是根据van der Waals和Platteeuw理论[14]建立的水合物模型，其基于以下几个重要的假设：水合物自由能与笼占有率相互独立；一个笼子中只包络一个气体分子且不存在腔间扩散；水分子晶格不发生形变；气体分子间不存在相互作用；不考虑量子效应。

在一般情况下，某个物质的量和其拉曼特征振动频率的强度存在线性关系。在气体分子的横截面及其极性在不同笼中保持一致的假定下，气体分子的特征峰的强度就用于计算相对笼占有率。

$$\frac{\theta_l}{\theta_s}=\frac{A_l}{A_s}\times\frac{\sigma_s}{\sigma_l}\times\frac{\eta_s}{\eta_l}=\frac{A_l}{A_s}\times\frac{F_s}{F_l} \tag{2}$$

其中，θ_i表示客体分子在i型笼子的占有率，A_i为拉曼谱图上i型笼子的拉曼强度(峰面积)，σ_i为拉曼扫描横截面，η_i为仪器因子，F_s为拉曼定量因子，i=l、s分别对应结构中大笼、小笼。

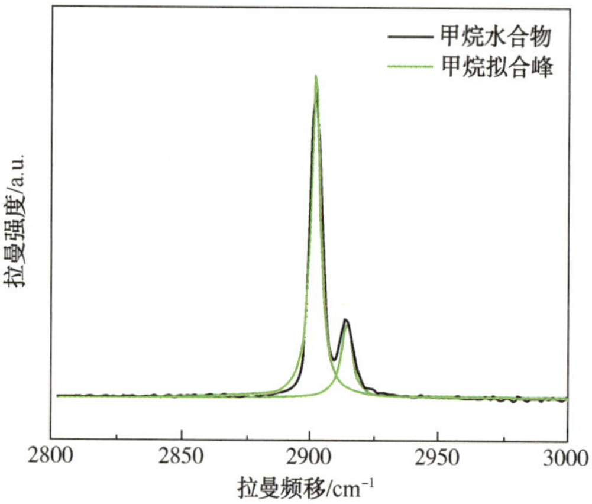

图2 甲烷水合物拉曼谱图及拟合峰型

3.4.1 单组分水合物

对于单组分的水合物而言，联立式(1)、式(2)即可求得水合物的笼占有率，以甲烷水合物为例。甲烷水合物拉曼谱图为图2所示的双峰结构，2902cm^{-1}处拟合峰对应大笼中甲烷分子，2912cm^{-1}处拟合峰对应小笼中甲烷分子。

对拉曼谱图进行基线矫正后，就可以采用高斯-洛伦兹峰型函数对大、小笼中的甲烷分子进行拟合，从而计算对应大、小笼的甲烷分子峰面积。通常情况下，η_s/η_l可视为1，单组分水合物的F_s/F_l值为1。由于甲烷水合物是Ⅰ型水合物，σ_s/σ_l为1/3，将对应拉曼峰面积引入式(2)中，可以得到相对笼占有率θ_l/θ_s。最后，根据式(1)所示的化学势的统计热力学表达式，可以获得甲烷分子绝对笼占有率θ_s和θ_l的值。

3.4.2 多组分水合物

对于客体分子为多种气体混合组成的水合物而言，相对笼占有率计算之前需要对拉曼定量因子进行校准，以甲烷-丙烷二元水合物示例。如图3所示，在甲烷-丙烷二元水合物中，2902cm^{-1}处拟合峰对应大笼中甲烷分子，2912cm^{-1}处拟合峰对应小笼中甲烷分子；丙烷分子因体积较大，只填充结构中的大笼子，丙烷在2850～3000cm^{-1}之间多个拟合峰均对应大笼中丙烷分子。

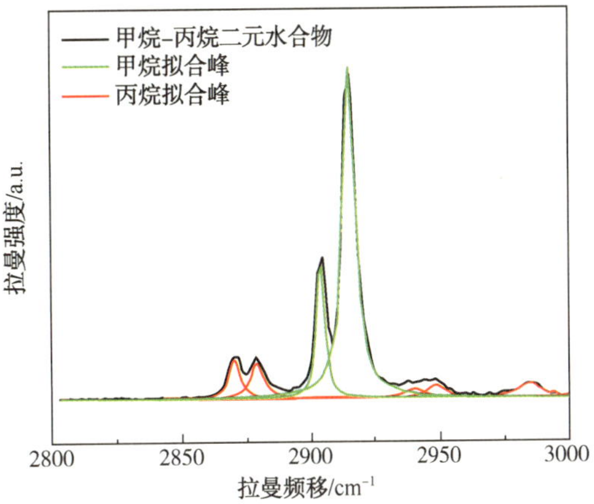

图3　甲烷-丙烷二元水合物拉曼谱图及拟合峰型

根据式(2)，对于二元组分体系，甲烷分子和丙烷分子数量与测量得到的拉曼谱峰面积之间需通过拉曼定量因子 F_i 进行修正。首先，需要通过激光拉曼光谱仪测量多组不同浓度配比的甲烷-丙烷混合气体的拉曼谱图，分别获取谱图中混合气体中甲烷分子和丙烷分子的拉曼峰面积，然后绘制散点图(纵坐标为甲烷-丙烷摩尔组分比，横坐标为甲烷-丙烷拉曼峰面积比值)，利用线性拟合获取斜率，即可获得甲烷-丙烷组分体系的拉曼定量因子比值 F_s/F_1。随后，对测量得到的多组分水合物拉曼谱图采用与单组分水合物相似的谱图拟合、峰面积计算等流程后，联立式(1)和式(2)即可以获得甲烷和丙烷分子绝对笼占有率 θ_{s,CH_4}、θ_{1,CH_4}和 θ_{1,C_3H_8}的值。

4　结论与认识

(1) 笼占有率为客体分子占有的笼数与总笼数之比，是描述气体水合物储气效率的重要参数，是开展天然气水合物储量评价及可采性评价的关键。

(2) 激光拉曼光谱技术能够在不破坏水合物稳定性的前提下，精准获得水合物结构类型、组分、笼占有率等重要参数。

(3) 天然气水合物笼占有率测试可靠性受到多种因素影响，需要规范化激光拉曼光谱仪校准、拉曼测试参数优化及拉曼谱图规范化拟合处理等流程。

(4) 立项制定天然气水合物笼占有率测试的行业标准，将为规范化的水合物拉曼光谱测试与分析提供技术保障，对提高水合物笼占有率测试准确度、天然气水合物储量评价精度具有重要的现实意义。

参 考 文 献

[1] Sloan Jr E D, Koh C A. Clathrate hydrates of natural gases[M]. 3rd ed. Boca Raton, FL: CRC press, 2007.

[2] Milkov A V. Global estimates of hydrate-bound gas in marine sediments: how much is really out there? [J]. Earth-science reviews, 2004, 66(3-4): 183-197.

[3] Anthonsen J. Raman investigations of charge-transfer complexes of dioxane with iodine, bromine, chlorine, iodine bromide, iodine chloride and bromine chloride[J]. Spectrochimica Acta Part A: Molecular Spectros-

copy, 1976, 32(5): 963-970.

[4] Prasad P, Prasad K S, Sowjanya Y, et al. Laser micro Raman investigations on gas hydrates[J]. Current Science, 2008, 1495-1499.

[5] 付娟, 吴能友, 卢海龙, 等. 激光拉曼光谱在气体水合物研究中的应用[J]. 光谱学与光谱分析, 2015, 35(11): 20-26.

[6] 刘昌岭, 李承峰, 孟庆国. 天然气水合物拉曼光谱研究进展[J]. 光散射学报, 2013, 04): 329-337.

[7] Sum A K, Burruss R C, Sloan E D. Measurement of clathrate hydrates via Raman spectroscopy[J]. J Phys Chem B, 1997, 101(38): 7371-7377.

[8] Larkin P. Infrared and Raman spectroscopy: principles and spectral interpretation[M]. Elsevier, 2017.

[9] Sum A K, Burruss R C, Sloan E D. Measurement of clathrate hydrates via Raman spectroscopy[J]. J Phys Chem B, 1997, 101(38): 7371-7377.

[10] Holder G D, Malekar S T, Sloan E D. Determination of hydrate thermodynamic reference properties from experimental hydrate composition data[J]. Industrial & engineering chemistry fundamentals, 1984, 23(1): 123-126.

[11] Lee J W, Lee J, Kang S P. C-13 NMR spectroscopies and formation kinetics of gas hydrates in the presence of monoethylene glycol as an inhibitor[J]. Chem Eng Sci, 2013.

[12] Sun R, Duan Z H. Prediction of CH_4 and CO_2 hydrate phase equilibrium and cage occupancy from ab initio intermolecular potentials[J]. Geochim Cosmochim Acta, 2005, 69(18): 4411-4424.

[13] Velaga S C. Phase equilibrium and cage occupancy calculations of carbon dioxide hydrates using ab initio intermolecular potentials[M]. West Virginia University, 2009.

[14] Platteeuw J, Van Der Waals J. Thermodynamic properties of gas hydrates[J]. Molecular Physics, 1958, 1(1): 91-96.

天然气水合物抑制剂评价实验技术规范

杨立红[1,3]， 黄 鑫[1,3]

[1]中国石化石油勘探开发研究院，北京，102206

[2]长江大学，武汉，430100

[3]南方海洋科学与工程广东省实验室(广州)，广州，511458

摘要： 天然气水合物通常存在于石油、天然气开采、加工和运输过程中。目前添加化学抑制剂法是抑制水合物生成的主要方法，但水合物抑制剂抑制水合物成核性能以及抑制水合物生长性能方面并没有比较准确地区分出来。因此，本实验室制定了《天然气水合物抑制剂评价实验技术规范》，通过诱导时间法，实时监测气液系统压力、温度以及扭矩的关键物理参数的变化来综合评价抑制剂性能，目的是更有效的筛选出性能优良的抑制剂。

关键词： 水合物抑制剂；诱导时间法；水合物抑制剂性能评价

1　实验技术规范必要性

天然气水合物是水与甲烷等小分子气体在高压低温条件下形成的非化学计量型笼状晶体物质。气体水合物与油气生产和运输密切相关，如何解决水合物堵塞油气生产井筒、地面处理装置和输送管线一直是棘手问题。通过添加水合物抑制剂抑制水合物的生成过程是一种有效的手段，但目前对于水合物抑制剂效能的评价尚未形成统一的方法。

当前水合物抑制剂的性能评价，通常需要进行诱导时间的评价筛选出效果较好的抑制剂，再进行下一步的实验与应用。但传统的评价方法，存在许多不足之处。水合物抑制剂性能评价主要采用的是对水合物成核数据和生长数据的处理，因此并不能比较精确的区分和研究水合物的成核和生长阶段。同时，不能全面地评价一种水合物抑制剂的抑制性能。详细地说，如果以恒温实验记录水合物诱导时间以及压降曲线，并作为关键参数来评估抑制剂组分对水合物的抑制效果。很显然，并不能详细地体现气液系统的变化，也不能更全

基金项目： 南方海洋科学与工程广东省实验室(广州)人才团队引进重大专项(GML2019ZD0102)；
中国石化科技部项目群课题(P20040-4)；
中国石化优秀青年创新基金项目(P20025)

面地体现某一种抑制剂的性能。因此，需要建立更为系统的方法来综合评价某一水合物抑制剂性能。

2 实验规范确定

2.1 实验原则

(1) 可操作性。能安全、方便地在各实验室实施操作。

(2) 适用性。适用于评价各种类型的水合物抑制剂。

(3) 科学性。能客观反映出影响水合物抑制剂抑制效果的主要因素。

2.2 实验检测项目

为了能够比较精确地区分水合物抑制剂抑制成核性能以及抑制生长性能，需要测定一些关键物理参数，如表 1 所示。

表 1 水合物参数测定

参数	必要性
扭矩-温度突变时间	推断水合物抑制剂抑制成核性能
压降-水合物生成量	推断水合物抑制剂抑制生成性能

2.3 实验检测指标

抑制水合物成核性能要求为：在给定的温度压力条件下，扭矩以及温度发生突变时间越长，则抑制成核性能越好。

抑制水合物生长性能要求为：在给定的温度压力条件下，除了短时间内甲烷气体溶解在抑制剂溶液而发生的压降，具有明显的不压降阶段。

3 实验过程确定

3.1 实验原理

(1) 水合物反应会消耗气体导致压力下降，通过处理压力数据，绘制压降曲线判断是否有抑制效果。同时，根据实验初始与结束时的压差计算水合物生成量，若水合物生成量越低，则抑制剂抑制水合物生长性能越好；

(2) 水合物反应是放热反应，当水合物开始大量成核时，温度会升高。同时，由于水合物开始大量成核，密度增大导致溶液与磁力搅拌器之间的力增大，扭矩因此发生突变。处理扭矩-温度数据并绘制成图，若扭矩-温度发生突变所用时间越长，则抑制剂抑制水合物成核性能越好；

二者结合，综合评价水合物抑制剂的性能。

3.2 实验材料与设备

主要实验材料：气体：99.9%CH_4，符合 GB/T 33102 要求；N-1、K-1、P-3、P-9、

S-1 抑制剂；

主要实验设备参数如下：

① 甲烷气瓶：耐压≥30MPa。

② 反应釜：容量 500mL，带搅拌系统，耐压 20MPa，工作温度-20~50℃。

③ 温度传感器：测量范围-20~100℃，精度±0.1℃。

④ 压力传感器：量程 25MPa，精度：0.25%F.S。

⑤ 气体调压系统：主要包括过滤器、压力调节器及连接管件等入口压力 16MPa，出口压力 0~10MPa。

⑥ 磁力搅拌机构：采用内外密封磁偶合搅拌系统，通过进口交流伺服电机带动旋转。

⑦ 调速测速系统：调速范围 0~1000r/min，电机功率 400W。

⑧ 恒温水浴：工作温度-10~100℃，容积 30L，控温精度±0.5℃。

⑨ 气体质量流量控制器：工作压力：10MPa，量程：1000mL/min。

⑩ 电子天平：量程 0~2kg，精度 0.1g。

⑪ 烧杯：250mL。

3.3 实验步骤

（1）抑制剂溶液配制。

根据实验要求，按式(1)计算配制一定抑制剂溶液所需抑制剂的用量。

$$\eta=\frac{m}{M} \tag{1}$$

其中，η 为抑制剂浓度,%；M 为水质量，单位为克，g；m 为抑制剂质量，单位为克，g。

（2）操作步骤。

空白样本：

① 用 250mL 烧杯盛装 170mL 的纯水样本，并倒入反应釜内。

② 调节水浴温度，降至指定的实验温度，即 3~3.3℃范围内。

③ 温度稳定时，打开 PID 阀以及调压阀，直接将甲烷气体打进反应釜中，达到所需的实验压力，即 7~7.3MPa 范围内，此时关闭 PID 阀。

④ 启动磁力搅拌机，调至转速 250r/min，并开始记录温度、压力、扭矩等参数数据变化。

⑤ 观察前期气液交界面现象，若有水合物生成，记录生成所需时间。

⑥ 水合物反应后期，当压力稳定不再变化时(至少 1h，避免实验误差)，结束实验并停止数据记录。

⑦ 实验结束后冲洗清洁釜壁。

添加抑制剂：

① 用电子天平称量抑制剂，配制 170mL 一定浓度的抑制剂溶液，如：0.5wt%，1wt%等抑制剂溶液，并倒入反应釜。

② 其余步骤重复空白样本②~⑦所述。

(3) 水合物生成量测定。

气体消耗量的计算思路是根据反应前后的压差以及温度，计算反应后气体的消耗量，从而可求生成的水合物的量：

$$PV=nZRT \tag{2}$$

其中，P 为表压，MPa；V 为体积，mL；n 为物质的量，mol；Z 为气体压缩因子，常数；R 为常数，取值 8.314J/(mol·K)；T 为温度，K。

由式(2)可得出初始气体物质的量 n_0，则反应后剩余的气体的物质的量为：

$$n_t=n_0-\Delta n \tag{3}$$

其中，n_t为反应后剩余气体物质的量，mol；n_0为初始气体的量，mol；Δn 为反应了的气体的量，mol。

由于反应的过程中会消耗气体生成固体水合物，反应结束后的气体体积会改变。

$$CH_4+5.75H_2O \rightarrow CH_4 \cdot 5.75H_2O \tag{4}$$

$$V=\frac{M\times n}{\rho} \tag{5}$$

其中，V 为体积，mL；M 为分子摩尔质量，g/mol；n 为物质的量，mol；ρ 为密度，g/cm^3，水合物密度取 $0.918g/cm^3$。根据水合物生成反应式(4)及计算式(5)可以求出水合物生成过程中水体积减少量为 103.5Δn 及水合物生成量为 130.17Δn。

根据气体状态方程(2)及体积变化方程(6)即可求出气体消耗量 Δn：

$$V_{水}+V_{气}+V_{H}=V_{总} \tag{6}$$

其中，$V_{水}$ 为反应后水的体积，mL；$V_{气}$ 为剩余气体的体积，mL；V_{H} 为生成水合物的体积，mL；$V_{总}$ 为反应釜总体积，mL。

4 室内实验结果与结论

4.1 实验结果

4.1.1 扭矩-温度变化

本实验室设置了 5 组不同抑制剂但浓度相同的实验，纵向对比每组抑制剂的抑制成核性能，具体实验数据结果如表 2 所示。

表 2 5 组质量分数为 1%不同抑制剂的温度-扭矩变化实验结果

液相	实验温度/K	初始压力/MPa	扭矩突变时间/min	温度突变时间/min
纯水	276.25	7.20	11.9	12.8
1%K-1	276.35	7.00	10.6	11.6
1%N-1	276.45	7.17	16.6	17.5

续表

液相	实验温度/K	初始压力/MPa	扭矩突变时间/min	温度突变时间/min
1%P-3	276.15	7.17	24.7	25.7
1%P-9	276.45	7.20	61.1	62.8
1%S-1	276.35	7.07	84.2	85.7

从实验数据结果来看，在7MPa，3℃实验条件下，纯水扭矩-温度突变所需时间为12min左右。1%P-9和1%S-1的扭矩-温度的突变所需时间均在1h以上。与纯水结果对比，抑制剂P-9和S-1都具有良好的抑制成核性能；而K-1扭矩-温度所需时间只有11min左右，因此该抑制剂的抑制成核性能几乎没有；N-1扭矩-温度所需时间为17min左右，该抑制剂的抑制成核性能微弱；P-3扭矩-温度所需时间为25min左右，该抑制剂的抑制成核性能一般。

不同抑制剂扭矩-温度变化如图1所示。

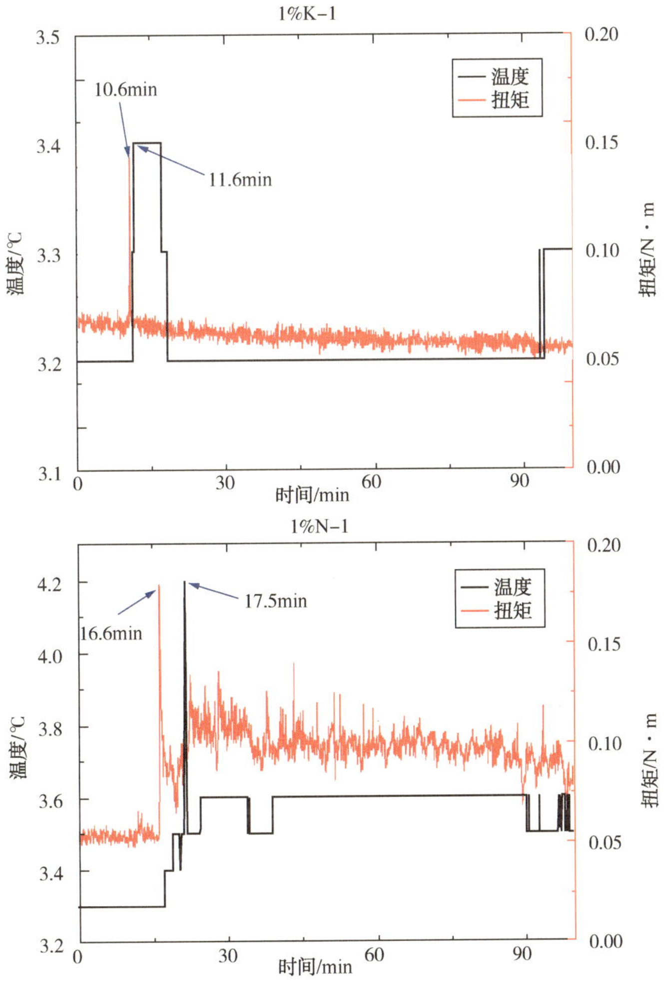

图1　各组水合物扭矩-温度变化情况

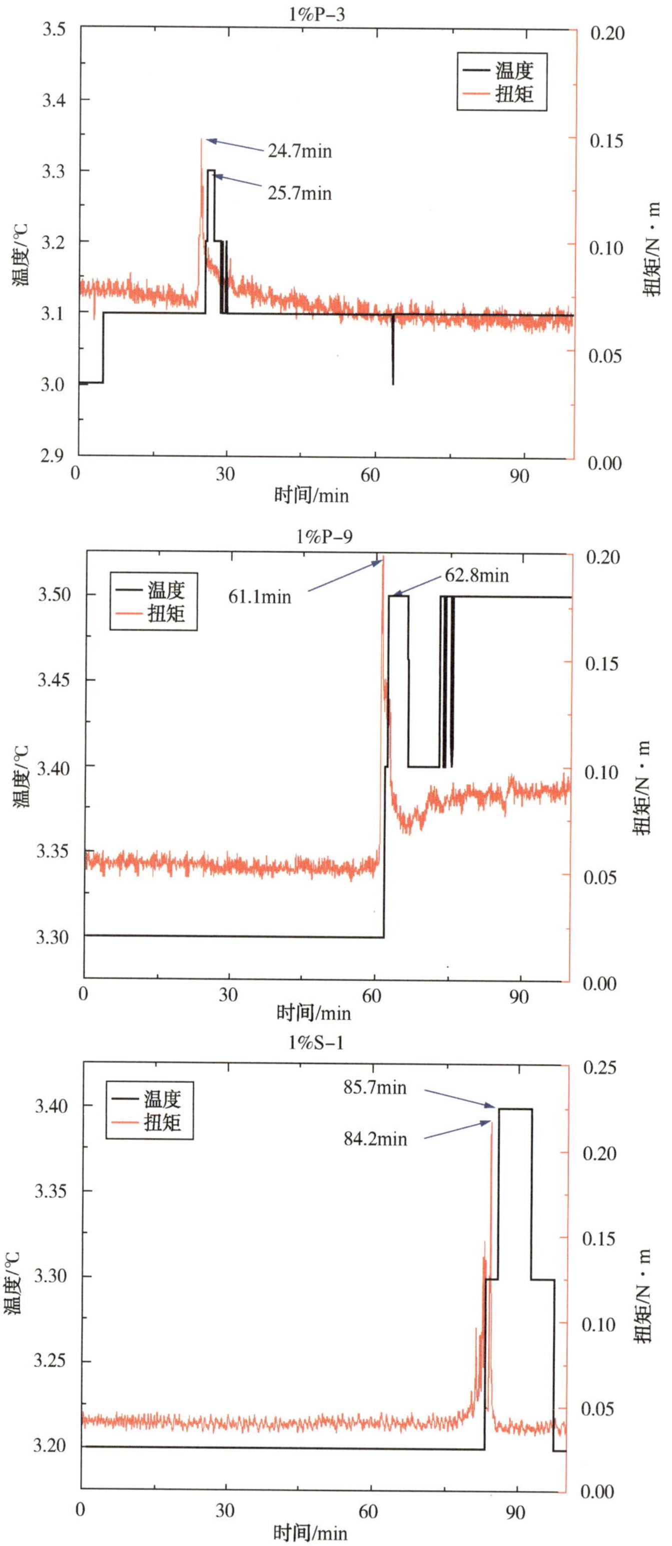

图1　各组水合物扭矩-温度变化情况（续）

4.1.2 压降-生成量测定

水合物反应会消耗气体导致压力下降，通过处理压力数据，绘制压降曲线通过诱导时间的长短判断是否有抑制生长效果。同时，根据实验初始与结束时的压差计算水合物生成量，若水合物生成量越低，则抑制剂抑制水合物生长性能越好。

具体实验数据结果如表 3 所示。

表 3　5 组质量分数为 1%不同抑制剂的压力变化实验结果

液相	实验温度/K	初始压力/MPa	结束压力/MPa	压降/MPa	实验时间/min	诱导时间/min	生成量/mol
纯水	276. 25	7. 20	6. 10	1. 1	480	7	0. 1778
1%K-1	276. 35	7. 00	5. 90	1. 1	480	11	0. 1778
1%N-1	276. 45	7. 17	3. 86	3. 31	480	18	0. 6741
1%P-3	276. 15	7. 19	4. 88	2. 31	480	26	0. 3938
1%P-9	276. 45	7. 20	7. 05	0. 15	480	>480	0
1%S-1	276. 35	7. 07	6. 88	0. 19	480	>480	0

从实验数据结果来看，在 7MPa，3℃的实验条件下，1%P-9 以及 1%S-1 的诱导时间均超过 480min，具有良好的抑制生长效果；1%K-1、1%N-1 的诱导时间与纯水样本相比，抑制效果可以判定为无。1%P-3 具有较弱的抑制效果，是因为其分子量偏小，低于 P-9 的分子量。而 1%K-1、1%N-1 的几乎没有抑制效果，是因为其分子结构并不理想，抑制活性较低。

水合物反应压力变化应分为 3 个阶段。①甲烷气溶解阶段(stage1)：气体溶解到水中，体系压力随时间下降；②诱导时间阶段(stage2)：待气体溶解完，水相呈饱和状态，压力不再变化；③水合物生成阶段(stage3)：随着时间的推移，随着水合物大量生成及聚积，气体的消耗增多，系统压力快速降低。当压力降低到偏离水合物晶核生长条件时，水合物的生长速率逐渐减慢并维持在一个稳定状态，最后系统压力趋于稳定。

如图 2 所示，在 7MPa，3℃左右的实验条件下，可以由以下压降图大致判断出这 5 种不同水合物抑制剂的抑制生长性能：1%S-1≥1%P-9>1%P-3>1%S-1>1%K-1。不同抑制剂压降变化情况如图 2 所示。

图 3 为各组实验结束后水合物生成情况，1%N-1 生成量远远超过其他组，其次为 1% P-3，纯水与 1%K-1 都有少量的水合物生成，而 1%P-9 与 1%S-1 釜底以及搅拌釜上均没有生成物。从压降曲线图 2 以及表 3 的数据结果分析，1%N-1 在 480min 内压降最大，消耗气体最多，因此生成量最大。1%P-9 以及 1%S-1 几乎没有压降，说明没有明显气体消耗，因此并未生成水合物。各组抑制剂溶液实际生成情况基本能正确反映出各组压降曲线是没有明显误差。

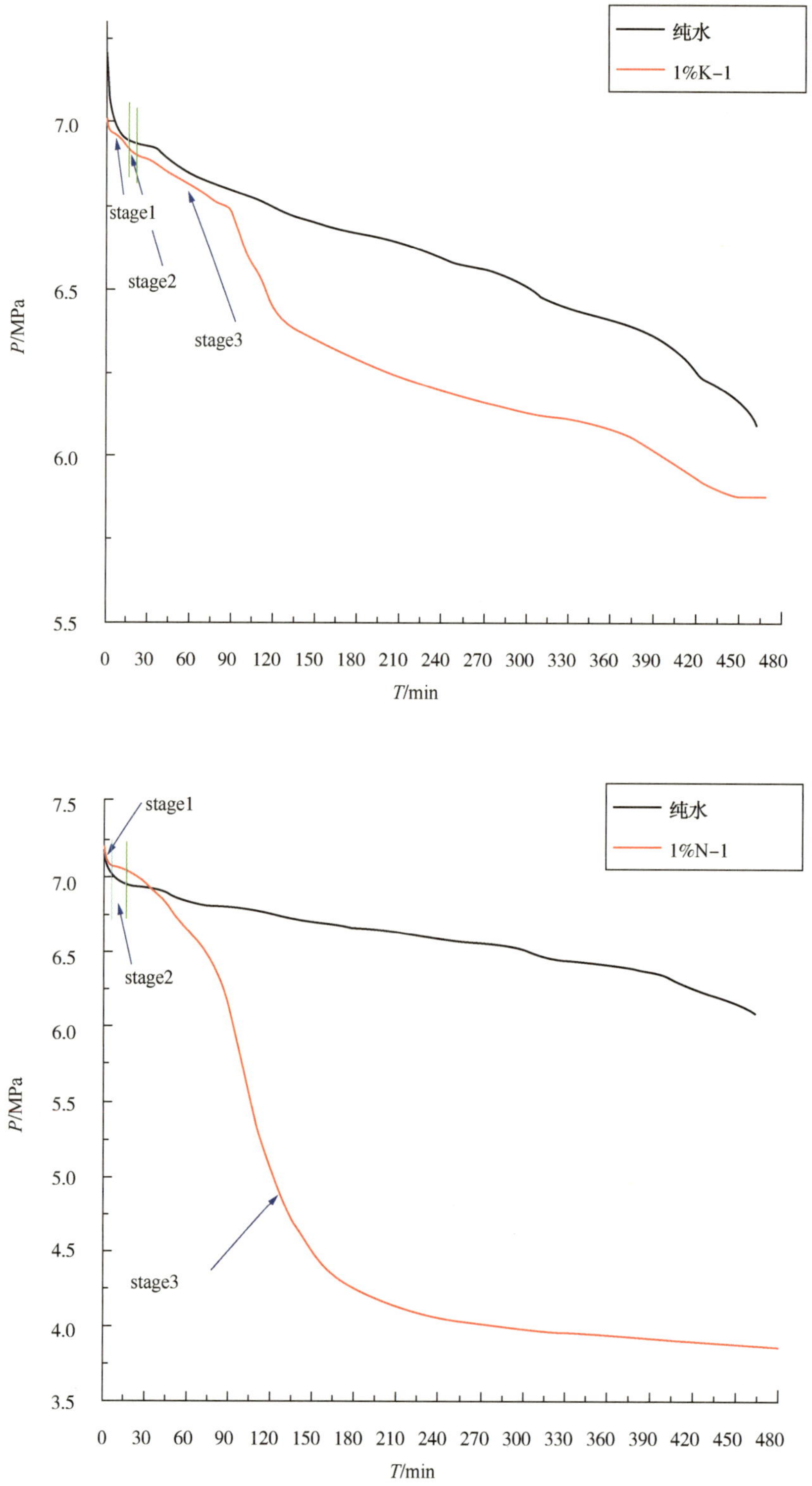

图 2　各组水合物压降情况

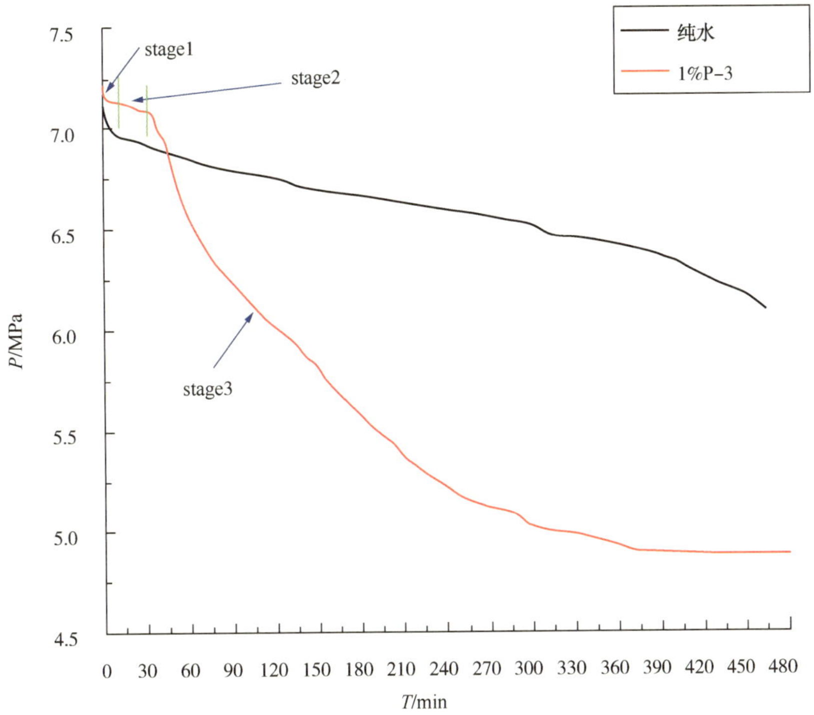

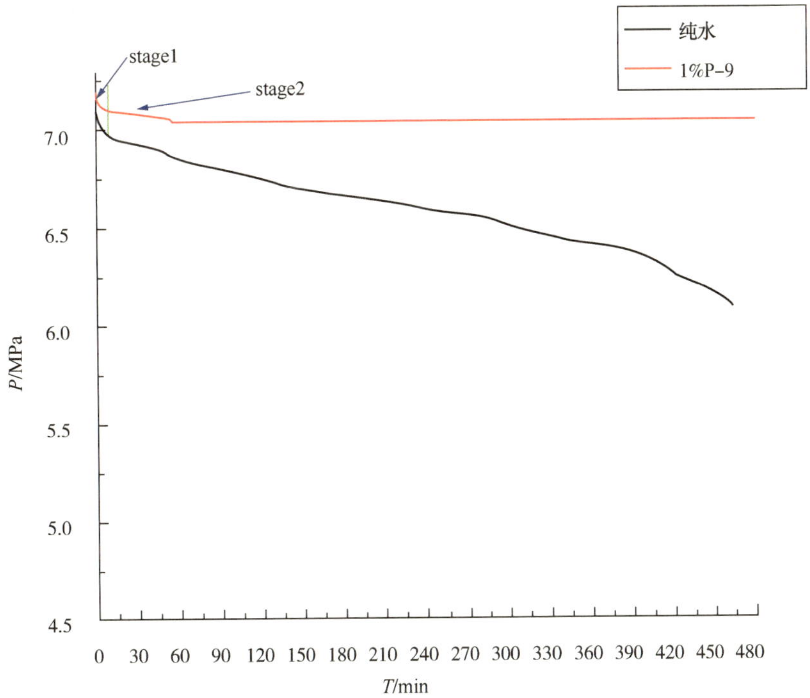

图 2　各组水合物压降情况(续)

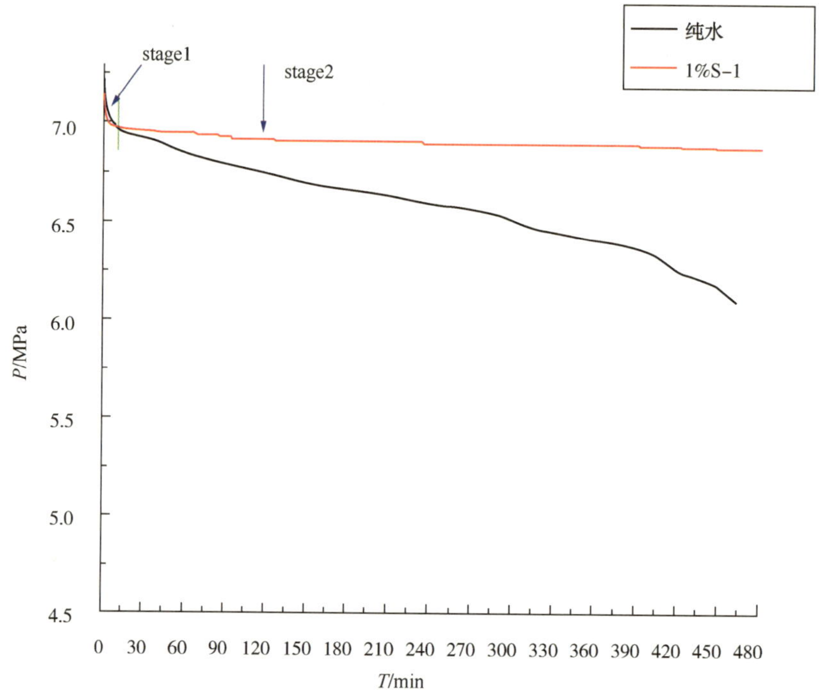

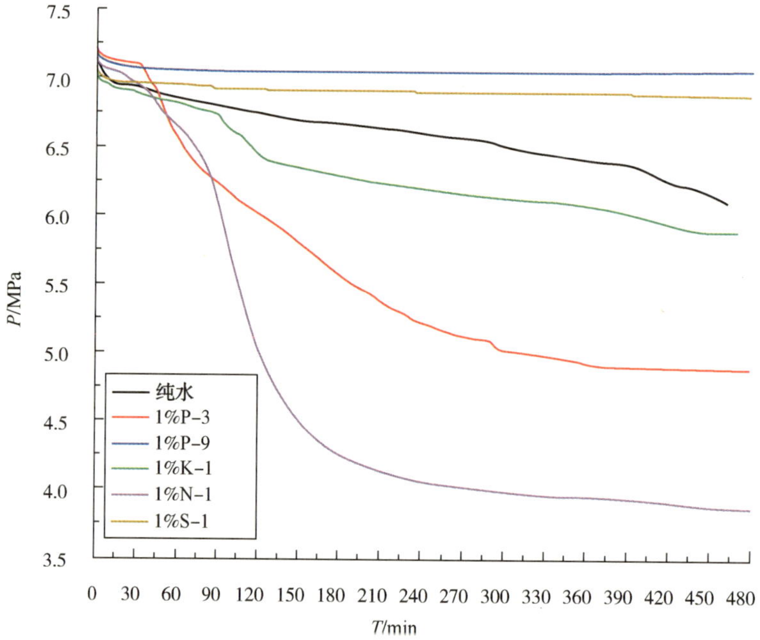

图 2　各组水合物压降情况(续)

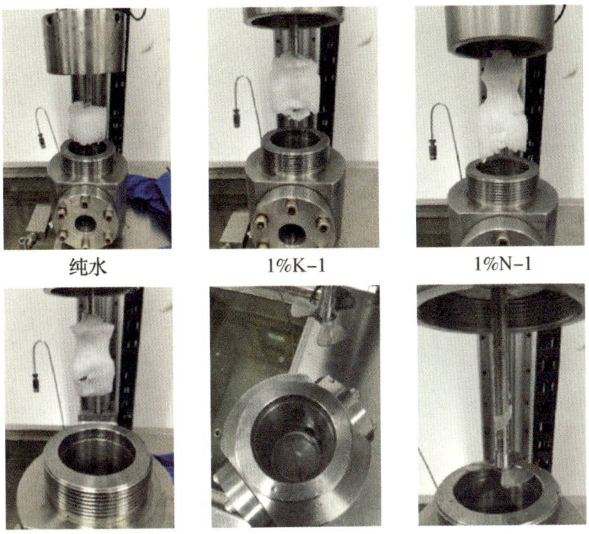

图 3　各组水合物生成情况

4.2　实验结论

通过室内实验研究，主要有以下结论：

（1）采用扭矩-温度变化能够比较精确地反映出抑制剂抑制成核性能。

（2）压降-水合物生成量能够比较精确地反映出抑制剂抑制水合物生长性能。

（3）二者结合能够比较精确的综合评价某一抑制剂的抑制性能，如 P-9 抑制剂、S-1 抑制剂。

（4）制定的《天然气水合物抑制剂评价实验技术规范》标准填补了水合物抑制剂评价的标准空白，经多次室内实验验证具有良好的验证效果。

参 考 文 献

[1] 樊栓狮，郭凯，王燕鸿，郎雪梅．天然气水合物动力学抑制剂性能评价方法的现状与展望[J]．天然气工业，2018，38(09)：103-113.

[2] 姬彩云，杜智鹏．天然气水合物抑制剂的制备及性能评价[J]．延安职业技术学院学报，2018，32(04)：105-106.

[3] 王庆毓，马尚，李鹏飞，邢雅琪，迟咏梅，董坚．天然气水合物动力学抑制剂的评价方法[J]．天然气化工(C1 化学与化工)，2017，42(05)：126-130.

[4] 闫柯乐，张红星，李莹，邹兵，肖安山．水合物动力学抑制剂开发与评价方法研究进展[J]．科学技术与工程，2016，16(25)：174-180.

[5] 秦慧博．水合物动力学抑制机理研究及高效水合物动力学抑制剂开发[D]．中国石油大学(北京)，2016.

二

数值模拟

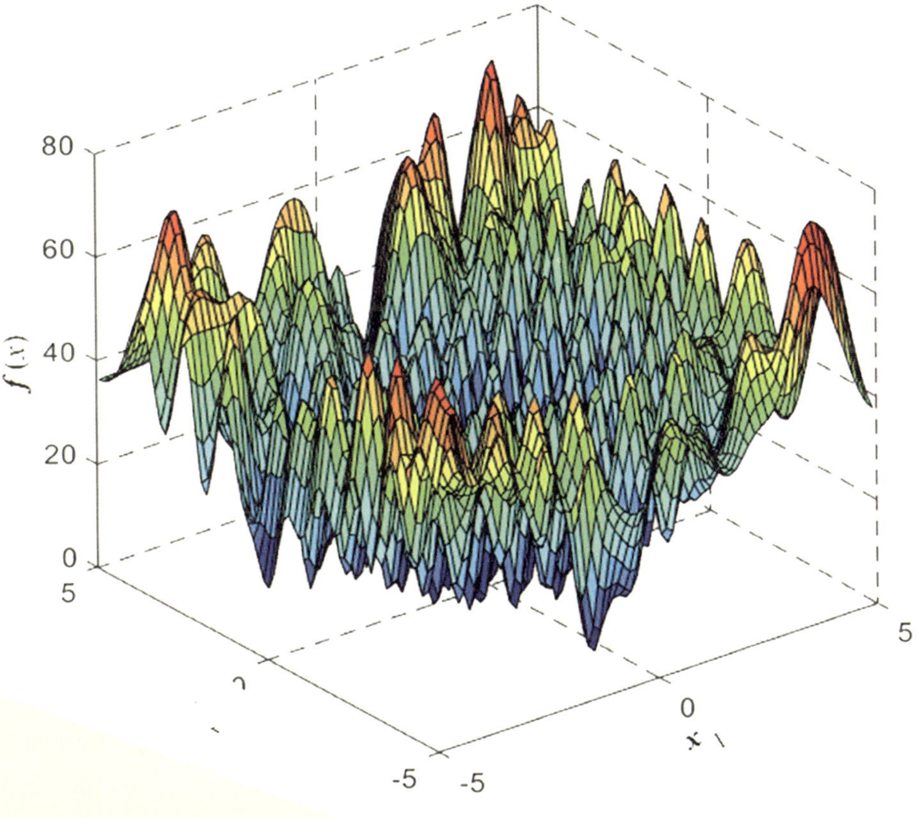

天然气水合物结晶过程模型研究

黄　鑫[1,2]

[1]中国石化石油勘探开发研究院，北京，102206

[2]南方海洋科学与工程广东省实验室(广州)，广州，511458

[3]北京大学，北京，100038

摘要： 结晶是笼形水合物的主要物理化学性质之一，主要包括随机成核和晶体生长两个过程。目前针对水合物结晶过程的研究以模拟和理论分析为主，本文综述了水合物成核理论模型和晶体生长动力学模型发展更迭，以期阐明针对水合物结晶过程研究现状及发展方向。未来，基于更大尺度的分子动力学模型来建立新的成核理论模型将成为热点研究方向，而基于微纳米尺度的实验观测也将进一步提高水合物晶体生长动力学模型的精度及可靠程度。

关键词： 笼形水合物；随机成核；晶体生长；动力学模型

1934 年 Hammerschmidt[1] 发现管道中水合物的形成是造成油气运输堵塞的罪魁祸首，因此提出合理的水合物治理策略有利于保障管道流体的连续流动，对于保证油气开采及运输安全至关重要。此外，由于水合物是一种具有极高效气体储存能力的固态晶体，单位体积的水合物可储存在标准温度压力下约 160~180 单位体积的气体，研究者开始尝试将其应用于许多工业领域之中，例如能源的储存运输[2,3]、气体分离[4,5]、二氧化碳封存[6,7]、海水淡化[8,9]、涉及全球变暖[10,11]和地质灾害[12,13]的环境问题等。针对上述与水合物有关的工业问题，了解水合物的生成动力学行为，掌握准确的水合物形成的时间节点与方式，是亟待解决的最重要的问题之一。

笼形水合物的结晶过程较为复杂，主要包括两个过程：随机成核和晶体生长。目前利用实验手段研究水合物的成核是非常困难的。而针对水合物晶体生长的实验研究，受衍射极限的限制，传统的光学实验手段也难以从纳米尺度上观察水合物微观形貌的演变。因此，目前针对水合物结晶过程的研究以模拟和理论分析为主，本文综述了水合物成核理论

基金项目： 南方海洋科学与工程广东省实验室(广州)人才团队引进重大专项(GML2019ZD0102)；
中国石化优秀青年创新基金项目(P20025)；
中国石化科技部项目群课题(P20040-4)

模型和晶体生长动力学模型发展更迭，以期阐明针对水合物结晶过程研究现状及发展方向。

1 水合物成核理论模型

随着对水合物研究的不断深入，大量分子动力学模拟工作的报道推动了水合物成核理论发展。尽管研究者提出了许多水合物的成核理论，但是目前还没有一种理论可以描述所有与水合物成核有关的复杂现象。

不稳定团簇成核假说(Labile cluster hypothesis)是最早的水合物成核理论之一，由Sloan和Fleyfel[14]于1991年提出，并被Christiansen等[15]扩展。这一假说中包含以下关键要素：(1)在没有客体分子的纯水中，也存在瞬时的、不稳定的水分子环结构。(2)在客体分子溶解后，不稳定的水分子环会结合形成不稳定的团簇。(3)不稳定的团簇将逐渐聚集成为超越临界尺寸的晶核。对此假说的一个主要质疑来自Radhakrishnan等[16]的模拟计算。团簇的聚集在热力学上存在能垒，而根据他们的计算结果表明，团簇聚集的能垒远大于团簇解体所需要的能量。

Radhakrishnan等[16]基于对二氧化碳水合物成核过程的分子动力学模拟，提出了另外一种成核机制，即局部结构成核假说(Local structuring hypothesis)。这一假说也得到了Moon等[17]基于甲烷水合物的分子动力学模拟的验证。局部结构成核假说包含以下要素：(1)受体系热波动影响，溶解的客体分子将重新排列成与水合物相类似的空间构型。(2)局部有序的客体分子会影响周围水分子的排列。(3)当局部重排的客体分子数目足够多，在客体分子和周围被影响的水分子的相互作用下将最终形成超越临界尺寸的晶核。

随后，Long[18]和Kvamme[19]提出了界面成核假说(Interfacial nucleation hypothesis)。不同于前两种假说，该模型认为水合物的成核是优先在气液界面处发生的，水合物晶核的形成主要包括四个步骤：(1)气体分子由气相向气-水界面的扩散。(2)界面对气体分子的吸附。(3)被吸附的气体分子沿界面迁移至合适的位点，被水分子围绕而形成完整或不完整的水合物笼。(4)随着不间断的气体分子的吸附和水合物笼的形成过程，最终形成超越临界尺寸的晶核。

郭光军等[20~22]基于一系列对甲烷水合物成核的模拟研究，提出了水合物成核的笼子吸附假说(Cage adsorption hypothesis)。通过约束型分子动力学的模拟，首次获得了液相中水合物笼子与溶解的甲烷分子之间的平均力势能曲线，证实了笼子与甲烷之间存在强吸附作用。该假说认为甲烷水合物的形成过程主要包括以下步骤：(1)甲烷分子首先溶解于水。(2)液相中随机生成类笼形的水分子簇。(3)水分子笼吸附甲烷分子，这种吸附作用与笼内客体分子无关，强度与氢键相当。(4)吸附甲烷后的水分子笼稳定性提高，并促进周围新笼子的形成。(5)随着水分子笼的生长和聚集形成无定型的水合物结构，并最终通过结构转变成为水合物晶体。

最近的一个假说是团块机制(Blob mechanism)，是由 Jacobson 等[23]提出，其成功结合了不稳定团簇和局部结构成核假说。不同于客体分子的简单聚集，团块虽然也是由多个客体分子聚集而成，但是客体分子之间被水分子间隔开来。在该假说中，水合物晶核的形成主要包括以下步骤：(1)在过饱和溶液中会优先形成团块，但是该过程是可逆的，在体系波动的影响下，团块会动态地形成和消失。(2)当团块的尺寸超越临界尺寸后，通过共享笼面的方式向团块中引入新的水合物笼，进而形成无定型的水合物。(3)在无定型的水合物结构中，所有水分子已经以氢键相互连接，但它是亚稳定的，因为体系中出现了部分不同于最终晶体结构的过渡性水合物笼子。(4)随着无定型水合物的不断生长与成熟，最终形成稳定的水合物晶体。

2 水合物晶体生长动力学模型

在超过临界尺寸的稳定水合物晶核形成之后，即进入了晶体生长的阶段。由于水合物的晶体生长是一个涉及多尺度(分子尺度和宏观尺度)下的多相态(水、气体和水合物)转变的过程，对于水合物生长动力学的研究也极具挑战。针对该课题的研究需要结合传热传质学、流体动力学和相变反应动力学等多个领域。在宏观尺度上，部分研究者已经利用实验手段对水合物生长动力学开展研究，体系的温压变化可以反映气体消耗速率，基于所有气体的消耗都参与了水合物生长的假设，实现对水合物晶体的生长速率的测算[24~27]。此外，也有部分研究者通过光学显微镜直接观测的手段，来测量水合物薄膜宏观尺寸上的变动来计算水合物的生长速率[28~31]。

在分子尺度分析，水合物的生长动力学主要包括三个过程：(1)水与客体分子向水合物生长表面的传质过程。(2)在表面生长的反应本征动力学。(3)在相变中释放的热量远离晶体生长表面的热传递过程。因此，研究者们基于不同的控制机制建立了三类描述水合物生长动力学的模型：本征生长模型(Intrinsic growth kinetics model)、传质限制模型(Mass transfer limited model)、传热限制模型(Heat transfer limited model)[32]。这些机制往往是相互耦合的，在不同的反应条件下，它们中的任何一个都可能在水合物生长过程中起主导作用。

2.1 本征生长模型

Vysniauskas 和 Bishnoi[33,34]通过实验研究了甲烷和乙烷水合物在一个半间歇式搅拌反应釜中的生成过程，并基于阿伦尼乌斯速率公式(Arrhenius equation)，建立了一个描述水合物临界晶核形成和晶体生长的半经验模型：

$$r = A \cdot A_{g-1} \exp\left(-\frac{\Delta E}{RT}\right) \exp\left(-\frac{a}{\Delta T^{b}}\right) P^{\beta} \tag{1}$$

其中，A 为系数常数，A_{g-1} 为界面气液接触面积，ΔE 为活化能，R 为气体常数($8.314\mathrm{J \cdot mol^{-1}K^{-1}}$)，$T$ 为绝对温度，a 和 b 为两个经验参数，ΔT 为过冷度，P 为系统压力，β 为其定义的指数常数。该模型用于数值计算的经验参数受反应装置的影响极大，难以直接推广应用。但是作为首次定量描述天然气水合物生长速率的尝试，模型与实验观测数据拟合效果令人满意。

随后，使用相似的半间歇式搅拌反应釜，Englezos 和 Bishnoi[35,36]建立了另一个甲烷和乙烷水合物的生长动力学模型。模型中认为水合物晶体生长主要包括三个过程：(1)气体从气相到液相的传质过程。(2)气体在液相内通过水合物边界层的扩散过程。(3)将气体分子通过吸附的方式结合到水合物结构中的反应过程。在 Englezos-Bishnoi 模型中水合物晶体生长速率表示为：

$$(\mathrm{d}n_i/\mathrm{d}t)_{\mathrm{p}}=K^{*}A_{\mathrm{p}}(f_i^{b}-f_i^{eq}) \tag{2}$$

$$\frac{1}{K^{*}}=\frac{1}{k_{\mathrm{r}}}+\frac{1}{k_{\mathrm{d}}} \tag{3}$$

其中，K^{*}为总生长速率常数，k_{r}为反应速率常数，k_{d}为通过水合物边界层内的扩散系数，A_{p}为晶体颗粒的表面积，$(f_i^{b}-f_i^{eq})$为溶液与水合物生长表面之间的气体组分逸度差，被视为水合物晶体生长的驱动力。该模型只考虑了晶体在有限时间段内的线性增长，仍存在很多不足之处。此外，Sloan 等[37]认为在管道流等实际系统中，反应本征动力学通常在水合物生长中起次要作用，水合物晶体的生长速率主要是由传质和传热效率所决定的。

2.2 传质限制模型

Skovborg 和 Rasmussen[38]通过分析 Englezos-Bishnoi 模型发现，对液膜传质系数估计的微小误差，随着时间的推移也会导致计算得到的水合物生长速率数值与实际值之间巨大的偏差。此外他们发现只基于传质过程的简化模型已经足以描述水合物晶体的生长，因此 Skovborg 和 Rasmussen 将模型简化为：

$$\mathrm{d}n/\mathrm{d}t=k_{\mathrm{L}}A_{\mathrm{g-l}}c_{\mathrm{w0}}(x_i-x_{\mathrm{b}}) \tag{4}$$

其中，k_{L} 为气体的扩散系数，$A_{\mathrm{g-l}}$为气液界面面积，c_{w0}为液相初始浓度，x_i为气液界面处溶解气体的摩尔分数，x_{b}为液体内溶解气体的摩尔分数。

Skovborg-Rasmussen 模型较好地描述了半间歇式搅拌反应釜中在传质过程控制下的水合物生长，但是该模型受限于装置参数，拓展到其他系统中的适用性还未被验证。此外，该模型对驱动力项的数值估计相当敏感，特别是在驱动力很小的情况下，对驱动力的不准确估计将不可避免地导致水合物生长速率的计算错误。

2.3 传热限制模型

一般而言，水合物会优先在反应釜或运输管道中局部过冷度较高的位置生成。由于相变放热，水合物生长表面的温度将上升至平衡温度，并持续释放出热量到周围的介质中。在这种情况下，体系的传热效率就会对水合物的生长速率起到决定性影响。

Uchida 等[39]利用光学显微镜观察了水合物薄膜在液态二氧化碳和水的界面处的生长速率，发现水合物薄膜的生长速率主要受体系过冷度的影响。通过假设从水合物生长前沿释放的热量与相变过程中潜热释放相等，Uchida 等将水合物薄膜生长速率表示为：

$$\frac{v}{\gamma}=\frac{\Delta T}{\Delta H\rho_h r_h} \tag{5}$$

其中，v 是水合物膜的横向生长速度，γ 是周围流体的热导率，ΔT 为系统过冷度，ΔH 是相变潜热，ρ_h 是水合物的密度，r_h 是水合物薄膜生长前沿的曲率。他们使用该模型估计的二氧化碳水合物薄膜的横向生长速率约为 $10^2 \sim 10^4 \mu m/s$，薄膜厚度约为 0.13μm。

随后，Mochizuki 和 Mori[40] 提出了另一个传热限制模型，其工作和分析思路与上述 Uchida 等人的模型相似。模型中同样假设水合物薄膜在宏观上是均匀的，只在水合物膜的生长前沿继续生长，且前沿的温度一直保持在三相平衡温度。模型中水合物薄膜沿着界面的横向增长速率 $v_f(=dx_h/dt)$ 被表示为：

$$\rho_h\delta\Delta h_H v_f=\int_0^\delta\left(\lambda_h\left.\frac{\partial T}{\partial x}\right|_{x=x_h^-}-\lambda_w\left.\frac{\partial T}{\partial x}\right|_{x=x_h^+}\right)dy \tag{6}$$

其中，x_h 是水合物膜前沿位置，δ 是水合物膜厚度，$\partial T/\partial x|_{x=x_h^-}$ 和 $\partial T/\partial x|_{x=x_h^+}$ 分别是水合物一侧和液态水一侧的温度梯度，Δh_H 是水合物的相变潜热，而 λ_h 和 λ_w 分别是水合物和液态水的热导率。Mochizuki 和 Mori 还使用该模型对 Uchida 等人的实验进行预测，证明了该模型的适用性。

之后，Peng 等[41] 利用显微镜直接观测微米尺度下 CH_4、CO_2、C_2H_6 等水合物薄膜的生长，并基于水合物膜的厚度与温度驱动力成反比的假设，对 Mori 的传热限制模型进行改进，提出了水合物膜的横向生长速率与温度驱动力的 2.5 次幂成正比的一维生长模型。随后，Li 等[42] 在不同过冷度的条件下利用光学显微镜观测气泡表面的 CH_4、C_2H_6 及 CH_4-C_2H_6 混合水合物薄膜的厚度及横向生长速率，验证了 Peng 等[41] 提出的传热限制模型，即水合物膜的横向生长速率与 $\Delta T^{5/2}$ 良好相关。

3 研究现状及未来展望

随着研究人员对水合物结晶过程认识的不断加深，成核理论模型和晶体生长的动力学模型均历经了多代际的更迭。然而，目前成核理论多数都是基于对水合物均匀成核情形的分析，与实际情况可能存在差异。此外，水合物的成核过程是一个发生在极短时间内的微观动态过程，受空间和时间尺度上的限制，难以依靠现有实验手段来验证理论模型的真实性。尽管上述成核假说都没有得到充分验证，但是它们对水合物结晶过程的研究仍起到重要的推动作用。

针对水合物生长动力学模型，现有任何模型的参数都强烈依赖于实验数据。绝大多数都基于高压反应釜中的模拟实验，模型在推广过程中的适用性亟待验证。此外，在水合物生长过程中可能会存在过渡态或亚稳态，这在所有基于宏观实验所得到的水合物生长模型中都没有考虑。

近年来，随着科技水平的不断提高，分子动力学模拟的能力以及高精密分析仪器设备开展微观观测的能力不断提高，对加快发展水合物结晶理论提供了助力。未来，基于更大尺度的分子动力学模型来建立新的成核理论模型将成为热点研究方向，而基于微纳米尺度的实验观测也将进一步提高水合物晶体生长动力学模型的精度及可靠程度。

参考文献

[1] HAMMERSCHMIDT E. Formation of gas hydrates in natural gas transmission lines [J]. Ind Eng Chem, 1934, 26(8): 851-855.

[2] VELUSWAMY H P, KUMAR R, LINGA P. Hydrogen storage in clathrate hydrates: current state of the art and future directions [J]. Applied Energy, 2014.

[3] GUDMUNDSSON J S, PARLAKTUNA M, KHOKHAR A. Storage of natural gas as frozen hydrate [J]. SPE Production & Facilities, 1994, 9(01): 69-73.

[4] KANG S-P, LEE H. Recovery of CO_2 from flue gas using gas hydrate: thermodynamic verification through phase equilibrium measurements [J]. Environmental science & technology, 2000, 34(20): 4397-4400.

[5] LEE Y, SEO Y-J, AHN T, et al. CH_4-Flue gas replacement occurring in sH hydrates and its significance for CH_4 recovery and CO_2 sequestration [J]. Chemical Engineering Journal, 2017.

[6] XU C-G, LI X-S. Research progress of hydrate-based CO_2 separation and capture from gas mixtures [J]. Rsc Advances, 2014, 4(35): 18301-18316.

[7] OHGAKI K, TAKANO K, SANGAWA H, et al. Methane Exploitation by Carbon Dioxide from Gas Hydrates—Phase Equilibria for CO_2-CH_4 Mixed Hydrate System[J]. Journal of chemical engineering of Japan, 1996, 29(3): 478-483.

[8] PARK K-N, HONG S Y, LEE J W, et al. A new apparatus for seawater desalination by gas hydrate process and removal characteristics of dissolved minerals(Na^+, Mg^{2+}, Ca^{2+}, K^+, B^{3+})[J]. Desalination, 2011, 274(1-3): 91-96.

[9] KANG K C, LINGA P, PARK K-N, et al. Seawater desalination by gas hydrate process and removal characteristics of dissolved ions(Na^+, K^+, Mg^{2+}, Ca^{2+}, B^{3+}, Cl^-, SO_4^{2-})[J]. Desalination, 2014.

[10] MASLIN M, OWEN M, DAY S, et al. Linking continental-slope failures and climate change: testing the clathrate gun hypothesis [J]. Geology, 2004, 32(1): 53-56.

[11] HATZIKIRIAKOS S G, ENGLEZOS P. The relationship between global warming and methane gas hydrates in the earth [J]. Chem Eng Sci, 1993, 48(23): 3963-3969.

[12] NIXON M, GROZIC J L. Submarine slope failure due to gas hydrate dissociation: a preliminary quantification [J]. Canadian Geotechnical Journal, 2007, 44(3): 314-325.

[13] MASLIN M, OWEN M, BETTS R, et al. Gas hydrates: Past and future geohazard[J]. Philosophical Transactions of the Royal Society A: Mathematical, Physical and Engineering Sciences, 2010, 368(1919): 2369-2393.

[14] SLOAN JR E, FLEYFEL F. A molecular mechanism for gas hydrate nucleation from ice [J]. AIChE J, 1991, 37(9): 1281-1292.

[15] CHRISTIANSEN R L, SLOAN JR E D. Mechanisms and kinetics of hydrate formation [J]. Ann N Y Acad Sci, 1994, 715(1): 283-305.

[16] RADHAKRISHNAN R, TROUT B L. A new approach for studying nucleation phenomena using molecular

simulations: application to CO_2 hydrate clathrates [J]. J Chem Phys, 2002, 117(4): 1786-1796.

[17] MOON C, TAYLOR P C, RODGER P M. Molecular dynamics study of gas hydrate formation [J]. J Am Chem Soc, 2003, 125(16): 4706-4707.

[18] LONG J. Gas hydrate formation mechanism and its kinetic inhibition [J]. Colorado School of Mines, 1994.

[19] KVAMME B. Kinetics of hydrate formation from nucleation theory [J]. International journal of offshore and Polar Engineering, 2002.

[20] GUO G-J, ZHANG Y-G, LIU H. Effect of methane adsorption on the lifetime of a dodecahedral water cluster immersed in liquid water: a molecular dynamics study on the hydrate nucleation mechanisms [J]. J Phys Chem C, 2007, 111(6): 2595-2606.

[21] GUO G-J, LI M, ZHANG Y-G, et al. Why can water cages adsorb aqueous methane? A potential of mean force calculation on hydrate nucleation mechanisms [J]. Phys Chem Chem Phys, 2009, 11(44): 10427-10437.

[22] GUO G-J, ZHANG Y-G, LI M, et al. Can the dodecahedral water cluster naturally form in methane aqueous solutions? A molecular dynamics study on the hydrate nucleation mechanisms [J]. J Chem Phys, 2008, 128(19): 194504.

[23] JACOBSON L C, HUJO W, MOLINERO V. Amorphous precursors in the nucleation of clathrate hydrates [J]. J Am Chem Soc, 2010, 132(33): 11806-11811.

[24] LINGA P, HALIGVA C, NAM S C, et al. Gas hydrate formation in a variable volume bed of silica sand particles [J]. Energy & Fuels, 2009, 23(11): 5496-5507.

[25] LINGA P, HALIGVA C, NAM S C, et al. Recovery of methane from hydrate formed in a variable volume bed of silica sand particles [J]. Energy & fuels, 2009, 23(11): 5508-5516.

[26] LI X-S, YANG B, ZHANG Y, et al. Experimental investigation into gas production from methane hydrate in sediment by depressurization in a novel pilot-scale hydrate simulator [J]. Applied energy, 2012.

[27] LI B, LI X-S, LI G. Kinetic studies of methane hydrate formation in porous media based on experiments in a pilot-scale hydrate simulator and a new model [J]. Chem Eng Sci, 2014.

[28] PENG B, DANDEKAR A, SUN C, et al. Hydrate film growth on the surface of a gas bubble suspended in water [J]. J Phys Chem B, 2007, 111(43): 12485-12493.

[29] LI S L, SUN C Y, LIU B, et al. Initial thickness measurements and insights into crystal growth of methane hydrate film [J]. AIChE J, 2013, 59(6): 2145-2154.

[30] LI S-L, SUN C-Y, LIU B, et al. New observations and insights into the morphology and growth kinetics of hydrate films [J]. Sci Rep, 2014.

[31] SUN C, PENG B, DANDEKAR A, et al. Studies on hydrate film growth [J]. Annual Reports Section "C" (Physical Chemistry), 2010.

[32] YIN Z, KHURANA M, TAN H K, et al. A review of gas hydrate growth kinetic models [J]. Chemical Engineering Journal, 2018.

[33] VYSNIAUSKAS A, BISHNOI P. A kinetic study of methane hydrate formation [J]. Chem Eng Sci, 1983, 38(7): 1061-1072.

[34] VYSNIAUSKAS A, BISHNOI P. Kinetics of ethane hydrate formation [J]. Chem Eng Sci, 1985, 40(2): 299-303.

[35] ENGLEZOS P, KALOGERAKIS N, DHOLABHAI P, et al. Kinetics of formation of methane and ethane gas hydrates [J]. Chem Eng Sci, 1987, 42(11): 2647-2658.

[36] ENGLEZOS P, KALOGERAKIS N, DHOLABHAI P, et al. Kinetics of gas hydrate formation from mixtures of methane and ethane [J]. Chem Eng Sci, 1987, 42(11): 2659-2666.

[37] SLOAN JR E D, KOH C A. Clathrate hydrates of natural gases [M]. 3rd ed. Boca Raton, FL: CRC press, 2007.

[38] SKOVBORG P, RASMUSSEN P. A mass transport limited model for the growth of methane and ethane gas hydrates [J]. Chem Eng Sci, 1994, 49(8): 1131-1143.

[39] UCHIDA T, EBINUMA T, KAWABATA J I, et al. Microscopic observations of formation processes of clathrate-hydrate films at an interface between water and carbon dioxide [J]. J Cryst Growth, 1999, 204(3): 348-356.

[40] MOCHIZUKI T, MORI Y H. Clathrate-hydrate film growth along water/hydrate-former phase boundaries—numerical heat-transfer study [J]. J Cryst Growth, 2006, 290(2): 642-652.

[41] PENG B, DANDEKAR A, SUN C, et al. Hydrate film growth on the surface of a gas bubble suspended in water [J]. Journal of Physical Chemistry B, 2007, 111(43): 12485-12493.

[42] LI S-L, SUN C-Y, LIU B, et al. New observations and insights into the morphology and growth kinetics of hydrate films [J]. Scientific Reports, 2014.

基于代理辅助粒子群算法的天然气水合物开发参数优化研究

张　乐[1,3]　刘永革[2]　王海波[1,3]　岑学齐[1,3]

[1]中国石化石油勘探开发研究院，北京，102206

[2]中国石油大学(华东)石油工程学院，山东 青岛，266580

[3]南方海洋科学与工程广东省实验室(广州)，广州，511458

摘要：采用基于代理模型的粒子群算法，开展油气藏开发优化，可以大大降低数值模拟器的调用次数进而加速参数的寻优过程。然而对于串行模拟器或加速比不高的并行模拟器，常规方法耗时仍然较高。因此本文提出一种改进的代理模型辅助粒子群算法。该方法在建立全局代理模型后仅参与全局最优粒子的判断而不对局部最优的计算过程进行干预，然后通过粒子群算法的良好并行特征实现代理模型的快速加点完善，当代理模型训练时长超过模拟器运算时长时转为局部代理模型实现快速收敛。利用该模型对 Rastrigin 函数进行了测试，结果表明本文提出的模型可以快速训练代理模型从而有效降低迭代次数。最后以天然气水合物藏降压转注热开发为例进行了参数优化，验证了模型在天然气水合物开发参数优化方面的可行性。

关键词：粒子群算法；代理模型；智能优化；并行计算；天然气水合物；注热法

1　前言

多参数同时优化是当前采用数值模拟技术进行油气藏开发方案制定时普遍遇到的问题，目前可与闭源模拟器相结合的优化方法主要包括近似梯度算法和智能优化算法[1~3]。其中近似梯度算法如随机扰动同时逼近算法(SPSA)等通过获得目标函数的近似梯度进行

基金项目：南方海洋科学与工程广东省实验室(广州)人才团队引进重大专项(GML2019ZD0102)；

中国石化优秀青年创新基金项目(P20025)；

中国石化科技部项目群课题(P20040-4)

优化，其收敛速度快但对于非凸问题容易陷入局部最优[4,5]。智能优化算法包括遗传算法、粒子群算法等，其优化过程不依赖于目标函数的梯度，也不要求目标函数具有可导和可微性，同时该类算法具有较好的全局搜索性能，因而近年来在油气领域的多参数优化问题中得到广泛应用[6~8]。

然而大量的应用实践结果表明传统智能优化算法收敛速度慢，需要大量迭代寻找全局最优，而每次迭代过程中又需要多次调用数值模拟器，因而对于复杂模型优化时长可达数周甚至更久[9]。近年来随着机器学习技术的发展，采用代理模型辅助智能优化的新型算法为快速优化指出了新的方向，其基于已知信息对代理模型进行训练并利用代理模型获得潜力点，然后通过数值模拟器对潜力点进行验证[10~12]。由于代理模型在训练过程中对已知信息进行了学习，因而相比于单一智能优化可以快速锁定潜力位置，加速收敛过程[13,14]。众多学者针对不同的代理模型和智能优化算法提出了多种计算流程，但这些模型大多着重于降低数值模拟器的调用次数而没有充分利用智能优化算法的良好并行特征，笔者在实践过程中发现常规算法虽然可以降低模拟器的调用次数，但由于数据传递和更新存在前后逻辑关系，因而并行性差，对于串行模拟器或加速比不高的并行模拟器，调用过程中常出现计算资源的闲置，计算效率仍然较低。为此本文基于粒子群算法的并行特征对 Yu 等提出的代理模型辅助粒子群算法进行了改进，并采用 Rastrigin 函数进行了验证，最后将该优化算法应用于天然气水合物藏开发，以南海天然气水合物藏降压转注热开发为例进行了参数优化研究。

2 代理模型辅助粒子群算法

2.1 粒子群优化算法

粒子群优化算法由 James Kennedy 和 Russell Eberhart 在 1995 年提出，该算法是在对动物集群活动行为观察基础上，利用群体中的个体对信息的共享使整个群体的运动在问题求解空间中产生从无序到有序的演化过程，从而获得最优解[15~17]。粒子群优化算法首先在 N 维搜索空间中随机选取若干个粒子，其中任一粒子的位置可表示为 $\vec{x}_i^t=(x_{i1}^t, x_{i2}^t, \cdots, x_{iN}^t)$，在优化过程中该粒子的历史最优位置可记为 $\vec{p}_i^t=(p_{i1}^t, p_{i2}^t, \cdots, p_{iN}^t)$，所有粒子的最优位置即全局最优位置可记为 $\vec{p}_g=(p_{g1}, p_{g2}, \cdots, p_{gN})$。则根据粒子群优化算法，该粒子运动时既有向其历史最优位置移动的趋势，也有向全局最优位置移动的趋势，即粒子位置的更新公式为：

$$\begin{cases} v_{id}^{t+1}=\omega v_{id}^t+c_1 rand_1(\ )(p_{id}^t-x_{id}^t)+c_2 rand_2(\ )(p_{gd}^t-x_{id}^t) \\ x_{id}^{t+1}=x_{id}^t+v_{id}^{t+1} \end{cases} \tag{1}$$

其中，ω 为惯性权重，c_1 和 c_2 为加速常数，$rand_1(\ )$ 和 $rand_2(\ )$ 为随机函数。本文中惯性权重 ω 取 1.0，加速常数 c_1 和 c_2 均取 2.0。

2.2 代理模型

从粒子群算法原理中可以看出，粒子群算法仅通过简单地记录全局最优和历史最优实现群体位置的更新迭代，而没有对所有的粒子信息进行提取和挖掘，因而其收敛速度慢。代理模型的引入则是为了深入挖掘粒子信息，从而获得最优值的潜在位置，提高粒子群算法的优化速度。训练代理模型的方法主要包括高斯过程回归、支持向量机、径向基函数网络、回归树、人工神经网络等机器学习方法。其中高斯过程回归可以获得令人满意的训练效果且可对预测的不确定性进行评估，因而本文主要采用高斯过程回归对代理模型进行训练[18]。

已知训练数据集为 $D=\{(\vec{x}_i,\ y_i)\mid i=1,\ \cdots,\ M\}$，其中 $\vec{x}$ 为输入向量，y 为对应的目标函数值。高斯过程回归假设 y 值服从联合正态分布，即：

$$\begin{bmatrix} y_1 \\ y_2 \\ \cdots \\ y_M \end{bmatrix} \sim N\left(\begin{bmatrix} 0 \\ 0 \\ \cdots \\ 0 \end{bmatrix},\ \begin{bmatrix} k_{11} & k_{12} & \cdots & k_{1M} \\ k_{21} & k_{22} & \cdots & k_{2M} \\ \cdots & \cdots & \cdots & \cdots \\ k_{M1} & k_{M2} & \cdots & k_{MM} \end{bmatrix}\right) \tag{2}$$

其中，k 为输入向量的协方差，各向量的协方差组成的矩阵可用 K 表示。

当存在新的输入向量 x^* 时，高斯过程回归假设其仍然满足联合正态分布，则根据式(2)可得到：

$$\begin{bmatrix} y \\ y^* \end{bmatrix} \sim N\left(0,\ \begin{bmatrix} K(x,\ x) & K(x,\ x^*) \\ K(x^*,\ x) & K(x^*,\ x^*) \end{bmatrix}\right) \tag{3}$$

由高斯分布的性质可以得到 x^* 所对应的预测值 y^* 可表示为：

$$y^* = K(x^*,\ x)K(x,\ x)^{-1}y \tag{4}$$

从上述分析可以看出，影响高斯过程回归效果的关键点是确定产生协方差矩阵的函数即核函数，本文采用有理二次内核进行模型训练。

2.3 Yu 模型及其改进

对于工程优化问题，真实适应度的计算往往需要调用数值模拟器因而耗时较长，以降低真实适应度的调用次数为目的，众多学者将粒子群优化算法与代理模型相结合提出了改进型算法，其中 Yu 等提出的代理模型辅助粒子群优化算法较为典型，本文以 Yu 模型为例进行对比研究[19]。对于求取目标函数的最小值问题，该算法主要包括以下步骤：

(1) 采用拉丁超立方在搜索空间中进行采样，并调用目标函数对采样样本的真实适应度进行计算，形成真实适应度样本库。

(2) 对采样样本的真实适应度进行降序排列，选取前 N 个样本组成初始的粒子群，根据粒子群原理获得初始 N 个粒子的历史最优和全局最优。

(3) 采用机器学习算法建立前 P 个采样样本及其真实适应度之间的代理模型。

(4) 通过粒子群优化算法得到代理模型的最优值和最优位置，采用目标函数对最优位置处的真实适应度进行计算后将最优位置及其真实适应度归入样本库并进行重新排序。

(5) 如果样本库的前 P 个样本发生了变化则重新训练代理模型。

(6) 更新全局最优并根据式(1)对粒子群进行更新。

(7) 采用代理模型计算更新后粒子群的代理模型适应度，筛选出代理模型适应度比当前历史最优值小的潜力粒子。

(8) 调用目标函数对潜力粒子的真实适应度进行计算并将潜力粒子及其真实适应度归入样本库。

(9) 更新全局最优和各粒子的历史最优位置。

(10) 判断是否满足收敛条件，如果不满足返回步骤(3)。

从上述步骤中可以看出，Yu 模型通过采用代理模型筛选全局最优和粒子历史最优潜力点的方式大大降低了真实适应度的计算次数。但与此同时，目标函数调用次数的大幅度降低使得训练代理模型的样本数量增长缓慢，尤其是步骤(4)中样本库的更新数量较少，因而步骤(3)和步骤(5)中两次训练出的代理模型可能差异较小，优化的收敛速度较慢。此外，该算法对于并行程度高的模拟器效果较好，但对于串行或加速比不高的模拟器容易出现计算资源闲置，如步骤(7)中筛选出的潜力粒子数量远小于总粒子数量，因而在步骤(8)中进行真实适应度计算时容易出现调用的计算核心数远小于计算机的总核心数。

考虑到粒子群算法的良好并行特征，从充分利用计算资源和降低总迭代次数的角度出发，对 Yu 模型进行改进，具体步骤如下：

(1) 采用拉丁超立方在搜索空间中进行采样，并调用目标函数对采样样本的真实适应度进行计算，形成真实适应度样本库。由于各采样之间满足独立性，可采用并行计算(MPI、Cuda 等)实现计算资源的充分利用，同时由于本算法在后续迭代过程中所需要计算的样本数量远高于 Yu 模型，因而初始的拉丁超立方采样数量可少于 Yu 模型。

(2) 对采样样本的真实适应度进行降序排列，选取前 N 个样本组成初始的粒子群，根据粒子群原理获得初始 N 个粒子的历史最优和全局最优。

(3) 更新全局最优和各粒子的历史最优并根据式(1)对粒子群进行更新，然后采用并行计算获取各粒子的真实适应度。

(4) 在进行步骤(3)的计算时，分配一定的计算资源对采样样本及其真实适应度进行训练得到代理模型，并通过粒子群优化算法得到代理模型的最优值和最优位置。

(5) 计算过程需监控步骤(4)的计算时间，在优化前期，采样样本数量较少，步骤(4)耗时较短，因而当分配给步骤(4)的计算资源完成步骤(4)后采用目标函数对代理模型筛选的最优位置的真实适应度进行计算，并将最优位置及其真实适应度归入样本库，但当后期采样数量较多时，步骤(4)所耗时长可能逼近步骤(3)的时长，同时采样数量较多时代理模型在两次相邻迭代中的变化较小，因而代理模型最优位置真实适应度的计算可后延至下一次迭代，即在当前迭代中进行代理模型的训练和优化，在下一次迭代中进行潜力粒子真实适应度的计算。此外，当采样样本数量过多导致步骤(4)的耗时超过步骤(3)时可造成步骤(3)计算完成后其占用的计算资源闲置，因而当采样数量过多时需对采样数量按适应度筛选出 τ 个粒子，同时根据筛选出的粒子确定优化范围，即：

$$\begin{cases} lb^i = \min(x_1^i, x_2^i, \cdots, x_\tau^i) \\ ub^i = \max(x_1^i, x_2^i, \cdots, x_\tau^i) \end{cases} \tag{5}$$

(5) 判断是否满足收敛条件，如果不满足返回步骤(3)进行下一次迭代。

从上述步骤中可以看出所提出的计算方法与 Yu 模型之间的区别主要在于不再采用代理模型对局部最优进行筛选，而是利用粒子适应度计算时的良好并行特征快速补充样本库从而实现全局代理模型的快速加点完善，进而在较少的迭代过程中寻找出全局最优的潜力位置，加速粒子群的收敛过程。此外，当粒子数量过多时挑选出适应度高的粒子并进行局部代理模型的构建。由于充分考虑了各步骤对计算资源的调用情况，本算法在整个优化过程中几乎可全程实现计算资源的高占比。

3 算法效果分析

Rastrigin 函数是测试智能优化算法的常用函数，其表达式为：

$$f(x) = 10n + \sum_{i=1}^{n} [x_i^2 - 10\cos(2\pi x_i)] \tag{6}$$

该模型为非凸函数，且在 x_i 均为 0 时获得全局最小值 0。从式(6)中可以看出，改变 n 的取值可以构造任意维度的 Rastrigin 函数，为了更加直观地对比 Yu 模型及本文模型在代理模型训练上的差异，首先采用 2 维 Rastrigin 函数进行测试分析。图 1 为 2 维 Rastrigin 函数在[-5, 5]区间上的取值，从图中可以看出，该函数呈多峰状分布，存在较多的极值点，可以有效测试优化算法的全局寻优能力。对无代理模型的传统粒子群算法以及包含代

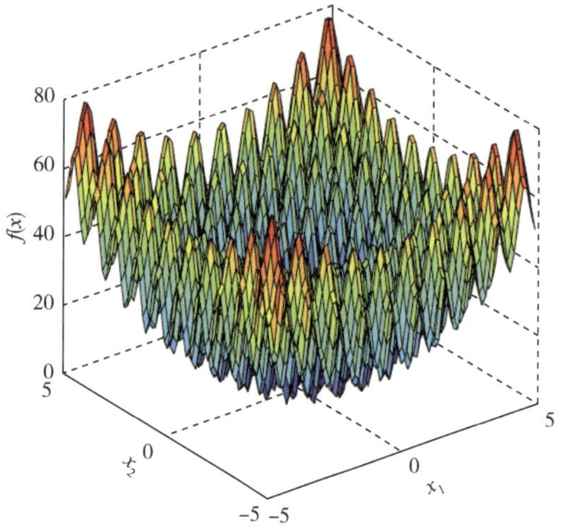

图 1　二维 Rastrigin 函数

理模型的 Yu 模型和改进模型的优化过程进行对比，为了使得优化过程具有代表性，三种模型初始的拉丁超立方采样点位置一致，数量均为 100 个，最大优化次数均为 300 次，当目标函数值低于 1×10^{-10}后退出迭代。图 2 为 Yu 模型和改进模型迭代过程中代理模型的演化对比。从图中可以看出，由于 Yu 模型大大降低了真实目标函数的计算次数，因而其代理模型的更新速率较慢，第 10 次迭代时代理模型仍然是搜索空间内的均化描述，当迭代到 40 次后代理模型才显示出 Rastrigin 函数更多的局部特征，同时在后续迭代过程中代理模型作用减弱，更新速度缓慢。而本文提出的改进模型在 10 次迭代时代理模型已可以较好地描述函数的局部特征，当迭代到 40 次后代理模型对函数的局部特征描述得更为精准。

图 3(a)是目标函数值随迭代次数的变化规律对比，从结果中可以看出，由于 Yu 模型和改进模型均采用代理模型对潜力位置进行了预测，因而在优化初期目标函数的下降速度明显比常规粒子群算法更快，同时由于改进模型可在优化前期对样本库进行快速加点完善，相同迭代次数时代理模型获得潜力点的概率大于 Yu 模型，因而其目标函数的下降速度更快。粒子群算法和改进模型分别在迭代 253 次和 109 次后达到预设精度，但 Yu 模型在迭代 131 次后无法再进一步降低目标函数值，直至达到最大迭代次数 300 时退出计算。从图 3(b)中可以看出，常规粒子群算法的目标函数调用次数最多，而 Yu 模型调用次数最少，改进模型迭代次数则介于两者之间。从对比结果可以看出，当对优化结果要求较低且目标函数的并行性较高时可采用 Yu 模型，通过降低目标函数调用次数大幅缩短优化时长，但当目标函数的并行程度较低且对优化结果的要求较高时则采用本文提出的改进模型可望获得更好的优化效果。

在实际油气田开发参数优化中未知数的个数往往可达数十个，为此改变 Rastrigin 模型的维度并进行各算法的对比，迭代次数设置为 300 次，表 1 为三种算法在不同维度时优化后的目标函数值，从表中可以看出，多维情况下各算法的表现与 2 维时基本一致，即在相同的迭代次数下，改进模型的表现最好，常规粒子群算法次之，Yu 模型在相同迭代次数下真实目标函数的调用次数最少，因而相同迭代次数下适应度最差。此外，随着维数的增加，三种算法落入局部最优的概率均有增加。

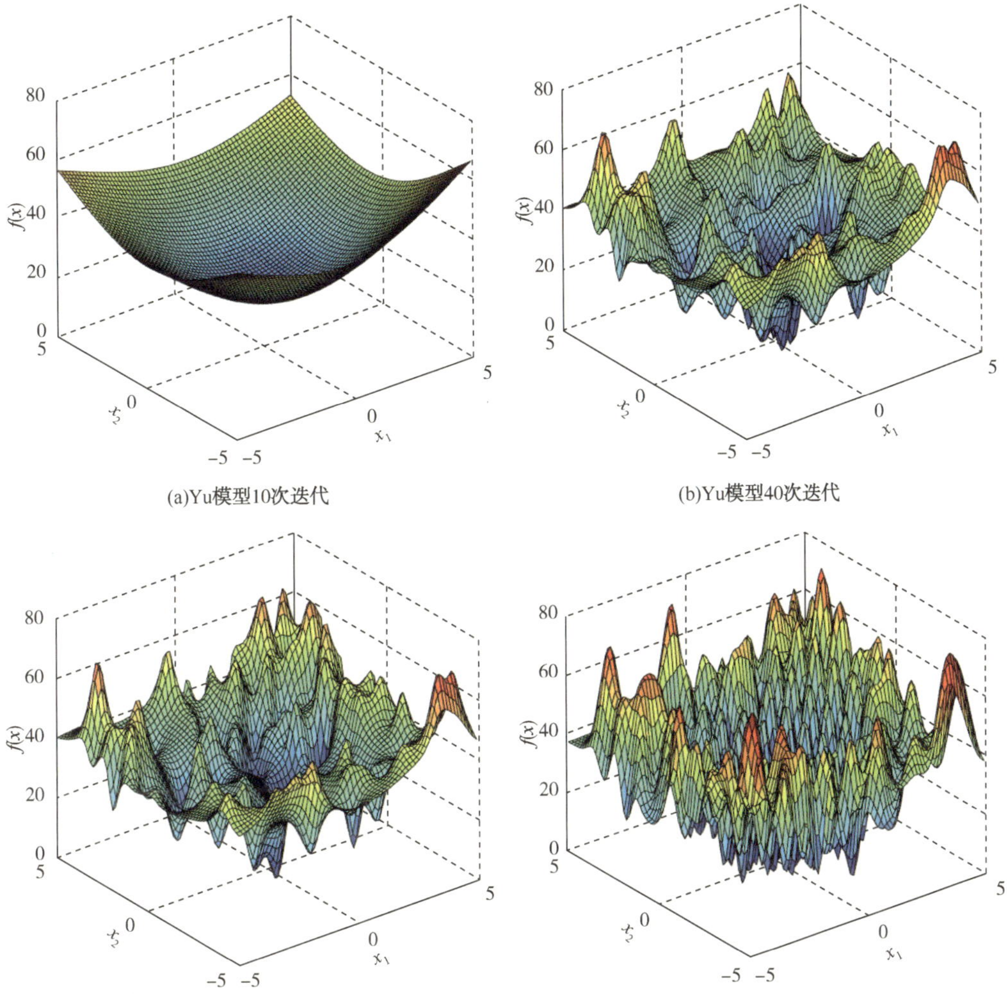

(a)Yu模型10次迭代　(b)Yu模型40次迭代

(c)改进模型10次迭代　(d)改进模型40次迭代

图 2　代理模型的演化

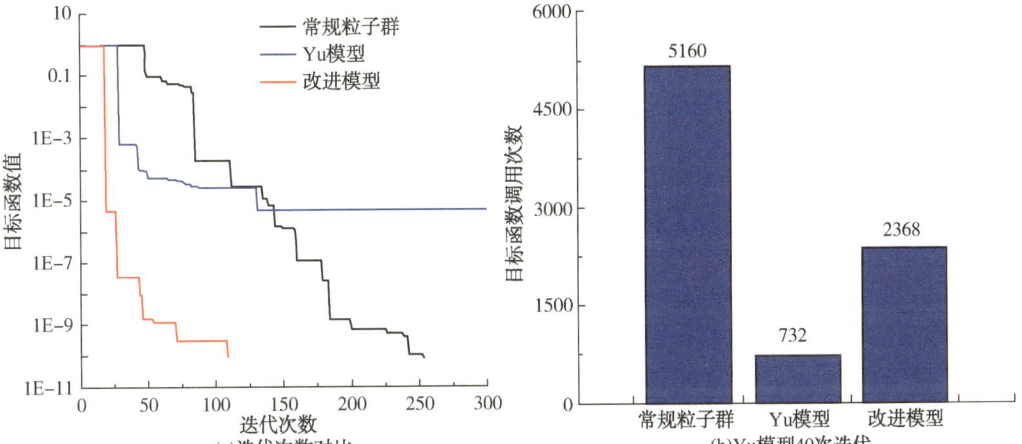

(a)迭代次数对比　(b)Yu模型40次迭代

图 3　三种优化算法的效果对比

表 1　各算法对不同维度 Rastrigin 函数的优化效果对比(300 次迭代)

维度	常规粒子群	Yu 模型	改进模型
10 维	1.98	2.83	0.21
20 维	19.84	12.65	1.78
30 维	78.63	110.90	4.73

4　实例应用

我国已在南海神狐领域先后实施两次试采工作，但单一降压开发产能较低，降压和注热联合开发是进一步提高产能的有效技术手段[20]。本文以南海神狐海域 SH7 站位Ⅲ类水合物藏为例采用 Tough+Hydrate 软件建立数值模拟模型，模型基本地质参数如表 2 所示。

表 2　南海神狐 SH7 站位水合物藏基本地质参数及模型设置

参数	数值	参数	数值
海底面深度	1108m	储层厚度	22m
初始水合物饱和度	0.44	初始含水饱和度	0.56
平均渗透率	75mD	孔隙度	0.41
初始压力	13.83MPa	初始温度	11.7℃

基于表 2 地质参数建立 4 口直井和 1 口水平井组成的五点法井网系统[图 4(a)]，网格系统为 30×21×11，网格尺寸为 15m×10m×2m，位于中心的水平井长度为 300m，直井与最近的水平井射孔点之间的距离为 75m。如图 4(b)所示，渗透率采用非均匀分布，平均渗透率为 $75\times10^{-3}\mu m^2$，变异系数为 0.4。4 口直井和 1 口水平井首先采用定压 4MPa 进行降压开发，当产气量过低时 4 口直井转为注热水开发，且在注热过程中进行一次注采量调整，优化参数个数总计 11 个，各参数取值范围如表 3 所示，其中 4 口转注井的注入量之和始终保持为 $300m^3/d$。

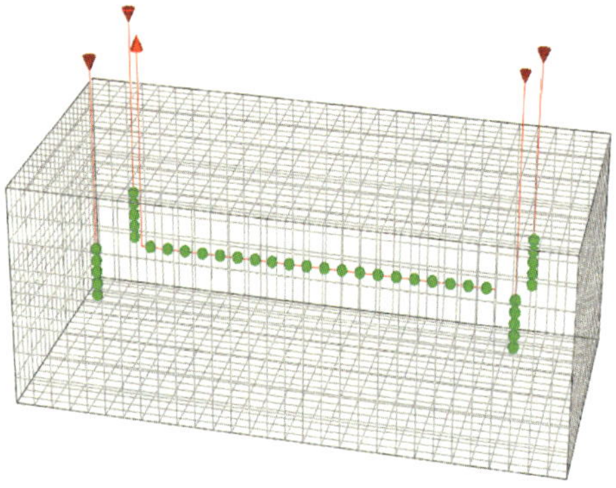

(a)模型井位布置

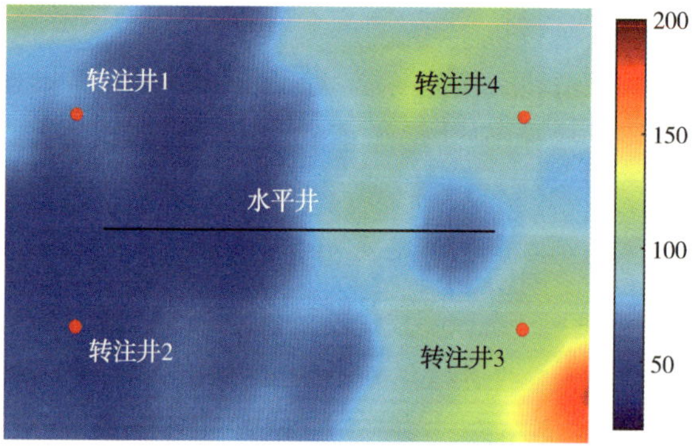

(b)平面渗透率分布

图 4　数值模拟物理模型及渗透率分布

表 3　优化参数取值范围

参数	数值	参数	数值
转注时产气量	4000~20000m³/d	注入温度	20~90℃
转注井注入量	0~200m³/d	注入量调整时产气量	4000~20000m³/d
调整后转注井注入量	0~200m³/d	—	—

天然气水合物藏的开采涉及生产与经济性两个方面，评价指标也分为生产指标与经济指标，生产指标主要为甲烷的采出程度，而经济指标则主要为采出能量与注入能量之比，即能效。本文的目标函数为：

$$\begin{cases} Q = E_{\mathrm{R}} + \alpha\eta \\ E_{\mathrm{R}} = \dfrac{N_{\mathrm{D}}}{N_{\mathrm{T}}} \\ \eta = \dfrac{E_{\mathrm{out}}}{E_{\mathrm{in}}} \end{cases} \tag{7}$$

其中，Q 为目标函数；E_{R}为甲烷的采出程度；η 为能效；N_{D}为累积产出的甲烷气量，m^3；N_{T}为水合物藏可分解得到的甲烷总量，m^3；E_{out}为产出甲烷总热能值，J；E_{in}为注入热水的总热能值，J；α 为平衡 E_{R}和 η 数量级的权重系数，根据 Liu 等的研究结果，α 的取值为 0.025[21]。

采用三种算法对天然气水合物藏降压转注热的开发参数进行优化，模拟降压开发时长为 800 天，最大迭代次数为 150。测试平台为 XeonSP 40 核心处理器，内存为 64G。考虑到计算机核心数量，粒子数量选择为 35，并行计算时每个粒子采用 MPI 算法占用 1 个 CPU 核心，共计 35 个核心，代理模型训练采用 3 个 CPU 核心，剩余 2 个 CPU 核心用于处理系统应用。图 5 为三种算法的优化效果对比。从图 5(a)中可以看出，目标函数的变化规律与 Rastrigin 函数时的结论一致，改进模型和 Yu 模型可通过代理模型快速找到潜力位置因而在迭代初期目标函数的增加速率最快，但 Yu 模型在优化后期目标函数的增加速度变慢。从最终优化结果上看，相同迭代次数下改进模型的优化效果好于常规粒子群算法和 Yu 模型。图 5(b)为计算时长的对比，从图中可以看出，常规粒子群算法与改进模型的耗时接近，Yu 模型则耗时较长，这主要是因为常规粒子群算法一次迭代中粒子间具有天然独立性可实现并行计算，进行 100 次迭代的时长理论上约等于运行 100 次模拟器所需时长，改进模型中虽然添加了机器学习，但对机器学习分配了额外的计算资源，同时算法流程考虑了机器学习与粒子适应度计算之间的并行计算框架，因而计算时长与常规粒子群接近。Yu 模型虽然大大降低了模拟器的调用次数，但计算流程中步骤(4)和步骤(8)包含两次模拟器的调用且两次调用之间存在逻辑上的前后关系，仅能采用串行计算，因而计算总耗时高于其余两种算法。

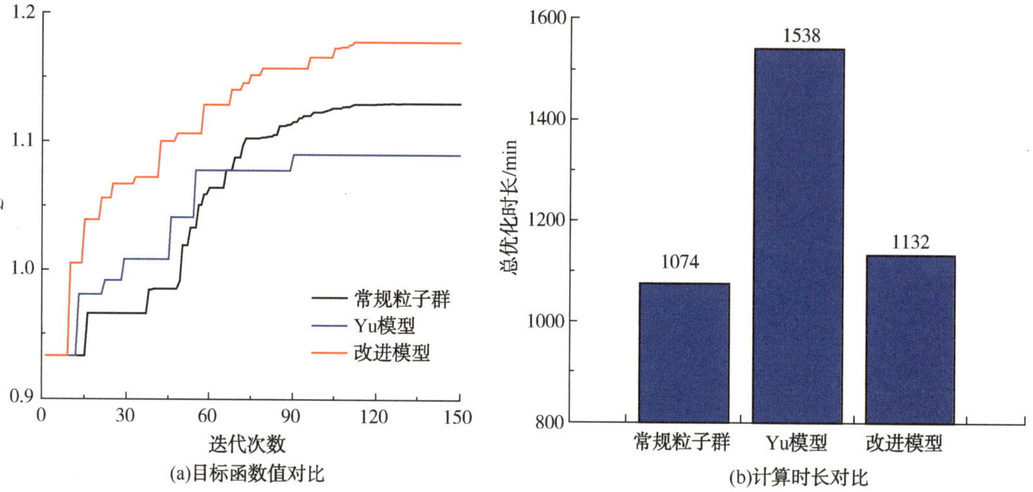

图 5　不同模型的优化效果对比

表 4 为采用改进模型优化后得到的各优化参数取值，结合表 3 可以看出，转注时的产气量接近参数区间下限，即充分进行降压开发后转为热水驱，同时热水温度较低有利于提高能效，位于低渗区的转注井 1 和 2 的注入液量显著低于位于高渗区的转注井 3 和 4，有利于降低储层压力，防止水合物的二次生成，后期注采调整后转注井 3 和 4 的液量有所降低，可有效防止注入热水从高渗区进入生产井造成热能浪费。

表 4　改进模型最优参数取值

参数	数值	参数	数值
转注时产气量	4254m^3/d	注入温度	33℃
转注井 1 注入量	58m^3/d	转注井 2 注入量	51m^3/d
转注井 3 注入量	104m^3/d	转注井 4 注入量	87m^3/d
注入量调整时产气量	22518m^3/d	调整后转注井 1 注入量	73m^3/d
调整后转注井 2 注入量	64m^3/d	调整后转注井 3 注入量	89m^3/d
调整后转注井 4 注入量	74m^3/d	—	—

图 6 和图 7 分别为最优方案的产量变化以及水合物饱和度变化。从图中可以看出，注热后产气量大幅上升，同时降压开发时位于高渗区的转注井 3 和 4 周围水合物分解区明显大于转注井 1 和 2，这说明较高的渗透率有利于更快地降压，进而促进水合物的分解。注热后 4 口井所形成的分解区域形状差异不大，这说明通过注采调整可以实现热能的充分利用。综上可以看出，改进模型可以有效加速收敛过程且优化结果与认识相符，算法具有可靠性。

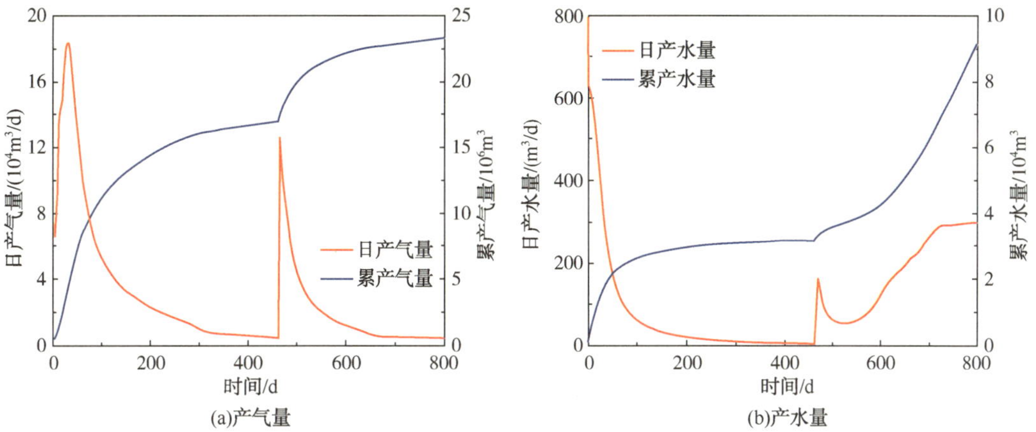

图 6 最优方案日产气和日产水量变化

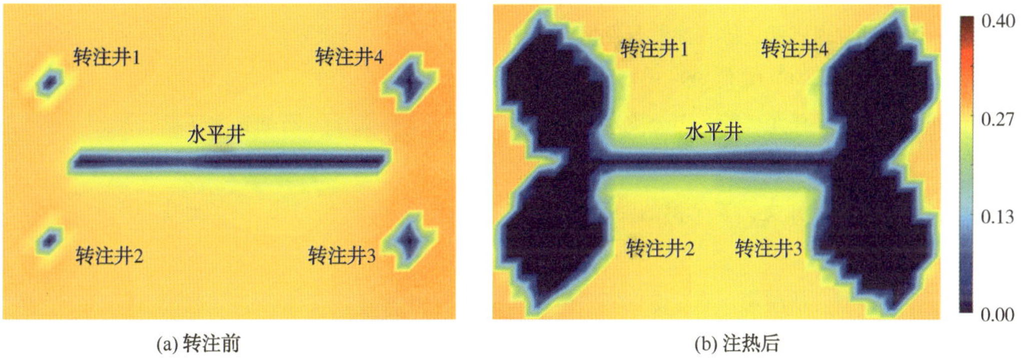

图 7 最优方案水合物饱和度变化

5 结论

本文基于并行计算框架提出了一种代理模型辅助粒子群算法，并采用 Rastrigin 函数验证了算法的有效性，最后采用该算法对天然气水合物藏降压转注热开发的关键参数进行了优化，主要结论包括：

（1）单次迭代过程中粒子群算法各个粒子间具有天然的并行特征，因而可利用粒子的并行计算实现代理模型样本库的快速完善和潜力点预测，进而大幅加速粒子群算法的收敛速度。

（2）Rastrigin 函数的优化过程表明 Yu 模型降低真实目标函数调用次数的同时延缓了代理模型的训练精度，而改进模型则在较少的迭代过程中实现了代理模型的不断完善，因而在相同迭代次数下改进模型对全局最优潜力点的预测效果好于 Yu 模型。

（3）对天然气水合物藏降压转注热关键开发参数进行了优化，结果表明相同迭代次数下改进算法的计算耗时与常规粒子群算法接近，但最优方案的适应度明显高于常规粒子群算法，Yu 模型虽然大大降低了模拟器的调用次数，但由于计算流程设计无法满足并行性因而耗时最长。

参考文献

[1] 张凯，赵兴刚，张黎明，等．智能油田开发中的大数据及智能优化理论和方法研究现状及展望[J]. 中国石油大学学报(自然科学版)，2020，44(04)：28-38.

[2] 贾德利，刘合，张吉群，等．大数据驱动下的老油田精细注水优化方法[J]．石油勘探与开发，2020，47(03)：629-636.

[3] Sun C，Jin Y，Zeng J，Yu Y. A two-layer surrogate-assisted particle swarm optimization algorithm. Soft Computing[J]. 2015，19(6)：1461-1475.

[4] 雷占祥，穆龙新，赵辉，等．强天然水驱油藏开发后期产液结构自动优化技术[J]．石油勘探与开发，2019，46(04)：763-767.

[5] 赵辉，唐乙玮，康志江，等．油藏开发生产优化近似扰动梯度升级算法[J]．中国石油大学学报(自然科学版)，2016，40(02)：99-104.

[6] 赵广渊，苏玉亮，任龙，等．多分支水平井参数智能优化技术[J]．石油钻采工艺，2015，37(02)：8-11.

[7] 胡渤，郑文乾，祝仰文，等．稠油油藏降黏化学驱注入方式优化[J]．油气地质与采收率，2020，27(06)：91-99.

[8] 孙小东，侯孟睿，任丽娟，等．遗传和模拟退火混合寻优一步法三维 CRS 叠加[J]．石油地球物理勘探，2021，56(02)：283-288.

[9] 刘玉敏，高松岩．一种改进的粒子群优化算法及其算法测试[J]．数学的实践与认识，2019，49(09)：237-247.

[10] 李建，蔡海艳，李嘉迪．改进遗传算法及其在钻井液设计中的运用[J]．西南石油大学学报(自然科学版)，2019，41(01)：165-174.

[11] 戚蓝，郑诗豪，张丛林．基于 RBF 代理模型和粒子群算法的水交换优化研究[J]．水利水运工程学报，2020(05)：40-47.

[12] 姚军，李志豪，孙海．基于代理辅助分层粒子群算法的页岩气藏压裂参数优化[J]．中国石油大学学报(自然科学版)，2020，44(04)：12-19.

[13] Wang H，Jin Y，Doherty J. Committee-based active learning for surrogate-assisted particle swarm optimization of expensive problems[J]. IEEE transactions on cybernetics. 2017，47(9)：2664-2677.

[14] Li J，Lu W，Wang H，Fan Y，Chang Z. Groundwater contamination source identification based on a hybrid particle swarm optimization-extreme learning machine[J]. Journal of Hydrology，2020，584：124657.

[15] Poli R，Kennedy J，Blackwell T. Particle swarm optimization. Swarm intelligence. 2007，1(1)：33-57.

[16] Sengupta S，Basak S，Peters R. Particle Swarm Optimization：A survey of historical and recent developments with hybridization perspectives[J]. Machine Learning and Knowledge Extraction. 2019，1(1)：157-191.

[17] 崔传智，郑文乾，祝仰文，等．蒸汽吞吐后转降黏化学驱加密井井位优化方法[J]．石油学报，2020，41(12)：1643-1648+1656.

[18] 李强，钟海全，王渊，等．多个气田整体开发优化模型及其求解方法[J]．石油勘探与开发，2016，43(02)：268-274.

[19] Yu H，Tan Y，Zeng J，Sun C，Jin Y. Surrogate - assisted hierarchical particle swarm optimization. Information Sciences. 2018，454：59-72.

[20] Moridis G，Collett T，Pooladi M，Hancock S，Santamarina C et al. Challenges，uncertainties，and issues facing gas production from gas - hydrate deposits [J]. SPE Reservoir Evaluation & Engineering，2011，14(01)：76-112.

[21] Liu Y，Bai Y，Xia Z，Hou J. Parameter optimization of Depressurization-to-Hot-Water-Flooding in heterogeneous hydrate bearing layers based on the particle swarm optimization algorithm [J]. Journal of Natural Gas Science and Engineering. 2018，53：403-415.

多分支水平井降压开发天然气水合物藏数值模拟研究

刘永革[1]　张　乐[2]　岑学齐[2]

[1]中国石油大学(华东)，青岛，266580

[2]中国石油化工股份有限公司石油勘探开发研究院，北京，102206

摘要： 我国南海神狐海域第二次天然气水合物藏试采结果表明采用水平井开发天然气水合物藏可以大幅提高日产气量，但目前试采产能仍远低于商业化开发所需的最低产能。多分支水平井相比于常规水平井具有更大的地层接触面积，但其对水合物分解和降压开发产能的影响规律尚缺少系统研究。本文首先基于 PEBI 非结构网格建立了多分支水平井开发天然气水合物藏的网格系统，然后通过自适应网格加密在保证计算效率的同时实现了井底附近储层的精细模拟，再在此基础上根据南海神狐海域 SH7 站位天然气水合物藏的基本地质参数建立了数值模拟模型，研究了多分支水平井降压开发天然气水合物藏的产能和物理场变化规律，结果表明分支水平井可有效增加井筒与储层的接触面积，促进降压开发初期原生水的快速产出、储层压力的快速降低和产能的提高，六分支水平井在降压开发前期的峰值产量是无分支水平井的 3.07 倍，模拟结束时六分支水平井降压开发累产气量比无分支水平井增加 77.6%。水合物藏的温压降落和水合物分解受井筒位置的控制，对于无分支水平井，水合物分解区域主要在井筒周围，分支数量越多，水合物分解区域越大，但由于储层热能有限，单纯依靠降压开发难以实现水合物的完全分解，降压和注热联合开发可望进一步促进水合物的分解并提高产能。

关键词： 天然气水合物藏；多分支水平井；非结构网格；降压开发；数值模拟

1　引言

天然气水合物是在低温高压环境中形成的类冰状物质，其广泛存在于海底沉积物和冻土中，据估计，我国天然气水合物的总资源量超过 800×10^8t 油当量，接近于我国常规石

基金项目： 南方海洋科学与工程广东省实验室(广州)人才团队引进重大专项(GML2019ZD0102)；
中国石化优秀青年创新基金项目(P20025)；
中国石化科技部项目群课题(P20040-4)

油资源量，约为常规天然气资源量的两倍[1~4]。2017 年和 2020 年我国在南海神狐海域先后成功实施两次天然气水合物试采，成为继加拿大、美国和日本之后，第四个具有水合物试采能力的国家，为天然气水合物商业性开发利用提供了技术储备，实现了这一领域由“跟跑”到“领跑”的历史性跨越，对保障国家能源安全、推动绿色发展、建设海洋强国具有重要而深远的影响[5~8]。其中第二次试采过程中采用水平井进行降压开发大大增加了井筒与储层的接触面积，日均产气达 $2.87\times10^4m^3$，是首次试采日产气量的 5.57 倍，试采结果验证了水平井增加天然气水合物藏降压开发产能的技术可行性[9,10]。然而，目前天然气水合物藏的试采产能仍远低于商业化开发所需的最低产能，分支水平井技术相比于常规水平井可进一步增加与储层的接触面积，在常规油气开发领域，分支水平井已经发挥了良好的增产效果[11~14]。但分支水平井是否可进一步提高天然气水合物藏降压开发产能尚缺少系统研究。本文通过非结构网格建模方法建立了多分支井开发天然气水合物藏的网格系统，然后根据南海神狐海域 SH7 站位天然气水合物藏的地质资料建立了数值模拟模型，得到了分支水平井对产能和物理场变化规律的影响，研究结果为我国海域天然气水合物藏的高效开发提供技术支撑。

2 数值模拟模型的建立

2.1 PEBI 非结构网格系统生成

笛卡尔网格系统由于建模方法简便在油气藏数值模拟中已经得到了广泛应用，但笛卡尔网格无法适应复杂边界或复杂井型油气藏建模的需求[15,16]。角点网格系统由于可对网格角点进行伸缩和移动，因而一定程度上弥补了笛卡尔网格系统的缺陷，但角点的自由移动导致相邻网格的正交性被破坏，传导率计算精度难以保证[17]。此外，角点网格系统并不能完全解决复杂拓扑结构建模中存在的网格畸变等问题，因而容易导致收敛性问题[18]。Heinemann 等率先提出了 PEBI 非结构网格的概念，其可在保证网格局部正交性的同时很好地描述断层、裂缝等复杂形态，并实现井附近的局部网格加密[19~21]。鉴于 PEBI 非结构网格在建模方面存在的优势，本文采用该系统进行后续的模拟研究。

为了对比水平井分支数量对降压开发产能的影响，分别建立了无分支水平井、双分支水平井、四分支水平井和六分支水平井时的平面网格系统，如图 1 所示，其中井筒所在的网格填充为蓝色。模型平面尺寸为 500m×300m，水平井位于储层中部，其中主井筒长度为 300m，单一分支长度为 100m。从图中可以看出，所采用的 PEBI 非结构网格建立方法可在井筒附近进行局部网格加密，保证井筒附近储层精细模拟的同时尽可能降低总网格数量，同时网格系统中不存在网格畸变，建模质量良好。

2.2 试采区天然气水合物藏模型的建立

目前主要采用的天然气水合物藏数值模拟软件包括美国劳伦斯伯克利国家实验室的 Tough+Hydrate，美国国家大西洋实验室的 STOMP-HYD 以及日本的 MH21-HYDRES 以及商业模拟软件 CMG 的 STARS 模块等。其中 Tough+Hydrate 软件考虑机理最为全面，因而

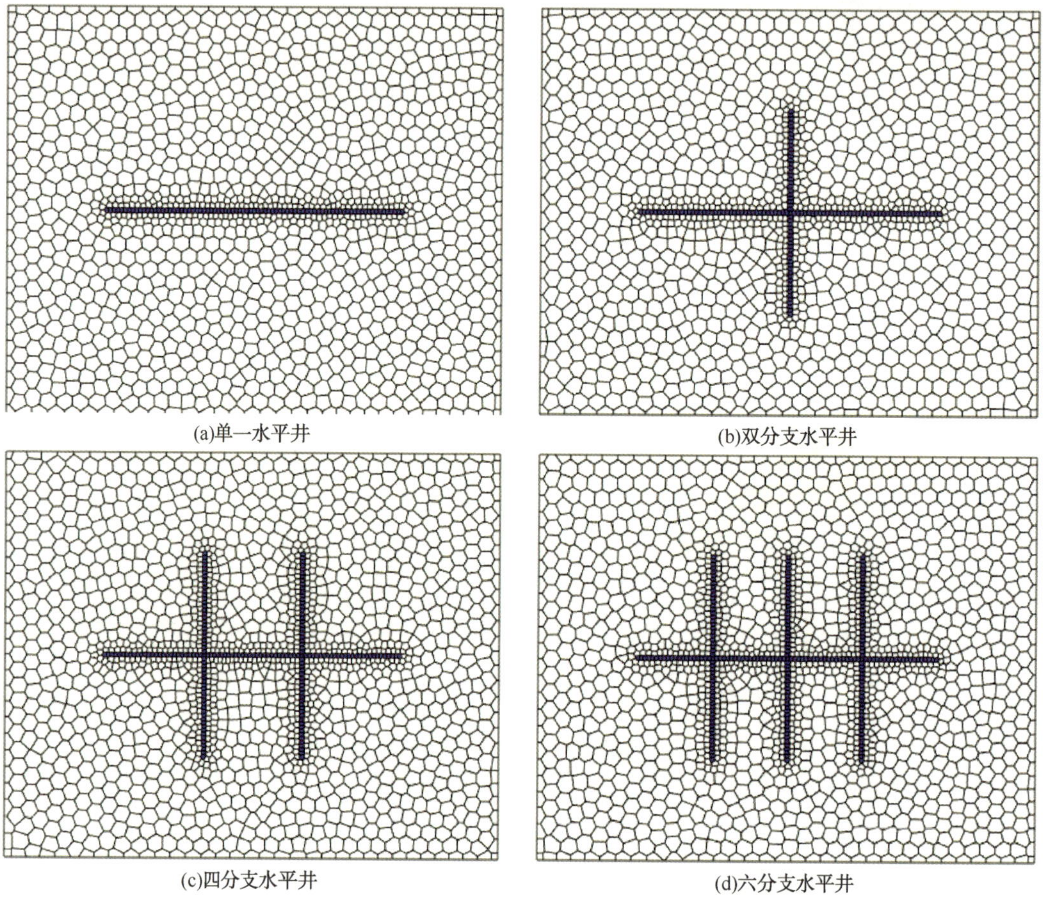

图 1　PBEI 非结构网格划分

本文采用 Tough+Hydrate 软件进行开发机理分析。

调研我国南海神狐海域 SH7 站位天然气水合物藏的地质参数，主要参数取值如表 1 所示[22]。SH7 站位水合物藏为Ⅲ类天然气水合物藏[图 2(a)]，其主要包含顶盖层、底盖层和水合物层，其中水合物层中包含水合物相和水相，饱和度分别为 0.44 和 0.56。水合物层厚度为 22m，渗透率为 $75\times10^{-3}\mu m^2$，初始温度和压力分别为 14.15℃和 13.83MPa。按照 SH7 站位天然气水合物藏的参数建立数值模拟模型，如图 2(b)所示。模型顶盖层和底盖层厚度均为 30m，在纵向上划分为两个网格，水合物层纵向上划分为 5 个网格，单个网格厚度为 4.4m。

表 1　南海 SH7 站位水合物藏基本地质参数

参数	数值	参数	数值
海底面深度	1225.23m	水合物层厚度	22m
顶盖层厚度	30m	底盖层厚度	30m
水合物层孔隙度	0.41	水合物层渗透率	$75\times10^{-3}\mu m^2$

续表

参数	数值	参数	数值
顶底盖层孔隙度	0	顶底盖层渗透率	$0\times10^{-3}\mu m^2$
水合物饱和度	0.44	水饱和度	0.56
初始温度	14.15℃	初始压力	13.83MPa
盐质量分数	0.0305	气体组成	$100\%CH_4$

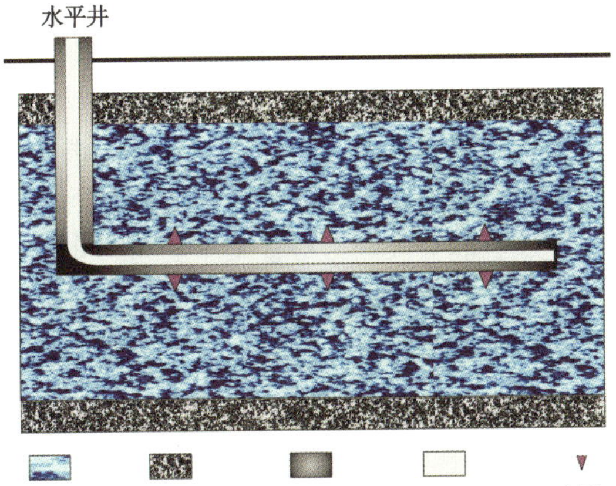

(a)储层和井位设置

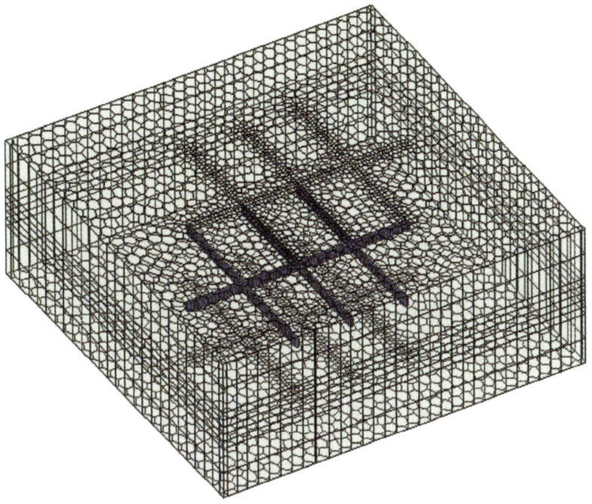
(b)六分支水平井

图 2　井位设置及三维网格生成

Tough+Hydrate 软件中包含相平衡模型和动力学模型两种计算模型，Kowalsky 和 Moridis[23] 对比了相平衡模型和动力学模型的计算结果，结果表明当进行矿场尺度的模拟时相平衡模型和动力学模型的模拟结果几乎一致，因而本文基于计算速度更快的相平衡模型开展模拟研究，模拟时间为 1000 天。

模型中水合物相不可流动，其相对渗透率为 0，气水相对渗透率曲线模型为：

$$\begin{cases} k_{rW}=\left[\left(\dfrac{S_W-S_{irW}}{1-S_{irW}}\right)^{n_W},\ 1\right] \\ k_{rG}=\left[\left(\dfrac{S_G-S_{irG}}{1-S_{irW}}\right)^{n_G},\ 1\right] \end{cases} \tag{1}$$

其中，k_{rW} 为水相相对渗透率；S_W 为水相饱和度；S_{irW} 为束缚水饱和度；n_W 为水相相对渗透率指数；k_{rG} 为气相相对渗透率；S_G 为气相饱和度；S_{irG} 为束缚气饱和度；n_G 为气相相对渗透率指数。本文中 n_W 和 n_G 的取值均为 3.572。

3　模拟结果分析

3.1　温压变化规律分析

图 3 为不同分支水平井降压开发天然气水合物藏过程中的平均压力和平均温度对比。

从图 3(a)中可以看出，两套方案均呈现压力快速降低然后缓慢降低的趋势，同时分支数量越多，降压速度越快，模拟结束时无分支水平井和六分支水平井对应的水合物藏平均压力分别为 6.45MPa 和 4.85MPa，六分支水平井的降压幅度增加了 1.6MPa。这说明多分支水平井可有效增加井筒与储层的接触面积，促进水和气的快速产出和储层的快速降压。图 3(b)中的平均温度变化曲线与平均压力变化曲线具有相似性，即多分支水平井降压开发时的储层温度下降速度明显快于无分支水平井，模拟结束时无分支水平井和六分支水平井对应的水合物藏平均地层温度分别为 8.83℃ 和 6.18℃，即六分支水平井可使地层温度下降幅度增加 2.65℃。这主要是因为多分支水平井降压开发时的降压速度更快，因而可在较短的时间内下降至相平衡压力以下进而导致水合物快速分解，由于水合物分解为吸热反应，因而多分支水平井降压开发时的储层温度下降速度相比于无分支水平井更快。对于降压开发而言，储层的压力为气水流动提供动力，而储层热能则为水合物分解提供能量来源，多分支水平井方案在模拟结束时刻的储层压力和温度均更低，因而多分支水平井可以更加充分地利用地层能量。但与此同时，设定的井底流压为 4MPa，对应的含盐量为 0.0305 时的相平衡温度约为 2.8℃，多分支水平井在模拟结束时刻的地层平均压力和温度仍高于设定的井底压力及对应的相平衡温度，因而增加水平井长度或进一步增加分支长度和分支数量可望获得更好的降压开发效果。

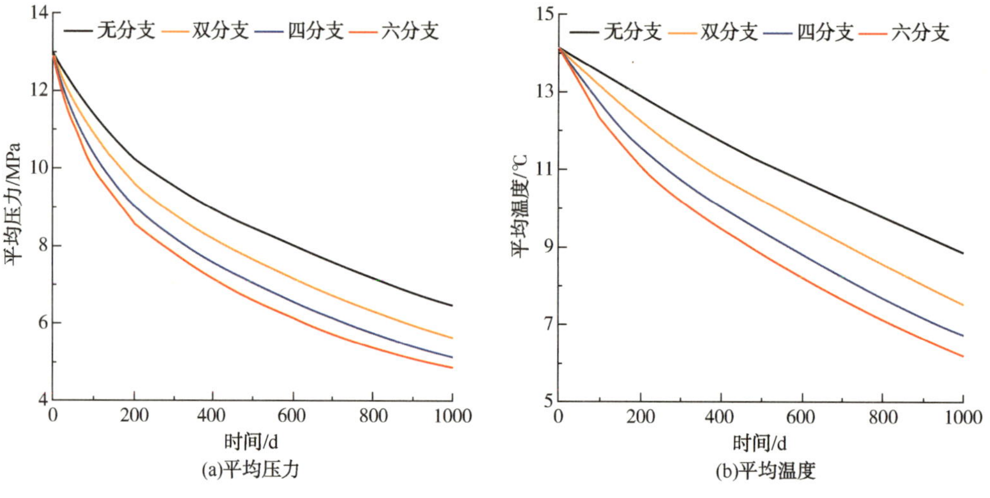

图 3 天然气水合物藏平均压力和平均温度变化

3.2 气水产能分析

图 4 和图 5 分别为不同分支数量水平井降压开发时的产气和产水对比。从图 5(a)中可以看出，由于多分支水平井具有更大的地层接触面积，因而分支数量越多，降压开发初期的产水量也越大，模拟结果表明无分支、双分支、四分支和六分支水平井降压开发 100 天时的累产水量分别为 $4.34\times10^4m^3$、$6.19\times10^4m^3$、$7.78\times10^4m^3$ 和 $9.36\times10^7m^3$，相比于无分支水平井，六分支水平井的产水量增幅高达 115.7%。同时，随着原生水的快速产出，地

层压力快速下降，当地层压力并降至水合物相平衡压力之下时，水合物开始分解。从图4(a)中可以看出，4套方案在降压开发初期都存在一个短暂的产量下降，随后产量开始快速上升，当上升至峰值产量后再一次下降。这主要是因为降压开发初期井筒周围区域中的自由水产出后地层压力快速降低并下降至水合物相平衡压力之下，井筒周围的水合物快速分解并在短时间内采出，远离井筒的储层中的水合物分解后需缓慢运移至井筒并被采出，因而在开发初期产能会出现短暂的降低。当远离井筒区域中的分解气运移至井底时产气量逐渐上升并达到峰值。无分支、双分支、四分支和六分支水平井在降压开发前期(<200天)的峰值产量分别为 $2.17\times10^4 m^3/d$、$3.46\times10^4 m^3/d$、$5.06\times10^4 m^3/d$ 和 $6.67\times10^4 m^3/d$，六分支水平井的峰值产量是无分支水平井的3.07倍。对于无分支和双分支水平井，其后期的产量高于前期产量，这主要是因为无分支水平井和双分支水平井的降压速率相对缓慢，因而降压开发前期水合物分解速率低，但在降压开发后期整个储层出现了大范围降压，因而水合物分解速率和产能不断增加。而对于四分支和六分支水平井，其降压速率快，降压开发前期水合物即发生了大范围分解，因而前期产量高，在开发后期，储层的压能和热能被大量消耗，无法继续维持水合物的快速分解，产气量出现了明显的降低。无分支、双分支、四分支和六分支水平井降压开发1000天时的累产气量分别为 $2.55\times10^7 m^3$、$3.48\times10^7 m^3$、$4.11\times10^7 m^3$ 和 $4.53\times10^7 m^3$，六分支水平井相比于无分支水平井增产幅度可达77.6%，因而采用多分支水平井降压开发天然气水合物藏可有效提高产能和降压开发效果。

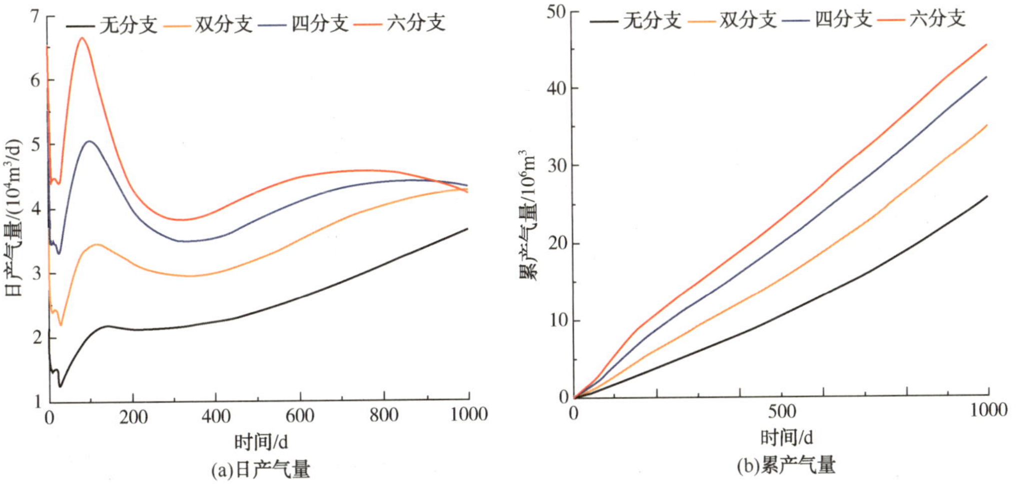

图4　不同分支数量水平井降压开发产气量对比

3.3　物理场演化规律分析

图6~图8分别为不同分支数量水平井降压开发过程中的温度、压力和水合物饱和度场的对比，为了能够清晰地对比水平井分支数量对降压开发的影响，在饱和度场图中(见图8)仅对水合物饱和度低于0.34的网格(低于原始饱和度0.1)进行了绘制。从图6中可以看出，压降区从井筒附近开始拓展，对于无分支水平井，降压100天时井周围的压降区

为一椭圆形，而对于多分支水平井，各分支周围地层也出现了明显的降压，对比图6(a)和图6(d)可以看出，六分支水平井降压开发时不仅压降范围明显高于无分支水平井，且压降幅度也相对较高，模拟结束时整个模拟范围内均出现了大幅的降低，而无分支水平井降压开发1000天时远离井筒的区域压力仍然明显高于所设定的井底压力。

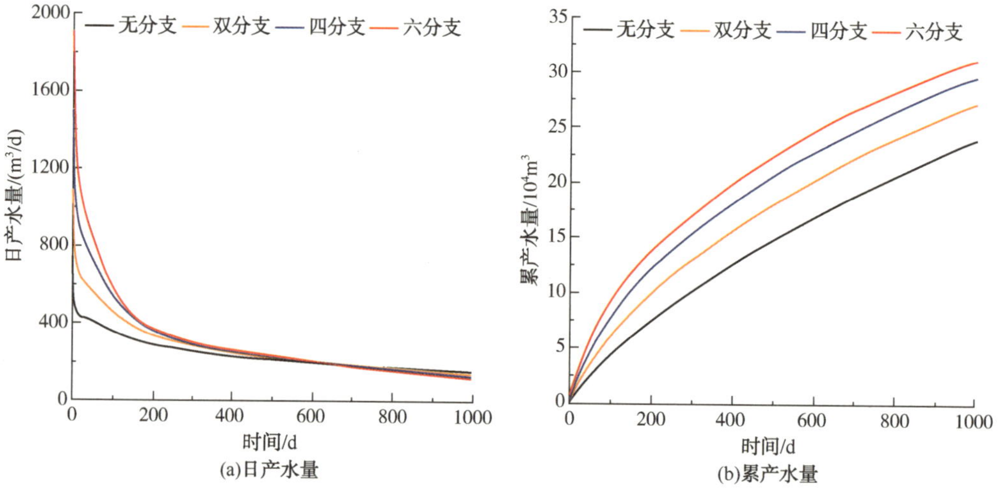

图5　不同分支数量水平井降压开发产水量对比

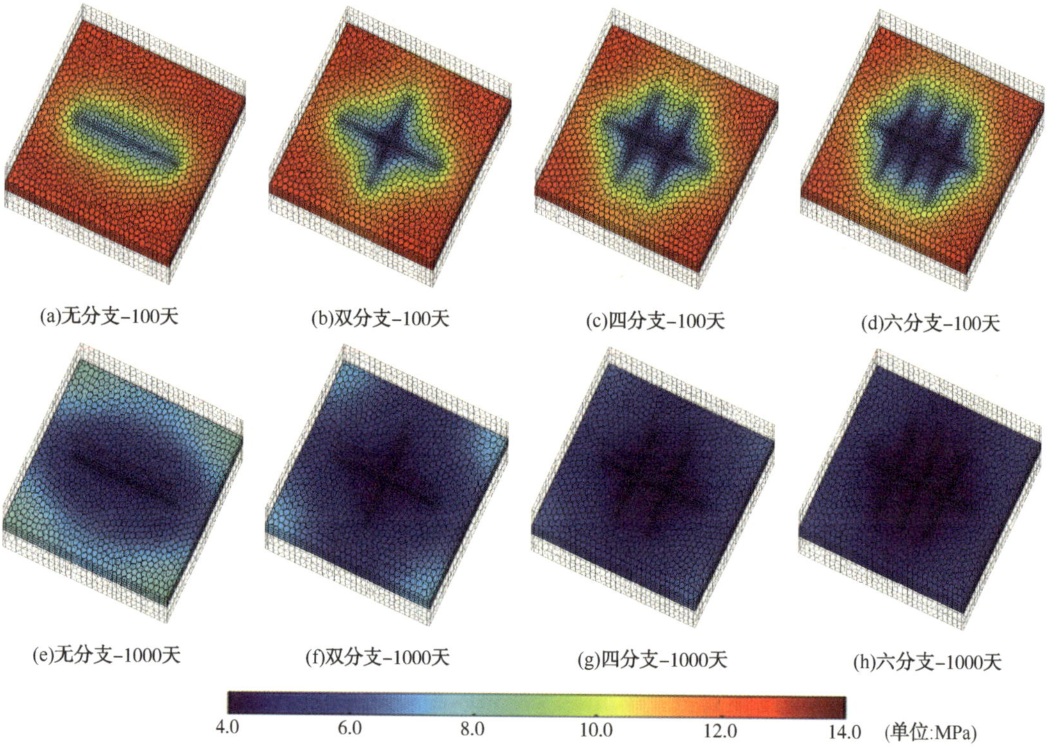

图6　不同分支数量水平井降压开发压力场对比

由于水合物的分解主要取决于温压相平衡条件，因而温度场的分布和压力场的分布具有相似性，从图 7 中可以看出，降压开发初期无分支水平井所对应的低温区主要在水平井筒附近，且呈椭圆形分布，而多分支水平井降压开发时的低温区域则主要分布于主井筒和分支井筒处，模拟结束时井筒附近区域的温度已接近水合物相平衡温度，但由于热能传递速度慢，因而距离井筒较远的区域仍存在剩余热能，同时分支数量越多，模拟结束时的储层温度越低。

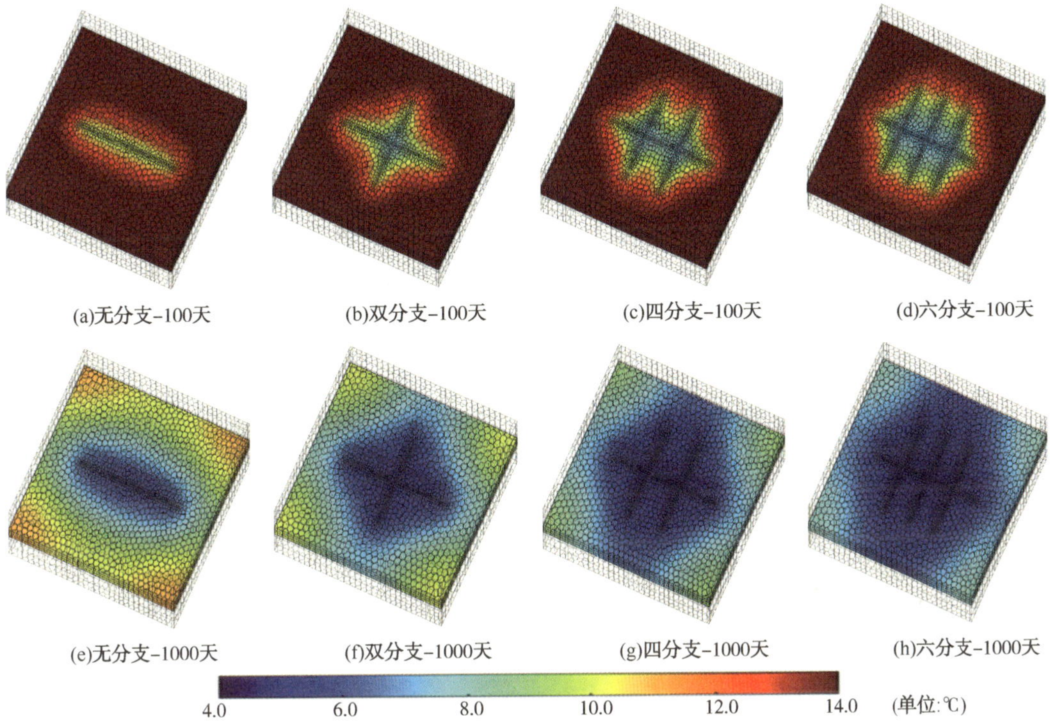

图 7　不同分支数量水平井降压开发温度场对比

从图 8 中可以看出，水合物分解区域的分布受井筒位置的控制，对于无分支水平井，水合物分解区域主要在井筒周围，分支数量越多，水合物分解区域越大。因而采用多分支水平井可有效扩大水合物分解范围，提高产能。但从模拟结果也可以看出，虽然六分支水平井在模拟结束时整个模拟区域的压能和热能均被大量消耗，但除井筒附近水合物分解程度较高外，其余区域仍剩余大量的水合物未分解，这说明由于储层热能有限，单纯依靠降压开发难以实现水合物的完全分解，降压和注热联合开发可望进一步促进水合物的分解。

4　结论

本文采用 PEBI 非结构网格建立了多分支水平井降压开发天然气水合物藏的网格系统，并根据南海神狐海域 SH7 站位天然气水合物藏的基本地质参数建立了数值模拟模型，采用 Tough+Hydrate 软件对比了无分支水平井和多分支水平井的产能和物理场变化规律，主要

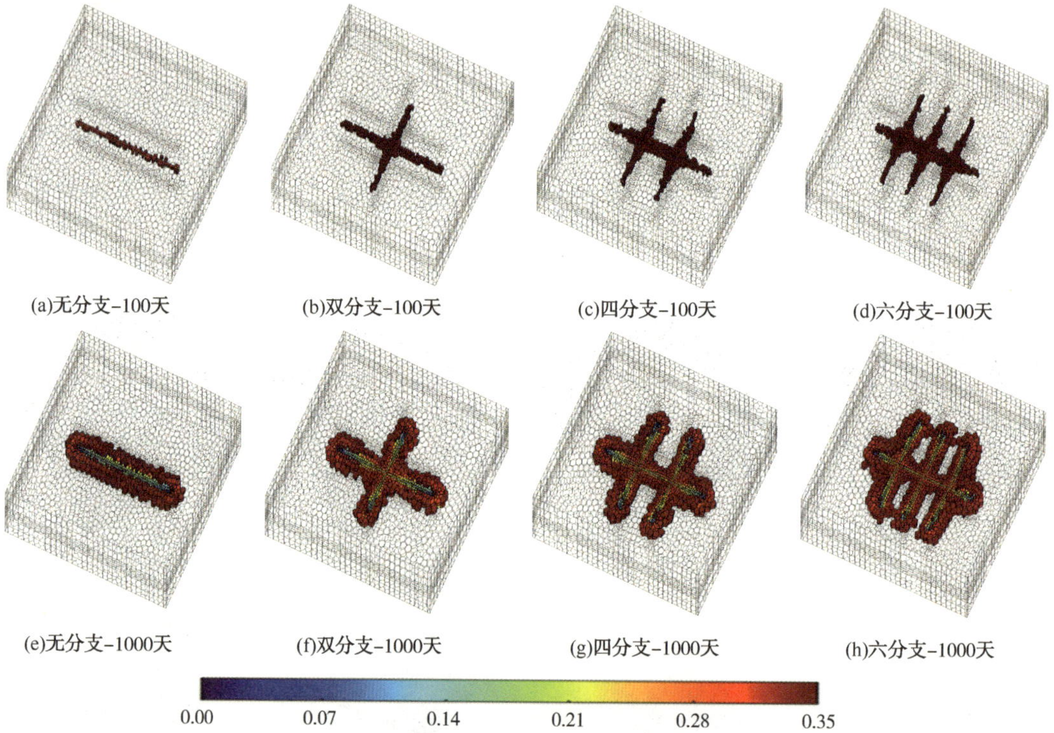

图 8　不同分支数量水平井降压开发水合物饱和度场对比

结论如下：

（1）采用 PEBI 非结构网格系统可以在保证网格正交性的同时实现具有复杂边界或复杂结构井储层的网格划分，有效地避免正交网格或角点网格系统中存在的网格畸变，有效地避免数值模拟计算过程中由于网格划分所导致的收敛性问题。

（2）多分支水平井可有效地增加井筒与储层的接触面积，促进降压开发初期原生水的快速产出和储层压力的快速降低，同时储层压力降低至水合物相平衡压力后水合物快速分解，产能快速提高。无分支、双分支、四分支和六分支水平井在降压开发前期的峰值产量分别为 $2.17\times10^4m^3/d$、$3.46\times10^4m^3/d$、$5.06\times10^4m^3/d$ 和 $6.67\times10^4m^3/d$，六分支水平井的峰值产量是无分支水平井的 3.07 倍。

（3）六分支水平井方案在模拟结束时刻的储层平均压力和温度分别为 4.85MPa 和 6.18℃，而无分支水平井对应的储层平均压力和温度分别为 6.45MPa 和 8.83℃，因而多分支水平井可以更加充分地利用地层能量并提高产能，模拟结束时六分支水平井累积产气量相比于无分支水平井提高了达 77.6%，因而采用多分支水平井降压开发天然气水合物藏可有效提高产能和降压开发效果。

（4）水合物藏的温压降落和水合物分解受井筒位置的控制，对于无分支水平井，水合物分解区域主要在井筒周围，分支数量越多，水合物分解区域越大，但由于储层热能有限，单纯依靠降压开发难以实现水合物的完全分解，降压和注热联合开发可望进一步促进水合物的分解。

参考文献

[1] 蔡建超，夏宇轩，徐赛，等．含水合物沉积物多相渗流特性研究进展[J]．力学学报，2020，52(01)：208-223.

[2] Liu Y，Hou J，Zhao H，Liu X，Xia Z. A method to recover natural gas hydrates with geothermal energy conveyed by CO_2[J]. Energy，2018，144(1)：265-278.

[3] 吴能友，黄丽，胡高伟，等．海域天然气水合物开采的地质控制因素和科学挑战[J]．海洋地质与第四纪地质，2017，37(05)：1-11.

[4] 郝永卯，黎晓舟，李淑霞，等．天然气水合物降压开采半解析两相产能模型[J]．中国科学：物理学力学 天文学，2020，50(06)：64-75.

[5] 张旭辉，鲁晓兵，李鹏．天然气水合物开采方法的研究综述[J]．中国科学：物理学 力学 天文学，2019，49(03)：38-59.

[6] 孙嘉鑫，张凌，宁伏龙，等．天然气水合物藏增产研究现状与展望[J]．石油学报，2021，42(04)：523-540.

[7] 张伟，梁金强，陆敬安，等．中国南海北部神狐海域高饱和度天然气水合物成藏特征及机制[J]．石油勘探与开发，2017，44(05)：670-680.

[8] Pang X，Chen Z，Jia C，Wang E，Shi H，Wu Z，et al. Evaluation and re-understanding of the global natural gas hydrate resources. Petroleum Science，2021，18：323-338.

[9] Li J，Ye J，Qin X，et al. The first offshore natural gas hydrate production test in South China Sea. China Geology，2018，1：5-16.

[10] 叶建良，秦绪文，谢文卫，等．中国南海天然气水合物第二次试采主要进展[J]．中国地质，2020，47(03)：557-568.

[11] 杨勇，崔树清，倪元勇，张国生，李立昌，孟振期．煤层气排采中的“灰堵”问题应对技术——以沁水盆地多分支水平井为例[J]．天然气工业，2016，36(01)：89-93.

[12] 郭晓阳，邓存宝，凡永鹏，范楠，穆永亮．煤层多分支水平井叶脉仿生瓦斯抽采实验研究[J]．岩石力学与工程学报，2019，38(12)：2418-2427. DOI：10. 13722/j. cnki. jrme. 2019. 0696.

[13] 刘蜀东，李晓平，张健，张泽贵．鱼骨状分支水平井气水两相产能分析[J]．天然气地球科学，2015，26(03)：550-555.

[14] 张世明，周英杰，宋勇，万海艳，安永生，许强，董志刚．鱼骨状分支水平井井形设计优化[J]．石油勘探与开发，2011，38(05)：606-612.

[15] Berge R，Klemetsdal Ø，Lie K. Unstructured Voronoi grids conforming to lower dimensional objects. Computational Geosciences，2019，23：169-188.

[16] 王代刚，侯健，邢学军，张贤松，钟洪娇．基于前沿推进的改进型 PEBI 网格生成方法[J]．计算物理，2012，29(05)：675-683.

[17] Mlacnik M，Louis J. Durlofsky. Sequentially adapted flow-based PEBI grids for reservoir simulation. SPE Journal，2006，11(03)：317-327.

[18] Zhang L，Li D，Wang L，et al. Simulation of gas transport in tight/shale gas reservoirs by a multicomponent

model based on PEBI grid. Journal of Chemistry, 2015: 572434.

[19] Meng X, Duan Z, Yang Q, et al. Local PEBI grid generation method for reverse faults. Computers & Geosciences, 2018, 110: 73-80.

[20] 谢海兵，桓冠仁，郭尚平，尹定 . PEBI 网格二维两相流数值模拟[J]. 石油学报，1999(02)：65-69+6.

[21] Zhang H, Zhang K, Zhang L, et al. Construction and optimization of adaptive well pattern based on reservoir anisotropy and uncertainty. Journal of Petroleum Science and Engineering, 2019, 181: 106252.

[22] 李刚，李小森，Zhang K，Moridis G. 水平井开采南海神狐海域天然气水合物数值模拟[J]. 地球物理学报，2011，54(09)：2325-2337.

[23] Kowalsky M, Moridis G. Comparison of kinetic and equilibrium reaction models in simulating gas hydrate behavior in porous media. Energy Conversion and Management, 2007, 48, 1850-1863.

水合物开发储层传热模型及热采技术综述

余诗浍

中国石油大学(北京)，北京，102249

摘要：气体水合物在地球上分布广泛，因其碳储量大、能量密度高而被认为是最具潜力的替代能源。然而，由于地层的特殊性和开采过程的复杂性，开发效率过低一直是水合物实现商业化开发的关键问题之一。天然气水合物的开采主要方式是促使水合物分解为水和天然气，从而收集产生的天然气。在这个过程中储层中会发生传热、渗流和变形等现象，是一个复杂的多物理场耦合过程，而了解复杂过程中的调控机理是提高采收率的关键。本文综述了气体水合物沉积物的热物理性质，讨论了水合物开发中的储层传热过程，重点总结了水合物储层热激法从含沉积物中开采天然气水合物的过程，进一步概括了生产温度等影响生产效率的因素，为提高水合物储层的开发效率奠定了理论基础。

关键词：气体水合物；热激法；开发效率；控制机理

1 引言

天然气水合物又称“可燃冰”，是天然气和水在低温高压条件下形成的一种固体晶状物，1m^{3}的水合物可以分解为0.8m^{3}的水和164m^{3}的甲烷气(标准状态下)。天然气水合物作为一种非常规天然气资源主要分布于水深大于300m的海洋及陆地永久冻土带[1]，其中海洋天然气水合物资源量约占全球天然气总资源量的97%。据科学家估计，全球天然气水合物的资源总量约为1.8×10^{16}~2.1×10^{16}m^3(以甲烷计)，相当于全世界已知煤炭、石油和天然气等能源总储量的两倍，被认为是21世纪最有开采潜力的接替能源，是目前尚未开发储量最大的一种新能源，成了世界各国力争的未来能源战略制高点[2]。

国际上美国、加拿大、德国、挪威以及日本、印度、韩国等国家先后制定了天然气水合物中长期研究科学计划，目前已获取150多处典型样品，其中砂层水合物仅占总量的约10%。2002年起，围绕北极永久冻土区和海洋砂岩或砂层天然气水合物短期试采取得重大突破，美国、加拿大、日本等多国先后在加拿大马更歇、阿拉斯加北坡永久冻土区实施水合物降压、注热、CO_2置换等试采，2013年日本在国际上率先成功实施海域水合物的试采，2017年再次进行了二次海试，均因砂堵而终止。试采工程实践证明天然气水合物虽然储量巨大，但开采利用难度大、安全风险高，普遍存在单井产量低、产气周期短等瓶颈问题，离商业开采所需的经济性和安全性还存在很大的距离。日本、美国等已将海域和冻土区天然气水合物产业化的时间节点从 2016 年延迟至 2030 年左右。

在我国，除了东海、南海等海域均有大量的天然气水合物矿藏，青藏高原等冻土区域也已证实了天然气水合物的存在，并成功获取了水合物天然岩芯样品[3]。同时，据估计青藏高原冻土区天然气水合物资源具有 $1.2\times10^{12}\sim2.4\times10^{14}m^3$ 的巨大的储量[4]。我国南海蕴藏着丰富的油气资源、为天然气水合物提供了良好成藏气源条件，2017 年 5 月，我国首次在南海神狐海域成功实施海域天然气水合物降压试采，实现了连续 60 天稳定产气共 $3\times10^5m^3$。随后我国海洋浅层弱胶结、非成岩水合物的自主取样和流态化试采，天然气水合物已被正式批准为第 173 个矿种[5]。而在 2019 年，我国在神狐海域进行了第二次天然气水合物试采。试采攻克了钻井井口稳定性、水平井定向钻进、储层增产改造与防砂、精准降压等一系列深水浅软地层水平井技术难题，实现连续产气 30 天，总产气量 $86.14\times10^4m^3$，日均产气 $2.87\times10^4m^3$，是首次试采日产气量的 5.57 倍，代表着我国水合物勘探开发和工程装备技术水平达到世界先进水平[6]。按照我国天然气水合物开发应用的战略部署，2020~2030 年为先导示范和开发试生产阶段，因此未来 8 年是天然气水合物的战略机遇期。在加大常规油气资源开发力度的同时，尽早实现海洋天然气水合物这一非常规天然气资源的安全开发对实现我国天然气能源绿色清洁可持续发展具有重要的现实意义和战略意义。

虽然水合物的试采工艺在不断突破，但水合物的持续性开采依旧是世界性难题，其产能效率距离商业化开采还有一定距离。无论是传统的降压、注热、注化学抑制剂还是相对前沿的 CO_2 置换，其本质均是破坏水合物的相平衡状态，促使天然气水合物发生相变分解，进而产出天然气[7,8]。孔隙内部气水的流动会对储层整个温度场产生剧烈扰动，反过来温度的变化同样会导致储层中水合物的非均质分解。同时，相变过程也会造成能量的剧烈消耗从而对温度场产生进一步影响。因此，水合物的开发是一个复杂的多物理场耦合过程，为确保天然气水合物安全、高效开采，就必须明晰热量在储层中的有效传递，提高能量的利用率，从而提高生产效率。本文主要将针对水合物开发中储层的传热特性以及热激法开发水合物的影响因素进行总结。首先对水合物储层类型及其物理性质进行概述，其次对现有水合物开发方式进行介绍并引出热激法中的储层控制机理模型，最后对现有热激法开发水合物的成果进行总结概述。

2 水合物储层类型及其热物理性质

2.1 储层类型

为了对不同的水合物储层的赋存环境制定对应的开发策略，根据地质背景对天然气水合物储层进行了分类，水合物储层在地质特征和生产策略的对应方面主要可以分为四类[9]。如图 1 所示，一类、二类和三类水合物储层的共同特征是水合物储层具有不透水的上盖层和下盖层，而第四类水合物储层没有上下盖层。

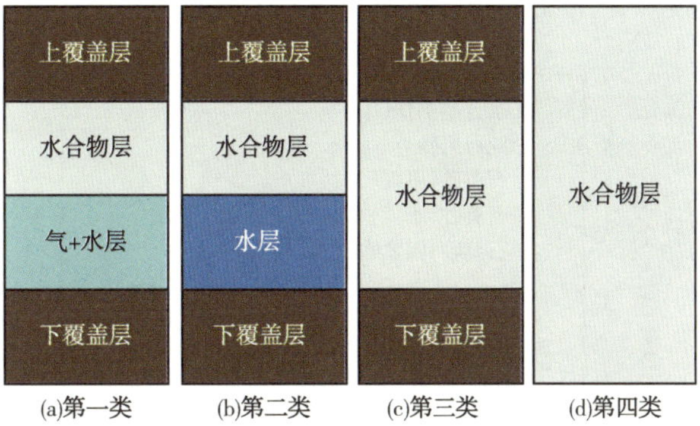

图 1 水合物储层的类型

第一类储层如图所示由含水合物层和下层的液态水以及天然气两相的混合层段组成，上部含水合物沉积物与下部两相区共同构成一个稳定的体系。这种水合物储层的特点是在水合物层与两相区接触的界面处气-液-水合物三相达到平衡，是目前开发水合物储层的主要目标，因为只需要很小的温度或者压力的扰动就可以促使水合物在储层中分解。此外，还有一个优点在于即使水合物分解很少，由于储层中存在游离气体，仍然会有天然气可以进行生产。第二类水合物储层是由含水合物层段和下覆水层组成。由于水合物层中所有组分的温度和压力相同，且多组分体系中不存在游离气，因此这种天然气水合物储层的产气量相对较低。第三类储层除了上下盖层，只存在单一含水合物层，整个水合物层处于温度和压力平衡的稳定区域。在开采过程中，会遇到与第二类储层相同的问题，早期产气速度较慢。第四类水合物储层广泛分布于海床环境中，具有分布零散、低饱和度的特点。这类储层缺少上下盖层，一般认为该类型水合物储层的开发价值很低。

2.2 储层热物理性质

水合物提高开发效率的关键之一就在提高能量的利用率，而储层的热物理性质将直接影响储层中的传热过程。因此对天然气水合物的热物性进行研究，不仅对未来从水合物中开采天然气，而且对含天然气水合物沉积物海底稳定性和天然气输送管道堵塞问题具有重要意义。

通过利用瞬态平面法，Huang 等[10]测量了甲烷水合物形成时的导热系数。由于孔隙内气体导热系数较低，所得数值略小于文献报道的纯甲烷水合物数值。为了消除孔隙中剩余气体的影响，对整个试样进行加压从而提高了水合物样品的导热系数。图 2 为其测量的沉积物中水合物的导热系数以及复合导热系数，实验结果显示热导率表现出明确的温度依赖性。Li 等[11]采用类似的方法测定了冰点以下甲烷水合物的有效热导率，并根据实测热导率建立了不同温度下甲烷水合物分解速度的预测方法。结果表明随着温度的升高，冰的体积分数增加导致分解过程中热导率增大。在 263.15~271.15K 的温度区间内，由于自保护作用，计算得到的分解速度非常小，其中 268.15K 的分解速度最小。在 268.15K 和标准大气压条件下，24h 后总析出气量小于初始储藏气量的 0.71%，整个储层可以认为是非常稳定的，所以得出该温度点是甲烷水合物的最佳储藏温度点。

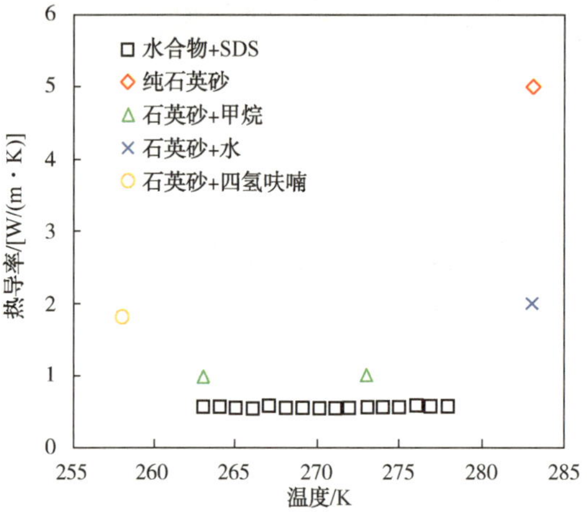

图 2　沉积物中水合物的导热系数和复合导热系数[10,34]

3　天然气水合物开采技术

含水合物地层中甲烷的释放与水合物分解有关，因此为了从天然气水合物储层中采集天然气，首先要促使水合物分解。大多数科学家和研究机构都致力于天然气水合物的原位分解，目前水合物的开发方式主要分为降压法、热激法以及注化学剂法等。

3.1　降压法

降压法的原理是通过将水合物储层的压力降低到水合物的平衡压力以下来分解水合物[12]。其过程可分为三个阶段，首先随着系统压力的降低，游离气迅速生成，产气量迅速增加；随后水合物分解释放气体，因为初始水合物表面积最大，所以水合物的分解速率最大；最后释放多余的游离气体，随着表面积的减小，分解速率逐渐降低。降压法具有成本低的特点，适用于高渗透性水合物藏的大规模开采，尤其适用于含有下覆自由流体的第一类水合物藏的开采。

与其他技术相比，降压法操作简单，经济环保优势明显，因此降压法被认为是最有前途的勘探技术。国内外已经开展了大量的实验和模拟研究，以探索不同降压法的效果。研究主要集中在温度和压力参数的变化与产水量和产气量变化之间的关系上，逐步综合考虑地层和降压条件，进行产气规律和理论分析。实验结果表明，影响降压效率的主要因素是降压幅度、环境温度、水合物初始饱和度和储层结构性质[13]。Yang 等[14]研究了天然气水合物的降压分解行为，观察到水合物沉积物中不存在明显的分解前缘，在分解的初始阶段，所有位置的温度都急剧下降。然而，水合物在不同位置的分解速率并不均匀，在样品中心的分解速率较低，并受传热的控制。产气速率在初始阶段较快，主要受热缓冲和热传递以及水合物分解产生的冰层影响。对于下伏有游离气和液态水的一类水合物储层，通过提取游离气和液态水，有效地降低了水合物储层的压力，从而实现了水合物储层的开采。然而，由于降压法本身的局限不能为水合物分解提供能量，因此能量补充已成为水合物分解最关键的控制步骤之一。水合物分解是一个吸热过程，为了获得更高的开采效率和经济效益，降压法显示出与热激法相结合的趋势。

3.2 热激法

热激法的技术原理是将水合物储层的温度提高到其平衡温度以上，从而打破水合物的稳定状态。外部热量通过井筒或点源提供，当水合物分解时，气体从地层中释放出来，流经井筒进行开采。热激法的主要技术手段是通过注入热水、蒸汽和热盐水等实现。随着科技的发展，一些学者提出了多种井下加热的新思路，如电磁(微波)加热技术、自生加热流体加热法等。尽管近年来水合物加热方法取得了显著进展，并提出了许多新的加热方法，但这些新方法仍处于理论阶段，需要进一步研究以验证该技术的可行性。

热激法的优点是可以控制水合物的分解过程，并且可以通过注入的热量调节产气量(图3显示了热源的使用显著增加了产量)。这种方法的缺点是能量损失大，在从地面或海平面向地层注入热水的过程中，管道的能量损失会导致效率的降低。而当使用电磁波、微波等直接加热水合物储层时，可以避免了管道输送的热损失。但由于技术还不成熟，可加热水合物储层的体积有限，成本极高。并且主要问题是注入地层的热量不仅加热水合物，而且更多地用于提高沉积物颗粒、黏土和底水的温度，只有一小部分注入能量被有效地用于分解水合物，因此能源效率极低。研究表明，热损失可达注入总能量的10%~75%[16]。

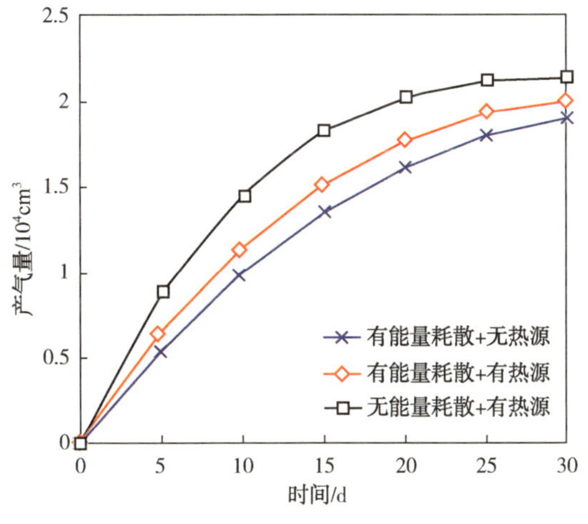

图3 注热法对水合物产量的影响[15]

3.3 注化学剂法

与降压和热激法相比，注化学剂法作为一种开采方法研究相对较少。该方法是注入天然气水合物抑制剂，将平衡曲线向更高的压力和更低的温度移动，从而在自然条件下破坏水合物的稳定性[17]，从而分解储层中的水合物。主要分为改变水合物平衡条件的热力学抑制剂和减慢水合物形成速度的动力学抑制剂两种。该方法的优点是可以在很短的时间内有效地提高水合物的分解速率，从而大大提高水合物的天然气采收率。然而，由于化学抑制剂的费用较高，因此抑制剂注入方法不经济，并且可能导致环境问题。

3.4　二氧化碳置换法

二氧化碳置换法是指根据二氧化碳和甲烷水合物相平衡条件的差异，向水合物储层注入二氧化碳以替代甲烷。在这个过程中，注入的二氧化碳取代了甲烷，并将甲烷提取到地面。从热力学角度来看，纯二氧化碳和甲烷分子通常在相应条件下形成水合物，二氧化碳水合物的生成焓(约-57.98kJ/mol)低于甲烷水合物的生成焓(-54.49kJ/mol)[18]。这意味着在相同的温度和压力条件下，二氧化碳水合物比甲烷水合物更稳定，保证置换反应的自发进行，验证了该方法的热力学和动力学的可行性。水合物中二氧化碳-甲烷置换的示意图如图4所示，在一定条件下，二氧化碳分子可以扩散到水合物结构中，取代水合物笼中的甲烷分子，形成二氧化碳水合物并释放甲烷气体，甲烷分子从水合物表面扩散到气相，二氧化碳分子扩散到更深的水合物沉积层，置换反应继续进行。

在用二氧化碳替代的过程中，二氧化碳水合物的形成会消耗甲烷水合物分解产生的水，并释放热量，这将有利于甲烷水合物的持续分解。在二氧化碳水合物的胶结作用下，避免了甲烷水合物分解引起的地层不稳定，同时也将二氧化碳这种温室气体密封在海底，实现了可持续开采和温室气体封存的双重功能。然而，实验结果表明二氧化碳替代甲烷的方法不适用于水合物层下无流动水的储层，对于高含水油藏，二氧化碳首先与自由水发生反应，导致置换效果较差。因此结果显示该技术效率太低，难以满足工业化生产的需要。

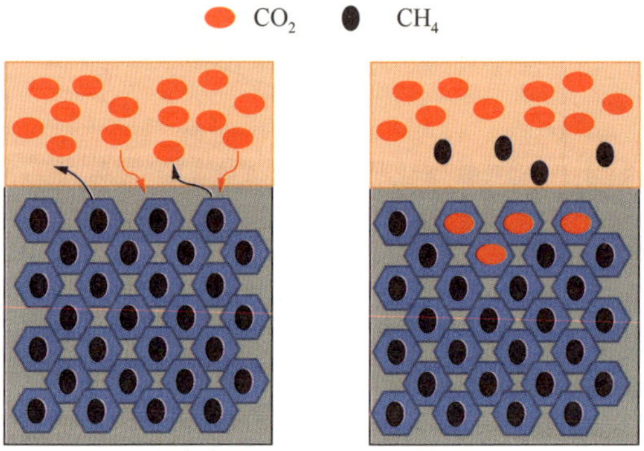

图4　二氧化碳置换的流程[19]

4　储层传热模型及水合物热采现状

4.1　含相变的传热过程

不管采用哪种开采方式，首先要明确地层中的能量传递规律，才能对开发的效率进行预测，为提高储层开发效率打下理论基础。而与常规储层相比，相变是天然气水合物开采过程中最突出的特征。由于水合物的分解是一种吸热反应，因此在水合物开发过程中温度场受到极大的干扰。由于相变的存在，热量实际上不仅以比热的形式存储，而且以潜热的形式存储。因此，具有相变的固体中的传热由一个控制方程描述[20]

$$\rho c\frac{\mathrm{d}T}{\mathrm{d}t}-L\rho_i\frac{\mathrm{d}\theta_i}{\mathrm{d}t}=\nabla(k\nabla T)$$

其中，T 是温度；t 是时间；ρ 是固体的密度，kg/m^3；k 是热导率，W/(m·K)；∇是梯度算子；ρ_i 是水合物的密度(263K 时甲烷水合物为 $929kg/m^3$)；θ_i 是水合物的体积分数。等式左侧的第一项是指材料的能量变化率，由比热的系数 c 描述，kJ/(kg·K)。甲烷水合物的比热为 2.03kJ/(kg·K)，约为水的一半。左侧第二项是指在恒温相变过程中材料内部储存的热量，用一个称为潜热的系数 L 来描述，kJ/mol。在 T=0℃时，甲烷水合物的潜热约为 52~60kJ/mol[22]。

对于传热控制方程，热导率是控制含水合物沉积物中传热过程的关键参数，大多数学者对于传热模型的研究集中于纯水合物和含水合物沉积物的热导率的确定。实验证实纯水合物的热导率与温度是较弱的负相关，并且甲烷水合物与水的热导率差异小于 10%[23]。因此，水合物的存在对水饱和沉积物中的热导率几乎没有影响，并且在现场测量中可能无法检测到。而对于含水合物的沉积物，多相(水合物、水、矿物颗粒)的共存使热导率的测量和预测变得复杂。随着甲烷水合物含量的增加，Waite[21] 发现砂与甲烷水合物混合物的有效热导率先增大后减小。当固体水合物占 33%时，混合物的热导率最大。热导率的增加是由于孔隙中的水合物会增加颗粒间的热传递。当水合物填充孔隙并逐渐取代砂粒时，由于其热导率低于矿物颗粒，热导率随之降低，饱和水合物沉积物的热导率主要受孔隙度控制[24]。此外，围压和相变过程也会影响热导率，应力的增加会导致热导率上升。当水合物分解成水和气时，水的迁移会提高接触面积，从而增加热导率[25]。此外，实验表明，在天然气水合物的形成和分解过程中，沉积物的热导率存在滞后现象。当孔隙中水和水合物共存时，分解过程的热导率略高于生成过程的热导率。总结起来，饱和水合物沉积物的热导率受岩性和应力控制，而非饱和水合物沉积物的热导率主要受水合物和水相体积分数和孔隙尺度分布的影响。基于以上研究，水合物沉积物的有效导热系数与各组分的导热系数有关。考虑到沉积物颗粒和孔隙流体的影响，通常使用两相混合模型来估计热导率，如表 1 所示。

表 1　混合模型的热导率[26]

模型	公式
Arithmetic	$k_e=\phi k_f+(1-\phi)k_s$
Harmonic	$k_e=\dfrac{k_s k_f}{\phi k_s+(1-\phi)k_f}$
Random	$k_e=k_f^{\phi}k_s^{(1-\phi)}$
Maxwell	$k_e=k_f\dfrac{2\phi k_f+(3-2\phi)k_s}{(3-\phi)k_f+\phi k_s}$

续表

模型	公式
Woodside	$k_e=ak_f+\frac{bk_sk_f}{k_s(1-c)+ck_f}$, $a=\phi-0.03$, $b=1-a$, $c=\frac{1-\phi}{b}$
Krupiczka	$k_e=k_f\left(\frac{k_s}{k_f}\right)^{a+b\log_{10}\left(\frac{k_s}{k_f}\right)}$, $a=0.280-0.757\log_{10}(\phi)$, $b=-0.057$
Revil	$k_e=k_s+\frac{1}{2}\frac{k_f-k_s}{k_f\xi}\left[k_f-k_s+\sqrt{(k_f-k_s)^2+4\xi k_sk_f}\right]$, $\xi=\phi^{\left(\frac{m}{1-m}\right)}$

4.2 热激法水合物开发研究现状

正如前面叙述的，热激法通过加热储层，将局部温度条件降低到相平衡曲线以下。外部热量通常由温水或蒸汽注入、电加热或微波加热提供。尽管气体和水的迁移会引起局部热对流，但大规模水合物分解所需的热量被认为主要由环境热传导提供。因此，储层的热性质和沉积物中的各种成分起着至关重要的作用，许多学者使用探针技术测量了甲烷水合物的热导率、热扩散率和比热，实验数据表明，含水合物沉积物的有效导热系数随着沉积物孔隙度的降低而增加。甲烷水合物的热导率在 0.5~0.65W/(m·K) 范围内，而水和冰在 0℃下的热导率分别为 0.56W/(m·K) 和 2.14W/(m·K)[27]。此外，还估算了海底和永久冻土中水合物沉积物的原位导热系数，为天然气产量的模拟提供一些指导。

一般来说热激法包括热水注入、井筒加热、热水吞吐、热驱等。在 20 世纪 80 年代早期，热注入被用作从高渗透率的天然气水合物储层中开采天然气的有效技术。注水法分为储层温度上升、均匀分解和前缘破裂三个阶段，水合物分解过程中的传热分析显示出温度传递延迟，并观察到沿径向的显著温差。研究发现采用了不同的注入温度和速率后，天然气产量是先增加后降低，但是产水量保持不变。另外，Pang 等人[28]采用注热法研究了体积为 10L 的反应器中甲烷水合物分解的动力学行为。在实验中观察到由于冰融化会产生分解缓冲现象，即导致水合物分解速率显著降低。增加液体温度和降低压力可以减弱甚至是消除这种缓冲效应。此外，热水循环已应用于加拿大 Mallik 现场的生产试验。尽管热激法有效且快速，但由于其能量输入大且能量效率低，其适用性仍然具有挑战性[29]。循环蒸汽吞吐法分为热注入、浸泡和产气三个阶段，实验表明随着热量从注入点各向外扩散，压力最初急剧上升，然后缓慢上升。Li 等人[30]通过蒸汽吞吐的方式来研究水合物的分解过程，结果表明随着循环次数的增加产气率降低，而注入温度和注入时间的增加可以提高累积产气量。实验数据表明在恒定注入速率下，热量在井口周围的扩散受到限制，导致产气量主要由压力的降低而非传热过程所控制，并且延长热水注入时间可以提高采气效率。近年来，大型天然气藏的模拟研究受到了广泛关注。在常规井结构中，对中国神狐地区钻井现场通过单一水平井的层状水合物矿床通过蒸汽吞吐方式的产气潜力进行了研究[31]。结果表明注入阶段可能发生水合物再生成，因此合理的注入和采油速率被认为是避免过压和降压的必要条件。此外，Li 等人[32]和 Zhao 等人[33]还对微波加热方法进行了评估，研究发现在相同加热功率下，水合物的分解速度比使用热水加热方法更快。水合物分解率似乎是微波功率的函数，具有比例关系，微波期间温度随时间线性增加。

5 结论

天然气水合物已被公认为具有巨大储量的清洁碳的潜在来源。然而，世界各地天然气水合物储层的特征差异很大；确定一种有效且安全的天然气生产方法仍然是一个挑战。本文对降压法、热激法、注化学剂法、CO_2置换法等天然气水合物开发技术进行了简要的综述并进行了比较，简要讨论了其优点和局限性。并针对水合物开发过程中储层的传热过程及目前热激法开发水合物的研究现状进行了详细的描述，由于相变的存在，水合物分解成气和水并吸收大量能量，导致温度场的扰动，因此传热既取决于物质本身的比热，也取决于相变所产生的潜热；同时，水合物沉积物的热导率与温度、围压和水合物含量均有关。热激法的作为可以控制分解过程，并且可以通过注入的热量调节产气量的水合物开发方式也广泛受到学者们的关注。但是这种方法的缺点是能量损失大，注入地层的热量不仅加热水合物，而且更多地用于提高沉积物颗粒、黏土和底水的温度，只有一小部分注入能量被有效地用于分解水合物，因此能源效率极低。目前的研究仍然集中在多场耦合模拟中多物理过程的简单相互作用，而没有充分考虑开发过程中多孔介质中微观机制的影响。揭示水合物储层在大规模、长期开采下的地层的传热机制将为有效提高水合物的开发产能的预测以及控制能力奠定理论基础。

参 考 文 献

[1] Kamei R, Hato M, Matsuoka T. Random heterogeneous model with bimodal velocity distribution for Methane Hydrate exploration[J]. Exploration Geophysics, 2005, 36(1): 41-49.

[2] Sloan Jr E D, Koh C. Clathrate hydrates of natural gases[M]. CRC press, 2007.

[3] Zhang H, Zhu Y. Survey and research on gas hydrate in permafrost region of China[J]. Regional Geology of China, 2011, 12: 1809-1815.

[4] 卢振权，Sultan N，金春爽，等．青藏高原多年冻土区天然气水合物形成条件模拟研究[J]．地球物理学报，2009，52(1)：157-168.

[5] Hyodo M, Li Y, Yoneda J, et al. Mechanical behavior of gas-saturated methane hydrate-bearing sediments [J]. Journal of geophysical research: solid earth, 2013, 118(10): 5185-5194.

[6] 叶建良，秦绪文，谢文卫，等．中国南海天然气水合物第二次试采主要进展[J]．中国地质，2020，47(3)：557-568.

[7] Konno Y, Jin Y, Shinjou K, et al. Experimental evaluation of the gas recovery factor of methane hydrate in sandy sediment[J]. RSC Advances, 2014, 4(93): 51666-51675.

[8] 魏厚振，颜荣涛，韦昌富，吴二林，陈盼，田慧会．含天然气水合物沉积物相平衡问题研究综述[J]，岩土力学，2011，32(8)：2287-2294，2306.

[9] G. J. Moridis, T. S. Collett, Gas Production From Class 1 Hydrate Accumulation, Kluwer Academic, New York, 2004.

[10] Huang D, Fan S. Thermal conductivity of methane hydrate formed from sodium dodecyl sulfate solution. J Chem Eng Data 2004, 49: 1479-1482.

[11] Li D, Liang D, Fan S, Peng H. Estimation of ultra-stability of methane hydrate at 1 atm by thermal conductivity measurement. J Nat Gas Chem 2010, 19: 229-233.

[12] T. S. Collett, G. D. Ginsburg, Gas hydrates in the Messoyakha gas field of the west Siberian basin—A re-examination of the geologic evidence, Int Offshore Polar Eng(1997): 96-103.

[13] Z. R. Chong, Z. Yin, J. H. Clifton Tan, P. Linga, Experimental investigations on energy recovery from water-saturated hydrate bearing sediments via depressurization approach, Appl. Energy 204(2017): 1513-1525.

[14] Y. C. Song, L. X. Zhang, Q. Lv, M. J. Yang, Z. Ling, J. F. Zhao, Assessment of gas production from natural gas hydrate using depressurization, thermal stimulation and combined methods, RSC Adv. 6 (53) (2016): 47357-47367.

[15] Kumar, B. G. V., Singh, A. P., Ganguly, S. Effect of heat diffusion in the burden on the dissociation of methane in a hydrate bearing formation. J. Nat. Gas Sci. Eng. 2014, 16(16): 70-76.

[16] J. Lee, Experimental study on the dissociation behavior and productivity of gas hydrate by brine injection scheme in porous rock, Energy Fuel 24(2010): 456-463.

[17] J. Javanmardi, S. Babaee, A. Eslamimanesh, A. H. Mohammadi, Experimental measurements and predictions of gas hydrate dissociation conditions in the presence of methanol and ethane-1, 2-diol aqueous solutions, J. Chem. Eng. Data 57(2012): 1474-1479.

[18] L. Mu, N. V. Solms, Hydrate thermal dissociation behavior and dissociation enthalpies in methane-carbon dioxide swapping process, J. Chem. Thermodyn. 117(2018): 33-42.

[19] Yang L, Liu Y, H Zhang, et al. The status of exploitation techniques of natural gas hydrate[J]. 中国化学工程学报：英文版, 2019, 27(9): 15.

[20] Z. Liu, L. Wang, B. Zhao, J. Leng, G. Zhang, D. Yang, Heat Transfer in Sandstones at Low Temperature, Rock Mech. Rock Eng. (2018): 1-11.

[21] W. F. Waite, L. A. Stern, S. Kirby, W. J. Winters, D. Mason, Simultaneous determination of thermal conductivity, thermal diffusivity and specific heat in sI methane hydrate, Geophys. J. Int. 169(2007): 767-774.

[22] Z. Zhang, Heat transfer during the dissociation of hydrate in porous media, Procedia Engineering 126 (2015): 502-506.

[23] D. Huang, S. Fan, Measuring and modeling thermal conductivity of gas hydrate - bearing sand, J. Geophys. Res-Sol. Ea. 110(2005).

[24] D. D. Cortes, A. I. Martin, T. S. Yun, F. M. Francisca, J. C. Santamarina, C. Ruppel, Thermal conductivity of hydrate-bearing sediments, J. Geophys. Res-Sol. Ea. 114(2009).

[25] S. Dai, J. H. Cha, E. J. Rosenbaum, W. Zhang, Y. Seol, Thermal conductivity measurements in unsaturated hydrate-bearing sediments, Geophys. Res. Lett. 42(2015): 6295-6305.

[26] Zhiqiang, Liu, Yunxiao, et al. Geomechanics involved in gas hydrate recovery[J]. Chinese Journal of Chemical Engineering, 2019, 27(09): 109-116.

[27] J. Zhao, X. Guo, M. Sun, Y. Zhao, L. Yang, Y. Song, N_2O hydrate formation in porous media: A poten-

tial method to mitigate N_2O emissions, Chem. Eng. J. 361(2019): 12-20.

[28] Pang W, Xu W, Sun C, Zhang C, Chen G. Methane hydrate dissociation experiment in a middle-sized quiescent reactor using thermal method. Fuel 2009; 88: 497-503.

[29] V. Nair, S. Prasad, R. Kumar, J. Sangwai, Energy recovery from simulated clayey gas hydrate reservoir using depressurization by constant rate gas release, thermal stimulation and their combinations, Appl. Energy 225(2018)755-768.

[30] Li X, Yang B, Li G, Li B, Zhang Y, Chen Z. Experimental study on gas production from methane hydrate in porous media by huff and puff method in Pilot-Scale hydrate simulator. Fuel 2012; 94: 486-94.

[31] G. Li, G. J. Moridis, K. Zhang, X. S. Li, The use of huff and puff method in a single horizontal well in gas production from marine gas hydrate deposits in The Shenhu Area of South China Sea, J. Pet. Sci. Eng. 77(1)(2010): 49-68.

[32] Li D, Liang D, Fan S, Li X, Tang L, et al. In situ hydrate dissociation using microwave heating: preliminary study. Energy Convers Manage 2008; 49: 2207-2213.

[33] J. Zhao, Z. Fan, B. Wang, H. Dong, Y. Liu, Y. Song, Simulation of microwave stimulation for the production of gas from methane hydrate sediment, Appl. Energy 168(2016)25-37.

[34] Huang D, Fan S. Measuring and modeling thermal conductivity of gas hydrate-bearing sand. J Geophys Res 2005; 1 10(B0131 1. 1-B. 10).

基于降压法开采的不同类型天然气水合物开采参数优化

贾　舒　杨铠嵘　韩增成　温志良　孙　挺

中国石油大学(北京)安全与海洋工程学院，北京，102249

摘要：天然气水合物通常被视为能够替代传统化石能源的新型清洁非常规能源，由于其赋存形态多种多样，且不同类型的水合物具有不同的性质，目前仍缺乏安全高效的水合物商业化开采方法。本文根据深海天然气水合物的地质条件和储层参数，开展了不同类型的水合物储层在不同生产参数条件下采用降压法开采的数值模拟，以主要影响天然气水合物开采效果的储层因素为基础，对比分析了不同类型水合物储层在不同开采井型和生产参数下的优缺点和适用条件，为不同类型水合物储层选择出适合的开采方法和生产参数，提出基于产气效率和地层沉降双约束的不同类型水合物储层降压法开采适应性评价方法，为解决不同特征水合物藏的安全高效开采提供参考。

关键词：天然气水合物；不同类型；开采方法

1　引言

天然气水合物尤其是海洋天然气水合物通常被视为能够替代传统化石能源的新型清洁非常规能源，得到了世界各国的重视。尤其是目前全球各国都处于能源需求量剧增的快速发展阶段，急需发展新型能源来减轻对传统油气的需求，天然气水合物商业化开发成为各国争相开展的研究重点。

然而，与常规油气资源相比，天然气水合物藏十分特殊。常规油气在储层中的相态和开采到地面的相态一致，且开采后不会影响该储层的地层性质，不易引发地质灾害。水合物则是一种相态不稳定的化合物，在开采过程中分解产生大量的甲烷气体和水，导致孔隙压力急剧升高，岩石骨架承担的有效应力下降，甚至引起能源土地静力液化，水合物本身作为沉积物颗粒的胶结成分，分解后颗粒间胶结能力及相互摩擦力下降，储层的抗剪强度和承载能力降低，储层物性参数、力学性能也会发生变化，沉积物强度明显降低，不当的开采可能会导致一系列工程灾害，如滑坡、泥石流、浊流、海底管道甚至平台破坏，这将对海洋工程和人类赖以生存的环境构成严重的潜在威胁。

结合水合物开采的发展现状，降压法被认为是最具有经济潜力的开采方法，在室内研究和现场开采试验中被广泛采用。但其在开采过程中会从周围环境中吸收热量，易结冰或形成二次水合物，需要选择合适的降压方案和生产制度进行开采，同时也要采取相应的措施避免井下大量出砂、储层沉降甚至海底滑坡等工程地质问题的发生。现有的开采方法都存在各自的局限性，采用单一开采方法无法满足水合物商业化开采要求，未来必将围绕如何以多种开采方法联合应用为核心来推进水合物商业化进程。

不同的水合物藏，其储层条件都各不相同，然而这对开采方案设计、施工安全风险预估、开采成本控制和能否进行商业化开采等方面起到决定性影响，因此在对某水合物藏进行开采之前，应当按照其实际储层特征进行深入研究，在此基础上研究不同类型的水合物藏在降压开采过程中的产气规律，通过计算确定储层发生坍塌变形的临界条件，之后优化在临界条件内天然气水合物开采的最佳生产参数，从而优选出最适宜该水合物藏的开采方案。

2 深水水合物储层分类

天然气水合物岩石骨架的成岩级别是储层预测和目标评价的重要依据，从开发角度，天然气水合物可分为成岩和非成岩两种类型，成岩水合物储层具有可钻性，且分解后仍有骨架支撑，不会发生大的变形或坍塌，非成岩储层性质比较特殊，开采后地层会发生大变形甚至坍塌。除少数砂岩型及砂岩裂隙型水合物属于成岩型，占水合物总量绝大多数的细粒裂隙型和分散型水合物均属于非成岩型水合物。其中，分散型的天然气水合物资源存在于海底细颗粒沉积物中，约占水合物资源总量的 90%，具有饱和度低(<10% 的孔隙体积)、胶结性弱、渗透性差的特点，开采此类水合物存在技术难度高、经济性差、风险大等问题。我国南海天然气水合物多属于此种类型，还需在开采工艺、技术和装备上取得突破，支撑南海水合物的商业化开采进程。

根据实际勘探数据，以储层是否具有可钻性、岩石骨架的稳定程度和储层孔隙度为主要判断依据，细化水合物藏分类，将成岩水合物和非成岩水合物储层进行细致划分(见表 1)。

表 1 水合物储层划分

储层参数			
成岩性	孔隙度/%	饱和度/%	地层强度/kPa
非成岩水合物	<20	<20	<10
	20~30	20~30	
	30~50	30~50	
基本成岩水合物	<20	<20	10~50
	20~30	20~30	
	30~50	30~50	
成岩水合物	<20	<20	>100
	20~30	20~30	
	30~50	30~50	

3 建立模型

3.1 数学模型

不同类型水合物储层降压法开采数值模拟。控制方程建立：

气相：

$$\nabla\cdot\left(\frac{\rho_{g}kk_{rg}}{\mu_{g}}\nabla p_{g}\right)+q_{g}+\dot{m}_{g}=\frac{\partial}{\partial t}(\rho_{g}\phi S_{g}) \tag{1}$$

水相：

$$\nabla\cdot\left(\frac{\rho_{w}kk_{rw}}{\mu_{w}}\nabla p_{w}\right)+q_{w}+\dot{m}_{w}+\dot{m}_{i}=\frac{\partial}{\partial t}(\rho_{w}\phi S_{w}) \tag{2}$$

水合物相：

$$\frac{\partial}{\partial t}(\rho_{h}\phi S_{h})=\dot{m}_{w}+\dot{m}_{g} \tag{3}$$

其中，ρ_i 为各相密度，kg/m^3(i=g、w、h)；k 为渗透率，μm^2；k_{ri}为各相相对渗透率；μ_i 为各组分黏度，mPa·s；q_i 为单位时间单位体积内各组分的注入或产出质量，kg/(m^3·s)；S_i 为各相饱和度；m_w、m_g、m_h 分别为水合物藏单位时间内分解产水、产气及分解掉的水合物的质量，kg/s。

单位体积的多孔介质内的能量守恒方程：

$$\frac{\partial}{\partial t}(C_{eff}T)=\nabla(\lambda_{eff}\nabla T)+\nabla\cdot\left[\left(\frac{kk_{rl}\rho_{l}}{\mu_{l}}C_{l}\nabla p_{l}+\frac{kk_{rg}\rho_{l}}{\mu_{g}}C_{g}\nabla p_{g}\right)T\right]-m_{h}\Delta H_{h}+m_{i}\Delta H_{i}+q_{g}C_{g}T+q_{l}C_{l}T \tag{4}$$

其中，C_R、C_w、C_g、C_h、C_i 分别为岩石、水、甲烷、水合物、冰的比热，J/(g·K)；λ_R、λ_w、λ_g、λ_h、λ_i 分别为岩石、水、甲烷、水合物、冰的导热系数，W/(m·K)；ρ_R 为岩石密度，kg/m^3；ΔH_h 为每摩尔水合物分解时吸收的热量，J/mol；ΔH_i 为每摩尔冰生成时释放的热量，J/mol。

影响天然气水合物相平衡的因素包括温度、压力及组分含量。本模型中水合物的相平衡是通过 K 值实现的，建立 K 值与温度、压力的相平衡关系如式，通过回归可以得到相平衡关系式中的 3 个参数 k_1、k_2、k_3。

$$K=\left(\frac{k_1}{P}\right)\cdot\exp\left(\frac{k_2}{T-k_3}\right) \tag{5}$$

在 Kim-Bishnoi 水合物分解动力学方程的基础上，引入表观分解速率常数因子和分解活化能，并假定水合物以球形颗粒的形式存在于多孔介质中，建立较为全面的天然气水合物分解速率公式如下：

$$CH_4\cdot nH_2O(固)\longleftrightarrow CH_4(气)+N_hH_2O(液+冰) \tag{6}$$

$$\frac{dc_h}{dt}=\left(\frac{K_d^{o}A_{hs}}{\rho_w\rho_h}\right)(\phi S_w\rho_w)(\phi S_h\rho_h)P_e\left(1-\frac{1}{K}\right)\exp\left(-\frac{\Delta E}{RT}\right) \tag{7}$$

其中，N_h 为 t 时刻水合物单位物质的量，mol；k_0 为水合物分解表观速率因子，与 P、T 无关，可通过实验拟合得到；A_{hs} 为水合物球形颗粒的表面积，m^2；S_w、S_h 分别为含水饱和度及水合物饱和度；ϕ 为孔隙度；P_{eq} 为水合物相平衡压力，MPa；ΔE 为分解活化能，Kim 实验得到的取值为 78.3kJ/mol；R 为理想气体常数，8.3144J/(mol·K)；T 为温度，K。

3.2 物理模型

基于我国南海水合物赋存区域的地质条件，建立直井和水平井开采模型，模型如图 1、图 2 所示，模型无下伏气，只包含水合物层和上下盖层，具体参数选取如表 2 所示，采用 CMG 数值模拟软件分别对不同储层参数在不同生产参数的产气速率和地层沉降进行评价。

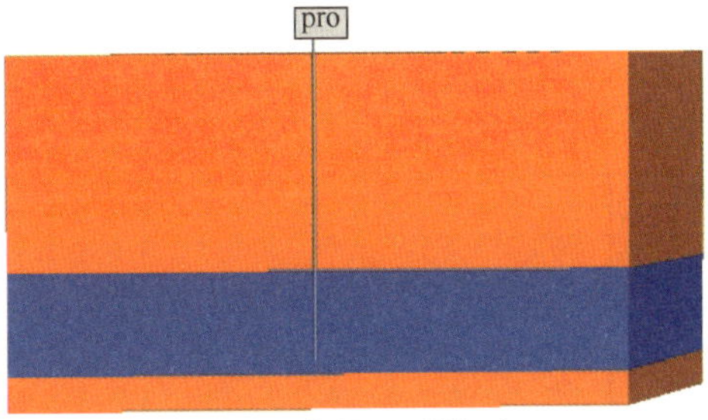

图 1 直井开采模型

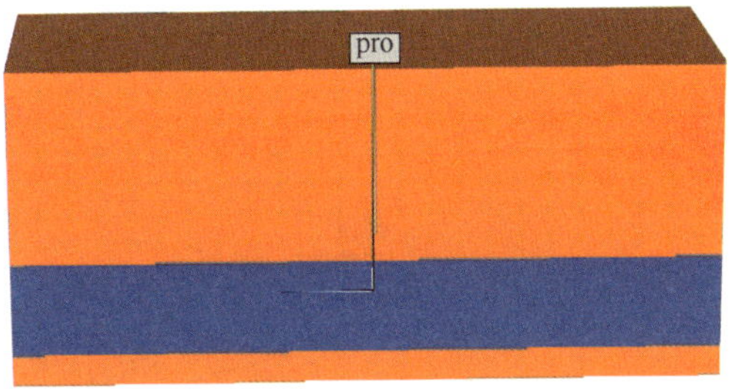

图 2 水平井开采模型

表 2 水合物储层几何模型参数设置

参数名	值	参数名	值
模型尺寸/(m×m×m)	2280×1600×200	水合物层厚度/m	58
水深/m	1770	下盖层厚度/m	20
初始温度/℃	20	水合物层渗透率/$10^{-3}\mu m^2$	$K_i=K_j=K_k=1$
初始压力/MPa	19	气体组成	100% CH_4
上盖层厚度(赋存深度)/m	120	生产时间/d	1096

4 不同类型水合物储层开采方式适应性评价

储层孔隙度、水合物饱和度是优质储层最重要的判定标准。对不同类型的水合物储层在不同井型、不同生产参数下的开采进行了模拟，得到最终产气量和地层沉降量。通过设置地层孔隙度、饱和度和地层强度等参数模拟不同类型的水合物储层，具体划分标准见表 3。

表 3 水合物类型、开采方法及生产参数

孔隙度/%	饱和度/%	地层强度/kPa	井型	生产参数
20	20	<10（非成岩）	垂直井	BHP=3000kPa
				BHP=5000kPa
30	30	10~50（基本成岩）		BHP=8000kPa
			水平井	水平段长度 100m
40	40	>100 成岩		水平段长度 300m
				水平段长度 500m

本文提出一种产气效率和地层沉降双约束水合物储层降压法开采适应性评价方法，通过对天然气水合物藏的储层数据进行识别分类，建立储层生产模型，利用地层沉降安全和产气量确定所述水合物储层适用的开采方法和生产参数，可以有效保证在地层安全的前提下实现效益最大化，所采用的评价流程图如图 3 所示。

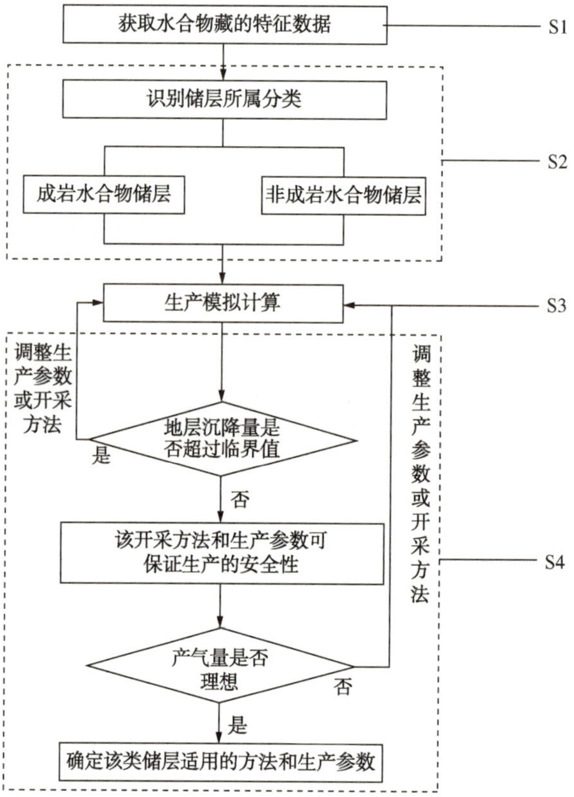

图 3　不同类型水合物储层开采方式及生产参数识别方法

具体步骤为：

S1，获取水合物藏的特征数据，所述特征数据包括所述水合物藏的孔隙度、饱和度、渗透率、储层厚度、储层温度和压力。

S2，依据所述特征数据中的孔隙度和饱和度识别储层所属分类。

S3，根据所属特征数据建立水合物藏生产模型进行模拟计算，生产方式包括水平井开采和垂直井开采，默认使用水平井(水平段长度 300m)。

S4，通过判断确定该水合物藏适用的开采方法和生产参数。

以我国南海水合物储层为算例，得出了不同类型水合物储层开采的累积产气量和地层沉降量，以孔隙度为 20% 和 30% 的非成岩水合物储层为例，产气量和沉降量如图 4 ~ 图 7 所示。

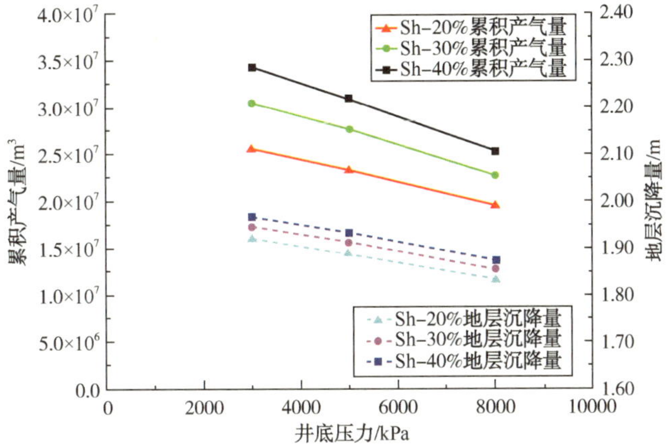

图 4　储层孔隙度 20%采用直井开采

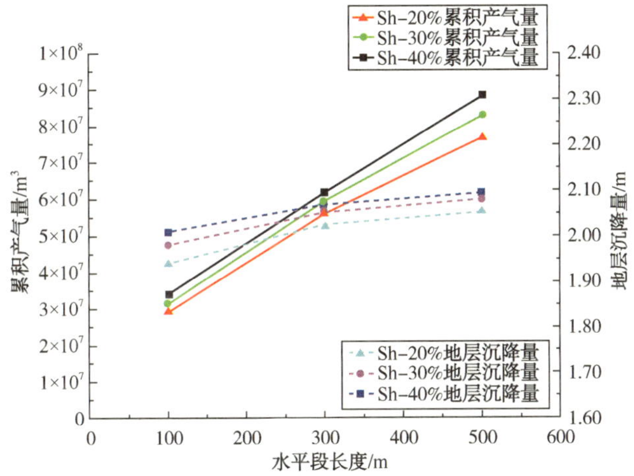

图 5　储层孔隙度 20%采用水平井开采

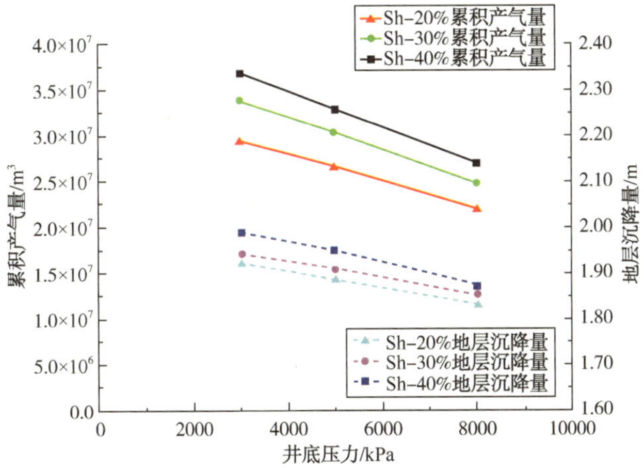

图 6　储层孔隙度 30%采用直井开采

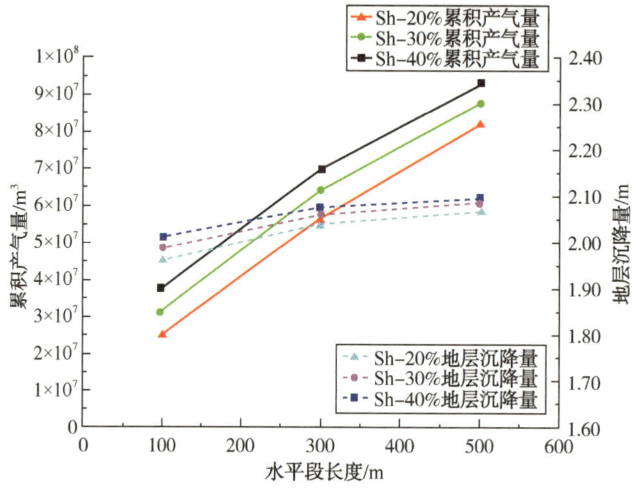

图 7　储层孔隙度 30%采用水平井开采

表 4 为产气效率和地层沉降双约束水合物储层降压法开采适应性评价。

表 4　产气效率和地层沉降双约束水合物储层降压法开采适应性评价

储层参数			生产参数		产量约束	安全约束	适应性评价
成岩性	孔隙度/%	饱和度/%	水平段长度/m	井底压力/kPa	平均日产气量/(m^3/d)	最大地层沉降量/m	
非成岩水合物	<20	<20	100	3000~5000	8229	1.87	产气量低，地层沉降风险大，不适合开采
			300	3000~5000	13202	1.96	
			500	3000~5000	15215	2.03	
	20~30	20~30	100	3000~5000	21488	1.89	产气量较低，地层沉降风险大，适合直井开采
			300	3000~5000	29155	2.02	
			500	3000~5000	33969	2.21	
	30~50	30~50	100	3000~5000	47467	1.97	产气量高，沉降风险极高，不适合降压开采，可以考虑固态流化法开采
			300	3000~5000	62275	2.14	
			500	3000~5000	68291	2.36	
基本成岩水合物	<20	<20	100	3000~5000	11464	0.95	产气量较低，沉降风险低，适合水平井开采
			300	3000~5000	16069	1.13	
			500	3000~5000	18397	1.25	
	20~30	20~30	100	3000~5000	23546	1.03	产气量较高，沉降风险一般，适合水平井开采
			300	3000~5000	32359	1.24	
			500	3000~5000	37475	1.38	
	30~50	30~50	100	3000~5000	48134	1.06	产气量高，沉降风险高，水平井开采需对水平段长度或井底压力进行优化
			300	3000~5000	64978	1.29	
			500	3000~5000	76782	1.47	

续表

储层参数			生产参数		产量约束	安全约束	适应性评价
成岩性	孔隙度/%	饱和度/%	水平段长度/m	井底压力/kPa	平均日产气量/(m^3/d)	最大地层沉降量/m	
成岩水合物	<20	<20	100	3000~5000	12644	0.19	产气量较低，沉降风险低，适合长水平段水平井开采
			300	3000~5000	18548	0.30	
			500	3000~5000	22760	0.36	
	20~30	20~30	100	3000~5000	25986	0.25	产气量较高，沉降风险低，适合长水平段水平井开采
			300	3000~5000	35587	0.35	
			500	3000~5000	41379	0.42	
	30~50	30~50	100	3000~5000	51403	0.27	产气量高，沉降风险低，适合长水平段开采
			300	3000~5000	68254	0.38	
			500	3000~5000	83587	0.45	

5 结论

（1）针对成岩水合物分解后储层仍有骨架支撑，不会发生大变形或坍塌，可直接采用水平井降压法进行开采或与注热法联合开采，水平井的水平段长度对产气量有明显影响，在水平井钻井条件允许的情况下，尽量增加水平段长度。

（2）非成岩水合物储层性质比较特殊，因水合物构成骨架主体，完全分解后岩石骨架发生大变形甚至坍塌，因此采用常规方法进行开采有一定难度，推荐采用固态流化方法将水合物破碎后输送至地面进行处理；如果想利用工艺比较简单的常规降压法进行开采，则需要对生产参数进行优化，保证地层稳定。

（3）基本成岩水合物储层介于成岩水合物储层和非成岩水合物储层之间，因此对于储层中水合物占比较高的基本成岩水合物，分解后对骨架强度产生的影响比较大，因此考虑使用缓慢降压法或固态流化方法进行开采，在生产初期可以利用降压法，待水合物分解一部分后，储层骨架胶结作用减弱，变为非成岩储层，此时可转变为利用固态流化方法进行开采。对于储层中水合物占比较低的基本成岩水合物储层，水合物占比相对较少，开采后对骨架强度的影响相对较小，因此可直接利用缓慢降压开采或降压联合注热方法进行开采。

三

工艺技术

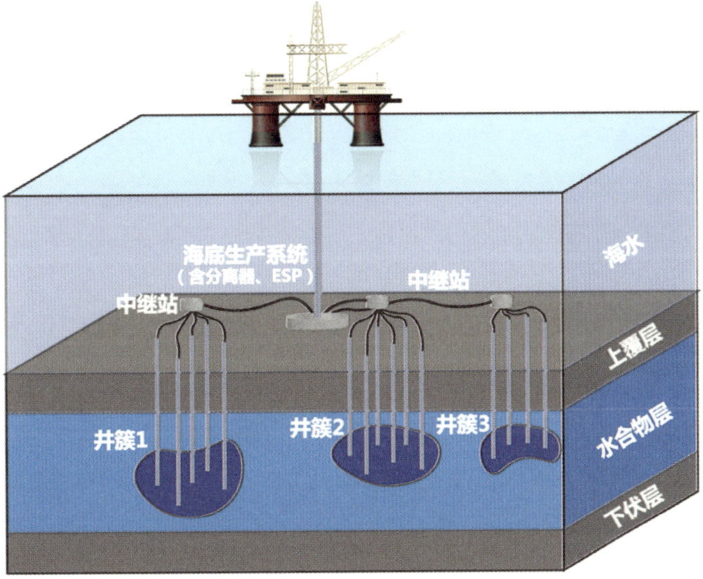

从专利角度看天然气水合物开采技术发展

王海波[1,2]

[1]中国石化石油勘探开发研究院，北京，102206

[2]南方海洋科学与工程广东省实验室(广州)，广州，511458

摘要： 天然气水合物是赋存于深海浅层和陆地冻土区的非常规资源，通过破坏其相平衡状态分解成天然气，供开采利用。全球天然气水合物开采仍处于短期试采阶段，其开采技术尚未能支撑商业化开发。本文基于天然气水合物开采技术相关的全球专利数据，分析了中国、美国、日本等国家专利申请态势，重点剖析了室内实验技术、数值模拟、增产与举升、流动保障及开采工艺与设备等关键技术的专利申请情况。与天然气水合物现场开采密切相关的增产和举升、开采工艺和设备等的专利申请量近几年均呈快速增长态势，有望成为未来技术热点。通过对比分析可知，作为水合物研究的基础手段，物理模拟实验装置朝着大型化、集成化、测试手段多样化、可视化的方向发展。高效绿色安全的增产方法技术以天然气水合物高效分解、增强渗流、强化传热为理论依据，以可再生能源为能量来源，可实现天然气水合物低碳化开发。

关键词： 天然气水合物；开采技术；物理模拟；增产

1 前言

天然气水合物(Natural Gas Hydrate)作为一种非常规能源，是由甲烷等烃类物质与少量非烃类气体在高压低温条件下与水分子间通过氢键结合形成的多面体笼状结晶物(Sloan ED，1990)。天然气水合物广泛分布在海域陆上冻土区和海域深水区。开采天然气水合物的主要方法有降压法、加热法、抑制剂法、CO_2置换法、固体开采法等。其中试采常用的是降压法、注热法等，其基本原理是改变水合物所处环境的温度和压力，破坏水合物相平衡状态，促使水合物分解为天然气和水。天然气水合物以其巨大的资源潜力引起了国家和工业界的广泛关注，被誉为21世纪最具商业开发前景的战略性替代能源之一(Makogon et

基金项目： 南方海洋科学与工程广东省实验室(广州)人才团队引进重大专项(GML2019ZD0102)；
中国石化科技部项目群课题(P20040-4)；
中国石化优秀青年创新基金项目(P20025)

al.，2007）。全球已有30余个国家先后制定国家级天然气水合物重点发展战略，积极开展水合物勘探开发研究（Liu，2012）。日本、美国、加拿大、韩国、中国在内的5个国家进行了天然气水合物试采（Zhang et al.，2021）。2020年2月17日我国第二轮试采在水深1225m的海域，试采1个月产气总量$86.14\times10^4m^3$、日均产气量$2.87\times10^4m^3$，是第一轮60天产气总量的2.8倍（Li et al.，2018），使我国成为全球首个采用水平井钻采技术试采海域天然气水合物的国家（Ye et al.，2020）。但由于开采技术不成熟、成本高、环境影响顾虑大等因素，目前天然气水合物开发尚未实现商业化开采。

2　天然气水合物开采技术专利分析

专利的分析对于判断技术的前沿性、实用性、经济属性更有借鉴意义。本文数据来源于国外的INNOGRAPHY专利检索分析数据库，截至检索日期2020年1月5日之前在内的包括9个国2个组织的全球105个国家公开的所有专利数据。经过人工筛选和简单同族合并处理后得到3993件关于天然气水合物开采技术相关的专利数据。本文分析的水合物开采技术指钻完井之后的开发技术，包括室内实验、数值模拟、注采、流动保障、新型的增产方法与开采工艺等。

最近10年专利申请数量快速增加，天然气水合物开发技术正处于加速发展期。全球专利数量3993件，中国专利1568件，中国占全球专利总量的39.3%。美国、日本、中国轮番成为专利申请的热点地区。由于两轮试采的成功，国家政策的支持下中国当前专利申请量增长最为突出。❶ 全国主要国家的天然气水合物开采技术专利申请趋势见图1。

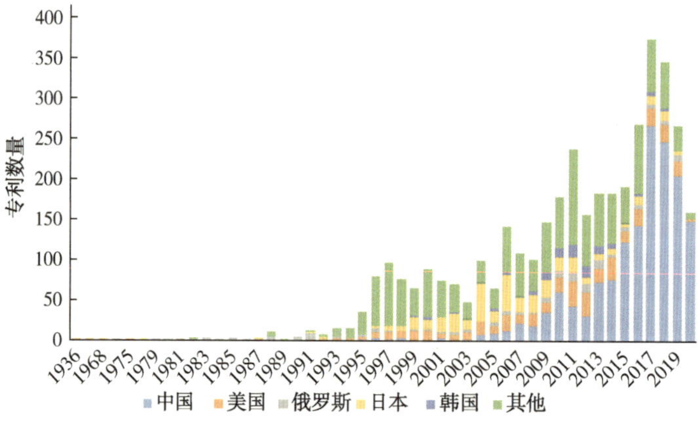

图1　全球主要国家的天然气水合物开采技术专利申请趋势

室内实验研究起步早、发展快，现阶段仍占比很高，说明本领域技术研究仍集中在基础理论研究和实验室开采模拟。这与在全球范围内天然气水合物开采尚处于基础研究和短

❶　由于专利从申请到公开要经历一段时间不等的初步审查阶段，再加上数据库资源更新时间的限制，本文检索到2019年后呈现出的专利申请急剧下跌态势并不反映专利申请的真实趋势，故申请趋势分析基于2019年之前的专利数量

期试采阶段，并未真正实现商业化开采的现实情况吻合。值得注意的是，与天然气水合物现场开采密切相关的增产和举升、开采工艺和设备等方面的专利申请量近几年均呈快速增长态势，逐渐成为技术热点。主要技术专利申请趋势见图 2。

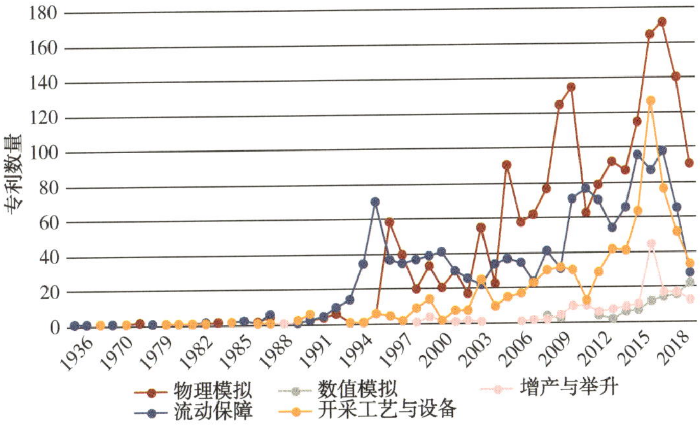

图 2　主要技术专利申请趋势

3　天然气水合物开采技术发展趋势

天然气水合物现场试验难度大，因此实验室内物理模拟实验成为开展天然气水合物成藏富集、开采模拟、物性参数研究的主要手段。美国、韩国、德国、日本等多国进行了天然气水合物物理模拟装置研发与实验研究（Phelps et al.，2001；National Energy technology laboratory，2004）。为了减小模型尺度效应，国内外物理模拟实验装置呈现逐渐大型化。中国科学院广州能源所研发了反应釜内部容积 2.585m^3 的大尺度全尺寸的开采井三维综合实验装置，此装置是国际上能够模拟的水合物体积最大的装置（Li et al.，2020）。同时大型化的物理模拟实验系统功能更加全面，系统更加集成，满足地质-开发-工程多方面的基础理论研究的需求（Li et al.，2020）。声学、电法、时域反射技术（Ren et al.，2010）、X-CT（Wang et al.，2018）、核磁共振波谱法（Meng et al.，2012）等技术的应用使得天然气水合物实验装置朝着可视化和精细化的方向发展，为天然气水合物储层精细表征和开发技术政策提供基础认识和基本数据。

现阶段研究看降压法是天然气水合物最有可能实现商业化开发的方法，最新研究指出天然气水合物商业化所需的最低临界产量为 $16\times10^4\sim25\times10^4m^3/(d\cdot 井)$（Chen et al.，2022）。与其他非常规油气相比，天然气的商业开发仍然依赖于进一步的技术突破，特别是在提高产量方面。因此，现阶段天然气水合物开采技术的发展朝着提高产量、降低成本的方向发展。提高水合物产量，要深入目标区块水合物赋存特征下的高效分解、渗流、传热机理（Zhao et al.，2014）。从扩大分解区域，提高渗流传热能力角度出发，降压、注热等多种开采方式的综合利用（Nair et al.，2018，2019；Hou et al.，2021）、复杂井型（Gao et al.，2021）、井网开发（Zhao，et al.，2020；Yu et al.，2020）、储层改造增渗（Too et al.，2018；Zhou，et al.，2021）等。越来越多的研究者将上述增产方法相结合，达到协同增效，显著提产的目的。例如水平井压裂填充天然气水合物增效开采（Feng et al.，2019；Yang，et al.，2021）。

天然气水合物高效开发，需要突破常规油气思路，创新性地解决深海浅层天然气水合物沉积物低渗、弱胶结、水合物赋存类型复杂等问题。例如固态流化法（Zhou and Li，2014），利用热管和太阳能热化学储能实现注热（Lang，et al.，2021）、利用地热能（Hou，et al.，2019）、烟气余热（Song，et al.，2021）等作为热源注入天然气水合物地层实现开采。以可再生能源为能量来源，有望在未来实现天然气水合物低碳化开发。未来天然气水合物开采技术的发展将以绿色、高效、安全开发为最终目标，朝着新方法、新技术、新工艺及新装备的方向，例如基于天然气水合物储层精细表征的水合物开采物理模拟技术、数值模拟技术、举升工艺及高效管柱及全方位监测系统设备等。以实验模拟、数值模拟、现场应用为综合手段，创新增产方法、开展技术适应性评价及技术优化，支撑天然气水合物中长期试采乃至不久将来的商业化开发。

4 结论

本文收集并分析了天然气水合物开采技术相关的全球专利数据。天然气水合物开发技术正处于加速发展期。美国、日本、中国轮番成为专利申请的热点地区。由于两轮试采的成功，在国家政策的支持下中国当前专利申请量增长最为突出，未来最有可能成为最先实现商业化开发的国家。作为水合物研究的基础手段，室内实验研究起步早，发展快，现阶段仍占比很高。天然气水合物开采的物理模拟实验装置朝着大型化、集成化、测试手段多样化、可视化的方向发展。现阶段天然气水合物开采技术的发展重点是提高产量、降低成本。因此高效绿色安全的增产方法技术是该领域关注的重点。天然气水合物提高产量应从高效分解、增强渗流、强化传热出发，创新开发思路，若以可再生能源为能量来源，则未来有望实现天然气水合物低碳化开发。

参考文献

[1] Daigang，Wang，Chenchen，Wang，Chengfeng，Li，et al. Effect of gas hydrate formation and decomposition on flow properties of fine-grained quartz sand sediments using X-ray CT based pore network model simulation[J]. Fuel，2018，226：516-526.

[2] GAO Yong-hai，CHEN Ye，SUN Bao-jiang，et al. Fish bone type well structure and method for exploiting natural gas hydrate[P]. China，CN108999604B，2021-04-06.

[3] HOU Jian，LIU Yong-ge，ZHOU Peng，et al. A method of exploiting natural gas hydrate reservoir using fluid circulation mode using geothermal energy[P]. CN107130944B. 2019-11-05.

[4] HOU Jian，ZHAO Er-meng，LIU Yong-ge，et al. A marine hydrate mining method for assisting low-frequency electric field heating by sea water injection[P]，CN113669041A. 2021-11-19.

[5] LANG Xue-mei，CHEN Jian-biao，FAN Shuan-shi，et al. Natural gas hydrate mining method and device

based on heat pipe technology[P]. China, CN113586014A, 2021-11-02.

[6] Li Jinfa, Ye Jianliang, Qin Xuwen, et al. The first offshore natural gas hydrate production test in South China Sea. China Geology[J]. 2018, 1(1): 5-16.

[7] Li Xiaosen, Chen Chaoyang, Wang Yi, et al. Full-size natural gas hydrate production simulation well device and experimental method thereof[P]. China, CN111997568A. 2020-11-27.

[8] Li Xiaosen, Wang Yi, Chen Chaoyang, et al. Three-dimensional comprehensive test mining system for large-scale full-size mining well[P]. China, CN112031714A. 2020-12-04.

[9] Liu Yushan. New trend of exploration and exploitation of marinenatural gas hydrate (Ⅱ) [J]. Mineral Deposits, 2012, 31(1): 176-177.

[10] Makogon YF, Holditch SA, Makogon TY. Natural gas hydrates-A potential energy source for the 21st Century[J]. Journal of Petroleum Science & Engineering, 2007, 56(1-3): 14-31.

[11] Meng QG, Liu CL, Ye YG. 2012. In Situ monitoring ice melting and tetrahydrofuran hydrates dissociation with magnetic resonance imaging[J]. Journal of Basic Science and Engineering, 20(1).

[12] Nair V C, Gupta P, Sangwai J S. Natural Gas Production from a Marine Clayey Hydrate Reservoir Formed in Seawater Using Depressurization at Constant Pressure, Depressurization by Constant Rate Gas Release, Thermal Stimulation, and Their Implications for Real Field Applications [J]. Energy & fuels, 2019, 33 (APR.): 3108-3122.

[13] Nair V C, Prasad S K, Kumar R, et al. Energy recovery from simulated clayey gas hydrate reservoir using depressurization by constant rate gas release, thermal stimulation and their combinations [J]. Applied Energy, 2018, 225(SEP. 1): 755-768.

[14] National Energy technology laboratory, Fire in the ice methane hydrate Newsletter, summer, 2004.

[15] Ren SR, Liu YJ, Liu YX, Zhang WD. Acoustic velocity and electrical resistance of hydrate bearing sediments[J]. Journal of Petroleum Science and Engineering, 70(1)(2010), 52-56

[16] Sloan ED. Clathrate Hydrates of Natural Gases. Marcel Dekker, Inc., New York(1990).

[17] SONG Yong-chen, ZHENG Jia-nan, WANG Xin-ru, et al. A thermal shock natural gas hydrate exploiting device and method based on smoke waste heat absorbing type heat pump[P]. China, CN111852408B, 2021-07-16.

[18] TJ Phelps, DJ Peters, SL Marshall, et al. A new experimental facility for investigating the formation andproperties of gas hydrates under simulated seafloor conditions[J]. Review of Scientific Instruments, 2001, 72(2): 1514-1521.

[19] Too, Lin J, Cheng A, et al. Hydraulic fracturing in a penny-shaped crack. Part II: Testing the frackability of methane hydrate-bearing sand [J]. Journal of natural gas science and engineering, 2018, 52: 619-628.

[20] Feng Y, Chen L, Suzuki A, et al. Enhancement of gas production from methane hydrate reservoirs by the combination of hydraulic fracturing and depressurization method [J]. Energy Conversion and Management, 2019, 184: 194-204.

[21] Xuejun Chen, HailongLu, Lijuan Gu, et al. Preliminary evaluation of the economic potential of the technologies for gas hydrate exploitation[J]. Energy, 2022, (243): 123007.

[22] YANG Lei, XU Lei, SHI Kang-ji, et al. Synergistic mining equipment and method of horizontal well frac-

turing filling natural gas hydrate[P]. China, CN111411922B, 2021-07-16.
[23] Ye Jianliang, Qin Xuwen, Xie Wenwei, et al. Main progress of the second gas hydrate trial production in the South China Sea[J]. Geology in China, 2020, 47(3): 557-568.
[24] Yu T, Guan G, Abudula A, et al. 3D investigation of the effects of multiple-well systems on methane hydrate production in a low-permeability reservoir [J]. Journal of Natural Gas Science and Engineering, 2020, 76: 103213.
[25] ZHANG Le, HE Jia-yuan, WANG Hai-bo, CEN Xue-qi, CHEN Xu-dong. Research Progress of Numerical Simulation Technology of Natural Gas Hydrates Production.
[26] Zhao J, Liu D, Yang M, et al. Analysis of heat transfer effects on gas production from methane hydrate by depressurization [J]. International Journal of Heat and Mass Transfer, 2014, 77: 529-541.
[27] ZHAO Tian-feng, FENG Jun-kai, CHEN Jin-zhi, et al. A well production system and production method of natural gas hydrate[P]. China, CN108412467B, 2020-04-21.
[28] ZHOU Jia-wei, XIE Wen-wei, TANG Jun, et al. Method and device for increasing and improving freezing and fracturing of reservoir of natural gas hydrate[P]. CN113586022A, 2021-11-02.
[29] Zhou Shouwei, Li Qingping. Method for green mining of natural gas hydrate of shallow non-diagenesis stratum of deep seabed[P]. China, CN103628844A. 2014-03-12.

海洋天然气水合物不同勘查阶段勘查技术优选

王修平　江　平　李　倩

中国石油化工股份有限公司上海海洋油气分公司勘探开发研究院，上海，200120

摘要： 海洋天然气水合物资源勘查的技术方法众多，归纳起来主要有地球物理、地球化学、地质取样和海底成像四大类。但受技术条件、勘查目的及地质任务等因素影响，众多勘查技术均有适用性与局限性。本文在海洋天然气水合物勘查技术适用性分析基础上，探讨建立适用于不同勘查阶段的天然气水合物勘查技术系列和组合，对海洋天然气水合物勘查、评价具有重要的启示意义。结果表明，同一勘查技术可适用于不同的勘查阶段，不同勘查技术在不同勘查阶段的适用性各有不同。勘查过程中应根据勘查阶段、勘查程度和勘查目的需要，采用的技术方法可由单一到多种，勘查密度可由稀疏到密集逐步加深，根据需要综合考虑，有机选用，在优选过程中力求经济合理。

关键词： 海洋天然气水合物；勘查技术；勘查阶段；技术适用性

海洋天然气水合物主要赋存于水深大于 300m 的海床以下 1500m 以浅的沉积物中，广泛分布在环太平洋周边、大西洋两岸、印度洋北部、南极近海、北冰洋周边以及地中海、黑海、里海等内陆海域。目前，已有 40 多个国家和地区进行着水合物的勘查与研究工作。可用于海洋天然气水合物技术方法众多，除了油气勘探常用的之外，还有一些基础地质调查方法技术也取得了良好的效果[1~3]。受技术条件、勘查目的及地质任务等因素影响，众多勘查技术均有适用性与局限性，本文尝试在海洋天然气水合物勘查技术适用性分析基础上，探讨建立不同勘查阶段的海洋天然气水合物勘查技术系列和组合，对海洋天然气水合物勘查、评价具有重要的启示意义。

1　海洋天然气水合物勘查技术

海洋天然气水合物勘查技术方法归纳起来主要有地球物理、地球化学、地质取样和海底成像四大类，见图 1。

1.1　地球物理勘查技术

地球物理勘查技术包括地震勘查、浅地层剖面勘探、多波束水深测量、海底电磁探测、海底热流测量和地球物理测井等技术。

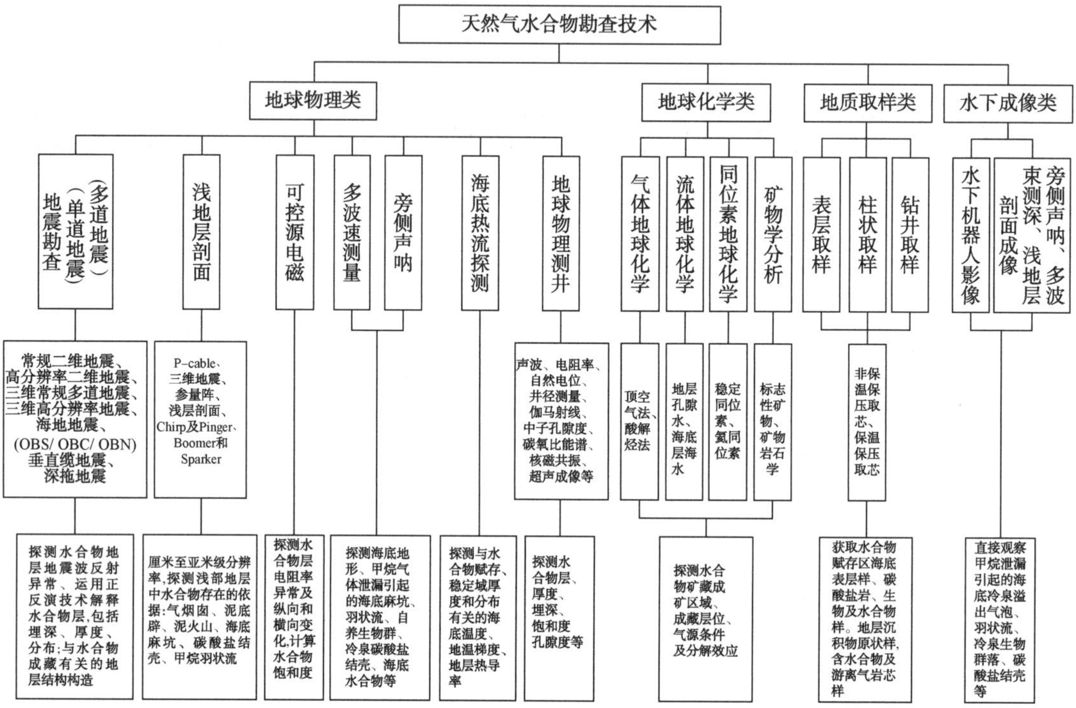

图 1　海洋天然气水合物勘查技术

地震勘查是水合物的主要探测方法之一，一般包括单道地震和多道地震(如 2D/3D 常规多道地震、2D/3D 高分辨率多道地震、海底地震及垂直缆地震等)，其特点是准确度高、效率高、易于识别，被广泛应用[4~7]。浅地层剖面勘探是一种以脉冲声波作为震源的高频单道地震，震源频率多在 200~10kHz 之间，根据勘探目标和探测深度选用[8~10]。多波束测深除探测海底水深及地形图外，还可以利用声呐成像软件进行精细地貌成像，探测海底微地貌特征，对水体中由于水合物渗漏引起的气体泄漏现象清晰显示[11]。海洋可控源电磁探测技术(海洋 CSEM)主要用于探测地层的电阻率，含水合物地层与周围含水地层之间存在电阻率差异，通过将接收到的电磁场信号进行处理、解释，得到地层的电阻率分布，探测水合物层电阻率纵向和横向变化，进而确定海底地层中水合物层的分布情况，计算水合物饱和度[12~14]。海底热流探测技术是利用海底热流探针可以直接测量海底热流和海底温度，将测得的数据加以计算处理，可定量研究水合物稳定带的底界，也可以从宏观上确定水合物可能存在的分布范围[15~17]。地球物理测井可以获取原位状态下的地球物理响应特征，具有数据可靠性、连续性和作业经济性等优势，是进行水合物勘查的有效方法，主要包括声波、电阻率、自然电位、井径测量、伽马射线及中子孔隙度等。此外，还有中子伽马能谱测井、核磁共振、成像等[18~20]。

1.2　地球化学勘查技术

地球化学勘查测试方法较多，常用的地球化学勘探技术主要包括气体、流体、同位素、矿物学分析等多种方法[21~24]。

气体地化异常测试基于烃类气体一般以游离气或溶解气、吸附气或包裹气的形式存在，分别可以通过顶空气法和酸解烃法提取[22]。当渗漏的烃类气体以游离态存在于沉积物颗粒之间时，可采用顶空气法测定；当烃类气体被矿物包含或吸附，采用酸解烃法将其释放出来后测试其含量。相对游离气，酸解烃法获取的吸附气或包裹气可以更加准确地反映深部是否有水合物或者常规油气资源存在。测试指标主要为烃类组分尤其是甲烷异常，常用于圈定水合物异常面积。此外，H_2S 气体、CO_2气体等异常也可以指示水合物的存在。

流体地化异常测试即孔隙水和地层海水的地球化学测试，其地球化学指标可揭示海底地层中是否存在水合物。孔隙水有多种采集方法，可根据沉积物的含水量、岩性等物理性质采用不同的采集方法，如离心法、压榨法、渗析法、吸气引液法、毛细管法和真空抽滤法等[22]。测试内容包括：Cl^-、SO_4^{2-}、Na^+、K^+、Ca^{2+}、Mg^{2+}、Sr^{2+}、B^{5+}、Ba^{2+}、Br^-、I^-离子浓度、营养盐浓度、总碱度、烃类气体含量、同位素分析等。其中孔隙水 Cl^-、SO_4^{2-}浓度异常是最重要的指标。

稳定同位素化学是研究水合物成矿气体来源的有效手段之一。在水合物形成过程中，水合物的结晶会引起同位素分馏。分馏过程中，重同位素（D、^{18}O、^{13}C）富集于固相，导致周围地层孔隙水中的 $\delta^{18}O$、δD 和 $\delta^{13}C$ 值变轻。随着孔隙水的上渗，造成孔隙水中 $\delta^{18}O$、δD 和 $\delta^{13}C$ 值由浅至深逐渐变重[23~25]。其中，使用较多的是甲烷 $\delta^{13}C$ 值，$\delta^{18}O$ 和 δD 值也是地球化学勘查中识别水合物层的重要标志之一。此外，有研究发现，氦同位素（^4He）在海底冷泉附近出现高值异常，而冷泉又与水合物的存在有密切关系，故高^4He 同位素含量是判别水合物存在的一个重要标志。

矿物学分析研究的内容主要包括：岩石结构构造分析、薄片鉴定、化学成分分析、同位素分析。利用采集碳酸盐岩标本进行矿物岩石学分析，结合氧同位素分析资料，可以进一步研究矿物成分与水合物的内在关系。热释光法以烃类形成或分解后产生的标志性矿物（碳酸钙、硫酸钙及硫酸钡等）为探测对象，是矿物学分析技术之一，且不受有机物污染的影响，灵敏度较高，是一种很有前景的水合物勘查方法[23,26]。

1.3 地质取样技术

地质取样调查技术是发现及获取水合物的最直接有效方法，也是进行水合物研究必不可少的手段，其站位布设一般以网格状为主，布设于物探勘查初步确定的异常区域。地质取样技术主要包括重力活塞柱状取样、重力柱状取样、拖网取样、电视抓斗取样、箱式取样、多管取样等海底浅地层取样技术和深海钻探取芯技术。地质取样的目的是分析研究地层中是否存在水合物的地球化学异常，为进一步开展水合物勘查提供依据；获取地层中水合物存在的产状（脉状、团块状、结核状、星点状）及赋存方式；测试水合物地层中的气体成分，分析其有关的成因参数，如 $C_1/(C_1+C_2)$ 比值、甲烷的 $\delta^{13}C$、$\delta^{18}O$、δD 值及硫化氢的 $\delta^{34}S$ 值等；测试地层的物理力学参数，计算水合物层的孔隙度、充填率和饱和度，估算水合物的资源量等。

可用于水合物地质取样的设备较多，主要有重力活塞柱状取样器、电视抓斗取样器、深潜机器人机械手取样器、多管深水极浅层取样器(USEP)等[27~29]，其中，常用的主要为重力活塞柱状取样器和电视抓斗取样器。各种取样器主要技术指标见表1。

表1　天然气水合物柱状取样器主要技术指标

取芯器	主要技术指标	发展和取芯历史
DSDP-PCB	①机械室驱动，绳索提取；②可取长6m、直径57.8mm的保压岩芯；③工作压力不大于35MPa；④工作水深小于6100m；⑤不打开岩芯筒可测量岩样的压力温度；⑥PCB使用频率受球阀的限制(调整需2~5h)；⑦只能与RCB BHA联合使用	在DSDP Leg42，62，76等航次中使用，但取芯率较低，有待进一步改进和完善
ESSO-PCB	①岩芯直径为66mm；②钻具外径152.4mm，总长为5.82m；③可适当补偿岩芯管的体积和容积	结构与DSDP-PCB基本相同，但DSDP-PCB是通过绳索直接提取放内取芯管，而这几种取芯筒必须通过提钻提取
Christense-PCB	①岩芯直径63.5mm；②保持压力70MPa；③取芯长度10m	
美国PCBBL	①岩芯直径63.5mm；②保持压力53MPa；③取芯长度6m	
大庆MY-215	①岩芯直径70mm；②保持压力25MPa；③取芯长度4.5m	
ODP-PCS	①自由下落式展开，液压驱动，绳索提取；②岩芯室长1.8m，直径92.2mm，可取到长86cm、直径42mm的岩样；③保持压力70MPa；④工作温度为-17.78℃~26.67℃；⑤可与APC/XCBBHA联合使用	在DSDP-PCB基础上研制的用于ODP的保压取样器，取芯率显著提高。 ODP Leg 124，139，141，146，164，196，201，204等航次中使用，取样长度0~0.86m，保持压力0~50MPa
欧盟FPC	①用于非固结的沉积物，范围从黏土到含砂及含砾的沉积物；②通过绳索下入和回收，能回收1m长的沉积物岩芯	针对取芯实践中发现的ODP-PCS值得改进的地方研发。 ODP 194、201、204航次，2005墨西哥湾2005年水合物勘探，南海2007年GMGS1航次，韩国2007年UBGH-01航次等使用
欧盟HRC	①设计用在稍微固结的地层中；②可深入沉积物达1m左右，能够获得直径51mm的岩芯；③设计保持压力为25MPa	针对取芯实践中发现的ODP-PCS值得改进的地方研发。 ODP 204航次，韩国2007年UBGH-01航次等使用
日本PTCS	①绳索下放、回收式内岩芯管；②钻头直径66.7mm，可取岩芯直径66mm，取芯长度3m；③保压系统为30MPa，利用氮气蓄能器控制压力；④采用绝热型内管和热电式内管冷却方式；⑤采用219.1mm钻铤和168.3mm钻杆	1998年Mackenzie冻土区和日本Kashiwazaki JNOC试验井现场试验后改进。 Mallik冻土区(取芯率73.5%)、日本Nankai海槽(取芯率37%~47%)等使用
中国TKP-1	①绳索下放；②钻杆直径127mm，可取岩芯直径52mm，取芯长度1m；③最大工作压力30MPa	2015年完成深水保压性能海试。 南海2015年GMGS-3航次使用，取芯率52.2%

续表

取芯器	主要技术指标	发展和取芯历史
活塞取样器 APC	①可为振动式，液压式活塞取芯器，重力活塞式取样器；②ODP-APC 的取芯深度为 250m，取芯外管的内径为 86mm，取芯长度最大为 9.5m；③取芯最高压力为 14.4MPa；④工作温度为 -20～100℃；⑤在取活塞式岩芯的同时就开始测量温度，除了取芯必需的时间外需要时间很少；⑥受到深度限制，一般为 120～150m；⑦主要用于海底沉积土样、非专门的水合物取样	ODP 必备取样器，各航次都有使用，曾回收到水合物样品

1.4 水下成像技术

水下成像技术主要用于探测由于温、压条件改变而产生的一些海底地貌及底层海水中的异常特征，如气水流体溢出海底过程中形成麻坑构造、海底泥丘及泥火山、碳酸盐壳和盐丘、硬地面等，伴生的喜甲烷的生物群落以及渗漏烃类气体进入海水继续上升过程中形成的气泡、渗漏羽状流等[30~32]。目前水下成像技术主要包括水下机器人摄影、旁侧声呐成像、多波束测深成像及高频浅地层剖面成像等。

水下机器人影像探测技术主要是利用搭载于 ROV、AUV 等上的摄影、照相设备进行摄影予以实现。配置有影像摄录设备的机器人下潜至冷泉活动的目标区海底直接拍摄冷泉活动，可以清晰地拍摄冷泉溢出海底的气泡和渗漏羽状流的动态过程、海底面上渗漏流体形成的溢出口(麻坑、泥丘和泥火山等微地貌)以及围绕活动冷泉聚集于海底的喜甲烷的自生生物群落[深海双壳类(贻贝类和蛤类)、蠕虫(管状群蠕虫和冰蠕虫)、多毛类动物以及海星、海胆、海虾等]以及与此伴生的二级消费者(鱼、螃蟹、扁形虫、冷水珊瑚等)。在某些古冷泉活动区可拍摄到由生物化学作用形成的“硬地面”，如碳酸盐结壳、钙质生物结块和盐丘等。水下机器人影像探测技术可比较直观地获得水合物分解作用引起的海底及海水异常，可作为水合物探测的重要评价依据，同时，水下机器人还可以利用其机械臂采集相关样品，用于进一步的生物和地化分析研究[29]。

旁侧声呐仪亦称“海底地貌仪”，主要利用声呐回声扫测记录海底表面的微地貌形态，是目前比较常用的探测技术[33,34]。能比较清晰地显示海底表面特征，如微地貌异常体的形态、范围和高度。旁侧声呐扫测可采用深拖曳形式，也可装载于深拖或 ROV、AUV 等深潜载体中走航式作业，进行大规模全海底高效扫测。

多波束测深声呐成像探测范围和效率与旁侧声呐类似，可获得一个条带覆盖区域内多个测量点的海底深度值，实现了从“点-线”测量到“线-面”测量的跨越。获得的测量数据经专业处理，不但可绘制高精度的三维地形图，而且经声呐成像软件处理可获得比较直观的海底微地貌定量影像，用于对水合物泄漏或溢出海底特征的研究[33,35]。

浅地层剖面除了可探测海底下浅部地层的结构特征外，还可以利用其对水体反射数据的成像技术识别因气体干扰引起的海水羽状流现象，已被广泛运用[36,37]。水合物如泄漏或溢出海底时，甲烷等气体在海水中产生气泡，在反射剖面上表现为声学火焰(羽流)、云状扰动、浊反射、帘式反射、毯式反射、增强反射等。

2　勘查技术适用性探析

2.1　勘查阶段划分及主要地质任务

参考传统油气、矿产资源勘探经验，可将天然气水合物勘查过程划分为预查、普查、详查和勘查(精查)四个阶段，每个勘查阶段的主要地质任务各有不同[38]。

预查阶段主要任务：收集以往地形地貌、地质、地球物理资料，了解分析区域地质构造、盆地发育和演变特征，初步划分和建立地震层序；初步了解水合物稳定带厚度及其分布范围，圈出可供水合物资源普查的远景区域；估算资源量，作出区域远景评价。

普查阶段主要任务：初步查明调查区地质、构造特征，建立地层层序；调查分析调查区海底地形地貌特征，浅表层沉积物及地球化学特征；初步查明与水合物相关的地球物理、地质和地球化学异常分布特征及范围，开展水合物成矿条件分析，圈定可供水合物资源详查的成矿区带和有利目标区块；估算资源量。

详查阶段主要任务：查明有利目标区水合物存在的海水和海底微地貌异常，为水合物富集区提供地貌和地化依据；初步查明水合物矿床类型、矿体特征、矿体产状，分析研究水合物矿层的沉积物类型、地质年代、矿体厚度、含矿率；确定水合物资源勘查有利目标区及富集区，利用邻近区域有关参数，计算资源量，对有利目标区及富集区作出评价，推荐进一步勘查的目标；初步查明水合物矿层及外围沉积物工程力学特征。

勘查阶段主要任务：本阶段主要对前阶段勘查确定的水合物有利目标区及富集区有重点开展精查工作，即水合物矿藏评价。具体任务：查明水合物矿床类型、矿体特征、矿体厚度及分布范围，利用钻井样品的各项实验数据及测井数据等实测资料计算资源量，对水合物矿藏或矿体特征、分布范围及探明储量加以评估，提交储量评估报告。

2.2　勘查技术适用性分析

针对海洋天然气水合物勘查阶段的地质任务，结合勘查技术自身特点，不同勘查技术适用性各有不同。

地球物理勘查技术是水合物勘查中使用最多的技术手段，可用于各个勘查阶段，尤其是地震勘查技术。在区域远景评价即预查阶段，有条件时可使用历史二维地震资料、高分辨率二维地震以及可能的单道地震资料，必要时增补一定新的外业调查工作量；在成矿区带及有利目标区评价的详查和精查阶段，为了更准确地刻画水合物层的纵向特征及空间分布，则需要利用大量的高分辨率二维地震和高分辨率三维地震，甚至海底地震(OBS、OBC、OBN)、垂直地震和P-Cable三维地震。浅层剖面探测多用于开展针对水合物资源的普查阶段，如有特殊需要，也可在预查阶段选用。多波束测深在预查和普查阶段都可运用：普查阶段，换能器安装于船底，可与高分辨率地震勘查同步进行，探测调查区水深和地形地貌特征；普查的高级阶段，多将换能器安装于深拖或ROV、AUV等设备，与旁侧声呐、浅地层剖面仪等同步进行近海底探测，以获得初步圈定的水合物矿点区海底高分辨率的高精度地形、地貌和地层等资料，用于进一步的综合分析和研究。海洋可控源电磁探测可用于已经确定的水合物目标区，进一步论证矿体大小、分布和计算地质储量时的精细勘探，或为钻孔位置论证提供进一步的资料佐证。

针对水合物资源的海底热流探测比较适用于普查阶段。一般来说，对于区域性的热流调查，可以使用 Ewing 型热流计。而小范围的、以详细资源勘察为目的的热流调查则使用 Lister 型热流计的效果更好。如需获得海底流体渗漏区高精细的热流资料，除应加密布设热流测站外，需借助可视化的 ROV 等深海作业设备，精确定位，利用机械手操控热流探针探测海底热流(陈爱华等，2016)。

地球物理测井在钻探阶段实施，可比较直观地获取钻井地层的各项地质参数，有效获取水合物矿层的物性资料。为了更可靠地把含水合物的地层层段区分出来，需要综合分析各种测井参数的分布特征，并结合其他资料，尤其是地震波速度资料。

地球化学勘查及地质取样技术作为水合物勘查常用技术手段，一般适用于预查、普查及详查前期阶段。

水下成像技术主要用来勘查与水合物相关的微地貌形态、冷泉、羽状流等现象，多用于普查阶段。

综合来看，同一勘查技术可以适用于不同的勘查阶段。例如，地震勘查是水合物勘查中使用最多的技术手段，可用于各个勘查阶段。当地层受气体干扰比较严重，纵波反射地震资料对解释工作带来较大困难时，可使用海底地震勘探技术，充分发挥横波地震资料的综合作用。有些比较特殊的勘查技术，则用于比较关键的勘查阶段和目标。例如，为更精确刻画水合物矿体特征，克服多解性，还可使用可控源电磁法探测。

2.3　不同勘查阶段勘查技术适用性优选

海洋水合物勘查与海洋油气勘探类似，需要地球物理、地质、地球化学等多种技术方法有机结合，综合运用及分析研究。勘查过程中应根据勘查阶段、勘查程度和勘查目的需要，采用的技术方法可由单一到多种，勘查密度可由稀疏到密集逐步加深，根据需要综合考虑，有机选用，见表 2。

区域远景评价(预查)阶段主要目的以初步确定远景区块为目标，勘查技术方法一般以广泛收集利用历史资料为主，可补充一定的勘查工作量，如高分辨率二维地震和浅地层剖面、旁侧声呐、多波速测量等浅层声学勘探；辅以地质类勘查，可根据需要可增选海底底质和底层海水样进行地球化学测试分析，有条件时可有目标开展海底影像观测。

成矿区块及有利目标区评价(普查)阶段以确定天然气水合物分布的有利区带为工作目标，以开展外业调查为主，重点调查技术为多道高分辨率二维地震及单道地震，以及浅地层剖面、旁侧声呐、多波速测量、海底热流探测；地质调查主要开展海底底质和底层海水取样，进行地球化学测试分析；有需要时，针对目标开展海底影像观测。

有利目标区及富集区块评价(详查)阶段外业资料采集以高精度 3D 高分辨率地震为

主，辅以二维高分辨率地震、浅地层剖面、旁侧声呐、多波速测量及海底影像探测。地质调查仍为海底底质和底层海水取样，地球化学测试分析为主；针对目标开展海底影像观测，辅以海底地震、垂直电缆地震、P-Cable 三维地震和海洋可控源电磁探测等，主要工作目的是确定有利目标区及富矿区，加以分类评价，并验证其可靠性。

表 2　天然气水合物勘查技术序列的阶段配置运用参考表

勘查技术 \ 勘查阶段		预查前期前景研究	预查	普查	详查	勘查(精查)
地球物理	历史二维资料(再处理)	━━━━	━━━━			
	高分辨率二维地震		━━━━	━━━━	加密 ━━━━	
	高分辨率三维地震				━━━━	━━━━
	单道地震(按需要选用)		▬ ▬ ▬	▬ ▬ ▬		
	海底地震(OBS、OBC、OBN)				━━━━	━━━━
	垂直地震				━━━━	━━━━
	P-Cable三维地震				━━━━	━━━━
	浅地层剖面(按需选用)		▬ ▬ ▬	▬ ▬ ▬		
	旁侧声呐		━━━━	━━━━		
	多波束测深		━━━━	━━━━		
	海洋可控源电磁				▬ ▬ ▬	▬ ▬ ▬
	海底重力			▬ ▬ ▬		
	海底热流		▬ ▬	━━━━		
	地球物理测井				▬ ▬ ▬	━━━━
地球化学	气体、流体、稳定同位素、矿物学分析		▬ ▬	━━━━	加密 ━━━━	
地质取样	底质、底水、底气、碳酸盐结壳、生物等		▬ ▬ ▬	━━━━	加密 ━━━━	
	钻探				▬ ▬ ▬	━━━━
水下成像	水下机器人影、像*		▬ ▬	▬ ▬ ▬	▬ ▬	
	旁侧声呐成像*			━━━━	━━━━	
	多波束测深成像*			━━━━	━━━━	
	浅地层剖面成像*			━━━━	━━━━	

*　安装于深拖、ROV或AUV等深水设备中近海底探测

━━━━　水合物勘查阶段宜采用的勘查技术

▬ ▬ ▬　水合物勘查阶段宜选用或局部采用的勘查技术

水合物矿藏评价（精查）阶段主要工作目标是对圈定的富集区块加以验证和确定，以便进行天然气水合物资源评价，计算水合物矿藏探明储量。勘查工作主要为论证和确定钻井

勘探靶区，对重点靶区实施钻井勘探，尽可能实施全井地质取芯取样，开展现场测试(地化测试、热红外岩芯测试等)和同步综合测井。利用取得的测、录井资料开展井震联合综合解释研究，进一步确认水合物矿层纵、横向分布特征。对于地震资料不全或解释存在异议的有利目标区及富集区块继续开展三维高分辨率多道地震探测，辅以海底地震及可控源电磁探测。

总体而言，由于不同勘查阶段的目的要求和勘查程度的不同，使用的勘查技术配置也不同，且受各种条件限制，也不能面面俱到，在优选过程中力求经济合理。

3 结论

(1) 海洋天然气水合物勘查技术方法归纳起来主要有地球物理、地球化学、地质取样和海底成像四大类。其中，地球物理勘查技术包括地震勘查、浅地层剖面勘探、多波束水深测量、海底电磁探测、海底热流测量和地球物理测井等技术；地球化学勘探技术主要包括气体、流体、同位素、矿物学分析等多种方法。

(2) 同一勘查技术可以适用于不同的勘查阶段，不同勘查技术在不同勘查阶段的适用性各有不同。勘查过程中应根据勘查阶段、勘查程度和勘查目的需要，采用的技术方法可由单一到多种，勘查密度可由稀疏到密集逐步加深，根据需要综合考虑，有机选用，在优选过程中力求经济合理。

参考文献

[1] 陈龙，郝志红．天然气水合物勘查技术研究进展综述[J]．西部资源，2015，(4)：192-193.

[2] 尹聪，兰丽茜，王芳．海洋天然气水合物勘探方法综述[J]．海洋开发与管理，2015，(1)：27-29.

[3] 唐瑞玲，孙忠军，张富贵．天然气水合物勘查技术及环境效应研究进展[J]．岩性油气藏，2011，23(4)：20-24.

[4] 骆迪，蔡峰，闫桂京，等．浅表层天然气水合物高分辨率地震勘探方法与应用[J]．海洋地质前沿，2020，36(9)：101-108.

[5] 李子坤，王赟，陆敬安，等．海洋天然气水合物地震探测技术进展-从单纵波到多波[J]．石油物探，2021，60(1)：92-104.

[6] 曾繁彩，黄永祥，王刚龙，等．海域天然气水合物地震勘查技术初探[J]．南海地质研究，2004，(00)：48-54.

[7] 杨文达，刘望军．海洋高分辨率地震技术在浅部地质勘探中的运用[J]．海洋石油，2007，27(2)：18-25.

[8] 杨国明，朱俊江，赵冬冬，等．浅地层剖面探测技术及应用[J]．海洋科学，2021，45(06)：147-162.

[9] 单晨晨，邓希光，温明明，等．参量阵浅地层剖面仪在海底羽状流探测中的应用-以 ATLAS P70 在乌克兰海域调查为例[J]．地球物理学进展，2020，35(3)：1183-1190.

[10] 刘伯然，宋海斌，关永贤，等．南海东北部陆坡冷泉系统的浅地层剖面特征与分析[J]．地球物理学报，2015，58(1)：247-256.

[11] 杨慧良，陆凯，褚宏宪．海洋地质地球物理调查技术方法发展趋势探讨[J]．海洋地质前沿，2019，35(9)：1-5.

[12] 陈杰，胡高伟，卜庆涛．BSR 与 CSEM 识别天然气水合物的优缺点对比[J]．新能源进展，2018，6(5)：448-460.

[13] 陈凯，景建恩，赵庆献，罗贤虎，涂广红，王猛等．海底可控源电磁接收机及其水合物勘查应用[J]．地球物理学报，2017，60(11)：4262-4270.

[14] 景建恩，赵庆献，邓明等．琼东南盆地天然气水合物及其成藏模式的海洋可控源电磁研究[J]．地球物理学报，2018，61(11)：4677-4689.

[15] 陈爱华，徐行，罗贤虎，等．海底流体渗漏区的热流探测技术与方法[J]．地球科学，2016，41(10)：1794-1802.

[16] 彭登，徐行，徐鸣亚，等．ROV 专用的海底热流探测技术与应用研究[J]．地球物理学进展，2016，31(1)：0295-0299.

[17] 李官保，裴彦良，刘保华．海底热流探测技术综述[J]．地球物理学进展，2005，(03)：611-619.

[18] 周建，宋延杰，姜艳娇，等．海洋天然气水合物测井评价研究进展[J]．西南石油大学学报(自然科学版)，2020，42(2)：85-93.

[19] 钟广法，张迪，赵峦啸．大洋钻探天然气水合物储层测井评价研究进展[J]．天然气工业，2020，40(8)：25-44.

[20] 王丽忱，李男．国内外水合物测井方法应用现状及启示[J]．中外能源，2015，20(4)：35-41.

[21] 王英秀，杨志斌，孙忠军．天然气水合物地球化学勘查技术研究进展[J]．地质学报，2013，87(增)：191-192.

[22] 杨志斌，孙忠军．天然气水合物地球化学勘查方法[J]．物探与化探，2011，35(3)：285-289.

[23] 蒲晓强，钟少军．天然气水合物地球化学特征[J]．海洋科学，2006，30(3)：73-78.

[24] 陈敏，曹志敏，龚建明，等．海底天然气水合物地球化学勘探新技术[J]．矿物岩石，2004，4(24)：102-107.

[25] 冯俊熙，杨胜雄，梁金强，等．南海北部神狐东南海域沉积物孔隙水地球化学特征及其对天然气水合物的指示[J]．海洋地质前沿，2017，33(7)：32-44.

[26] 邬黛黛，吴能友，叶瑛，等．南海北部陆坡九龙甲烷礁冷泉碳酸盐岩沉积岩石学特征[J]．热带海洋学报，2009，28(3)：74-82.

[27] 刘协鲁，赵义，刘海龙等．海洋天然气水合物保温保压取样工具对比研究[J]．地质装备，2018，19(1)：11-15.

[28] 白玉湖，李清平．天然气水合物取样技术及装置进展[J]．石油钻探技术，2010，38(6)：116-123.

[29] 杜增丰，连超，席世川，等．基于“发现”号缆控水下机器人的深海原位探测/取样/实验技术研发与科学应用[J]．现代物理知识，2021，33(01)：14-18.

[30] 赵静，梁前勇，尉建功，等．南海北部陆坡西部海域“海马”冷泉甲烷渗漏及其海底表征[J]．地球化学，2020，49(01)：108-118.

[31] 冯强强，陶军，陈宗恒，等．天然气水合物调查区微地貌特征探测成果[J]．地球学报，2019，40(02)：314-318.

[32] 张汉泉，吴庐山，张锦炜．海底可视技术在天然气水合物勘查中的应用[J]．地质通报，2005，(2)：185-188.

[33] 吴庐山，尚久靖，梁金强，等．海底浅表层声学探测技术在天然气水合物勘查中的应用[c]．第二届中国工程院/国家能源局能源论坛论文集，2012：1267-1277.
[34] 陈宗恒，田烈余，胡波，等．“海马”号 ROV 在天然气水合物勘查中的应用[J]．海洋技术学报，2018，37(2)：24-29.
[35] 拜阳，宋海斌，关永贤，等．利用反射地震和多波束资料研究南海西北部麻坑的结构特征与成因[J]．地球物理学报，2014，57(7)：2208-2222.
[36] 邢军辉，姜效典，李德勇．海洋天然气水合物及相关浅层气藏的地球物理勘探技术应用进展—以黑海地区德国研究航次为例[J]．中国海洋大学学报(自然科学版)，2016，46(1)：80-85.
[37] 李灿苹，尤加春，朱文娟．气泡羽状流的识别及其与资源环境相关性分析[J]．地球物理学进展，2016，31(6)：2747-2755.
[38] 黄国成．海底天然气水合物资源勘探流程和评价方法[D]．中国地质大学，2008.

井筒水合物流动保障技术进展

岑学齐[1,2]　刘文远[1,2]

[1]中国石化石油勘探开发研究院，北京，100083

[2]南方海洋科学与工程广东省实验室(广州)，广州，511458

摘要：井筒水合物流动保障技术的发展影响着深水水合物资源开发的安全、高效和经济性，是广泛关注的热点问题。目前对于管柱内不同流型下水合物流动障碍形成机制的揭示较为缺乏，对于深水管柱内水合物流动障碍的预测研究多集中于水合物生成区域预测，考虑水合物生长、沉积的动态预测模型极少，难以准确预测井筒内的水合物二次生成，且当前水合物流动障碍的防治措施仍有低效率、高成本等局限。本文重点介绍了井筒水合物流动保障技术的研究进展，在天然气水合物流动障碍形成机制、天然气水合物井筒多相流动模型建立与流动障碍预测、天然气水合物管道多相流动模型建立与水合物二次生成预测、天然气水合物二次生成防治技术及天然气水合物举升工艺等方面提出攻关建议，在中国石化深水天然气水合物开发过程的安全、经济、高效性提高方面具有指导意义。

关键词：天然气水合物；流动保障；多相流动；水合物二次生成；风险防治

1　水合物生成条件预测研究现状

1934 年，美国的 Hammerschmid 发表了关于水合物造成输气管道堵塞的有关数据，自此，相关企业认识到了水合物在天然气运输过程中的负面影响，科学家们也陆续展开了对气体水合物基础物性和预防措施的研究。从 19 世纪 50 年代开始，国内外专家学者对水合物热力学和动力学特征进行了大量的科研工作，并且已经形成了许多相当成熟的理论，包括 van der Waals 模型、Vysniauskas 和 Bishnoi 模型等基础理论，在预测水合物生成生长和水合物生成区域等诸多方面也取得了丰硕的成果。

大多数学者们对水合物生成条件的预测研究主要集中于确定水合物生成时的 PT 相态曲线。常见的有经验图解法、相平衡常数法和统计热力学方法，其中统计热力学方法是目

基金项目：南方海洋科学与工程广东省实验室(广州)人才团队引进重大专项(GML2019ZD0102)；
中国石化科技部项目群课题(P20040-4)；
中国石化优秀青年创新基金项目(P20025)

前最准确且最为常用的计算方法。

1959 年，基于水合物晶胞模型的特点，应用统计热力学方法，结合 Langmuir 气体等温吸附理论，van der Waals 和 Platteeuw 推导得到了水合物相平衡方程，成了水合物相平衡统计热力学方法的基础。

由于 van der Waals 和 Platteeuw 提出的水合物相平衡方程只适用于单相气体，Parrlsh 和 Prausnitz 以 Kihara 势替换 van der Waals 方程中晶胞势能的计算，提出了适用于多组分气体的水合物相平衡的数值算法，在压力低于 60MPa 时，计算温度误差低于 2℃，有着良好的适用性。

Ng 和 Robinson 对 Langmuir 常数进行修改，其结果与 Hammerschmidt 方程预测结果进行比较，在液-气-水合物区域有好的一致性，但在其他区域一致性较差。

Holder 和 John 考虑到实际气体球形不对称效应的影响、Langmuir 常数和理想值的偏差，采用三层球模型来描述水分子和客体分子间的相互作用，提出新的状态方程，在 van der Waals 水合物平衡模型基础之上进行了改进，其所获得的 Kihara 参数与原有数据更加匹配。

杜亚和等利用十点高斯积分法计算 Langmuir 常数，同时引入扰动因子进行修正，改进了 Holder 和 John 模型。

Anderson 和 Prausnitz 通过对比，以不同的方法计算气相、液相、水合物相的逸度，运用分子热动力学方法得到了一种模型，该模型在特定压力下计算水合物温度点误差在±5℃以内，但属于经验模型，在不同组分系统中表现较差。

考虑到地层水一般含有 Na^+、K^+、Cl^-、HCO_3^-等离子，Roo 等探究了 NaCl 溶液中甲烷水合物的生成过程；Menten 等通过计算水的活度系数，研究了含 KCl 或 $CaCl_2$ 溶液中环丙烷水合物的牛成条件，提供了一种研究水合物在单一电解质溶液中生成过程的方法。Englezos 和 Bishnoi 借助于 Pitzer 活度系数计算方法，推导出适用于多种电解质溶液混合的水合物生成预测方法，但是该方法不能用于高溶解组分的水合物。Javanmardi 和 Moshfeghian 以统计热力学方法为基础，舍弃闪蒸计算方法及其估算步骤，其模型同样适用于易溶解组分的水合物预测，如 CO_2、H_2S 等，模型计算误差与已有数据相比约为 0.4K。

Zuo 和 Guo 通过将改进的 Patel-Teja 状态方程与简化的 Holder-John 多层水合物模型相结合，建立了一种新的气体水合物热力学模型。该模型不依赖活度系数模型，能够预测含有纯水/地层水(盐水)和极性抑制剂的天然气系统的水合物形成/解离条件，测试结果与实际测量较为一致。

除上述以 van der Waals 研究成果为基础的统计热力学模型之外，1996 年郭天民等考虑水合物的非化学计量性、单一稳定性与整体稳定性、水合物动力学等三个方面因素，将水合物笼腔分为基腔和连接腔两个部分，基腔完全填充客体分子而稳定，连接腔则描述整体稳定性的改变，以此为基础建立了热动力学模型，较 van der Waals 模型有更高的精确度；并于 1998 年提出水合物形成的两个过程：水合物基质的准化学过程和连接腔的小气体分子吸附过程，同时利用 Langmuir 吸附方程推导出新的迭代算法，新算法适用于多组分气体，精确度高。

喻西崇等评价了 6 种热力学相态平衡理论模型与实际测量值的计算误差，结果表明，误差顺序为 vdW-P>P &P>H&J>N&R>Du&Guo>Chen&Guo。其中 Du & Guo 和 Chen & Guo 两种模型计算最精确。

2 水合物生长速率模型研究现状

为揭示不同温度、压力等多因素作用下的水合物生长规律，国内外学者在水合物生长速率模型方面进行了大量的研究。最早地，1983 年，Vysniauskas 和 Bishnoi 首次在一个容积 $500cm^3$ 的半间歇式搅拌反应器上进行了一系列甲烷、乙烷水合物的生成实验，建立了半经验关系式。到目前为止，研究者们已公开发表了十余种复杂程度不一的水合物动力学模型。

Englezos 等人对 Vysniauskas 和 Bishnoi 的实验装置进行了改进，重新测定了甲烷和乙烷水合物的生长动力学数据。基于结晶学和气液界面传质理论，推导出了水合物晶体生长本征动力学模型，该模型在提出后的近十年内都被认为是公开发表的最完整的水合物动力学模型。

Chen 和 Yapa 基于该模型模拟了深水甲烷气泡在上升过程中的水合物生长。Gong 等将此模型整合到水合物壳模型中，用于计算水合物浆液输送管道层流状态下的气体消耗速率。Al-Otaibi 等将实验测得的水合物粒径数据带入 Englezos 模型中，去掉计算粒径分布的三个微分方程，得到了更为准确的甲烷和乙烷的本征速率常数。

Skovborg 和 Rasmussen 对 Englezos 模型进行了详细的分析，指出 Englezos 模型未考虑水合物生长速率受到气体分子在液相中的传递速率限制，因此当延长模拟时间，模型预测的气体消耗速率增加，这与反应釜中的实验结果恰恰相反。Skovborg 和 Rasmussen 假定体系中不存在二次成核和颗粒粒径的差异，对 Englezos 模型进行简化，并进一步假设所有的传质阻力存在于溶解气从气液界面到液相主体的扩散过程，进而建立了基于传质的水合物生长动力学模型。

Akhfash 等人研究了高压反应釜中气水系统在不同雷诺数下甲烷水合物的生长速率和流动阻力特性。结果发现，在扰动足够强的情况下，基于 Skovborg & Rasmussen 模型预测的甲烷水合物生长速率与实验结果吻合；但是在低雷诺数下，当液相中初始溶解的甲烷被消耗以后，气体分子在液相中的传输速率小于水合物的反应速率，水合物生长受到制约，因而模型预测值偏大。而当体系中水合物体积分数超过一定值以后，在液相上部形成的水合物层又增大了气液接触面面积，水合物生长速率变大，这时模型预测值比实验值偏低。

Lorenzo 等人基于 Skovborg & Rasmussen 模型预测了气主导的循环管路系统中天然气水合物的生长速率，预测值比实验值偏低，这是由于他们只考虑了管壁周围液膜的面积，没有考虑气相主体中液滴的表面积。对于传质系数，Lorenzo 等人将该参数与流动介质的流速、密度、黏度和气体扩散系数相关联，计算出的甲烷和乙烷的传质系数比 Skovborg 和 Rasmussen 发表的值至少大 2 倍，他们认为是由于管道环状流流型下气液界面的扰动程度比反应釜内的强。

Zerpa 采用 Skovborg & Rasmussen 模型预测了气水管路系统中甲烷水合物的生长速率，在确定气液界面面积时考虑了分层流和段塞流两种流型。Zerpa 将该模型加入多相流模拟软件 OLGA 中，模拟了持液率 50%，流速 1m/s 和 2.5m/s 条件下管道中水合物的生长速率，模拟结果与循环管路实验值吻合情况较好。

与以本征动力学为基础的模型不同的是，Kashchiev 和 Firoozabadi 基于经典成核理论和晶体生长原理，建立了多种情况下单组分气体水合物的成核速率和晶体生长速率表达式，并将气体消耗速率与水合物成核和生长关联起来，通过计算气体消耗速率得到水合物的生成速率。

Sarshar 等人基于 Kashchiev 和 Firoozabadi 的水合物成核速率和晶体生长速率表达式，建立了计算管道中多组分气体水合物生长速率的数学模型。该模型由多个偏微分方程组成，涉及传质、成核和热力学平衡理论，仅含有一个可调参数——润湿角。Sarshar 等人指出该模型的平均计算误差低于 10%，能够用于管道中水合物生长速率的预测。

最近十几年，学者逐渐通过反应体系的传热特性来描述水合物的生长规律，Liu 等人实验测定了搅拌条件下伴随水合物生长、分解的水合物浆液传热系数，并将反应状态和平衡状态下的温度差作为驱动力，建立了一个联合水合物生长传热和本征动力学的模型。

Meindinyo 等人研究了反应釜中甲烷水合物的生成放热特性，根据热量释放和扩散平衡建立了水合物生长动力学模型。此外，UchidaT，Mochizuki，Freer 等人也研究了水合物生成过程中的传热，建立了水合物膜生长动力学模型。

3 管流体系中水合物流动保障技术研究现状

水合物流动障碍是由水合物生成与沉积逐步演变而成的，目前，研究者们在含水合物的多相管流实验和理论方面开展了一系列研究，其中多数研究针对水平管道流动条件。根据流动介质不同，可将含水合物的多相管流体系划分为以油主导、以水主导和以气主导的流动系统，不同流动系统下水合物沉积机理有所不同。

1994 年，Dorstewitz 等人通过观察水合物在气水流动管路中的沉积现象发现，水合物最先于气、液和管壁三相接触位置处生成，然后沿管道壁面逐渐生长。他们认为，水合物的这种生长和扩展是管道内水合物沉积和堵塞主要机理之一。

2009 年，Nicholas 等人开展了饱和水的凝析体系中的水合物沉积实验，并对有无游离水情况下的水合物沉积特征进行了分析，研究发现，对于有游离水情况，水相会聚集于水平管道底部，从而形成水合物沉积层，严重时形成水合物堵塞；对于无游离水情况，实验测得了水合物颗粒与固体壁面的黏附力值，并分析了颗粒在水平管流壁面处的受力情况，提出了水合物颗粒在水平管道内的管流移除条件，并指出在无游离水的管流系统内发生水合物堵塞的可能性较低。

2013 年，Rao 等人利用饱和水的天然气开展了水平同心双管环流实验，研究了水合物在内管外壁面的沉积过程，将水合物沉积过程分为四个阶段：水分子在壁面的冷凝和析出；管壁处水合物层的生成；水合物层的生长和加厚；水合物层硬化。他们发现，水合物层的硬化可以使沉积层的孔隙度从 30%～50% 下降至 5%，并指出水合物的沉积特征与所形成的水合物类型无直接关系。

2014 年，Lorenzo 等人通过开展水合物水平环路实验研究了环状流下的水合物生成及沉积情况，实验发现，管路压降随着水合物生成量及沉积量的增大而明显增加，实验过程中水合物的脱落和再沉积行为会使管路压降曲线出现波峰和波谷交替的现象，并且随着液相黏度的增大，水合物沉积层的脱落现象越发频繁。

2015 年，Grasso 等人利用高压水平环路开展水合物沉积实验得到管壁处水合物沉积层的生长方式主要有三种：水分子通过连续相向管壁方向扩散，在沉积层表面生成水合物；连续流动的水相或水分子通过气相携带润湿水合物层表面生成水合物；水合物颗粒在沉积层表面的附着和沉积。他们指出，由连续水相润湿沉积层表面生成的水合物孔隙度小且质地较硬，而由水合物颗粒附着和沉积形成的沉积层孔隙度较大且易被剪切剥落。

2019 年，丁麟和宫敬等人利用高压水平环流实验装置开展了多相流动条件下的水合物生成和沉积实验，探究了不同流型下水合物颗粒的聚并和沉积特征，基于实验结果，建立了水合物颗粒聚并和沉积系数的计算方法。研究发现，环状流是最不易发生水合物聚并的流型，但是是最容易发生水合物沉积的流型。

以上对于气控管流系统下水合物沉积过程的实验研究已经相对完善，相比之下，对于水合物沉积过程的理论预测研究仍较为有限。

1994 年，Lingelem 等人指出水合物在管流系统下的沉积过程主要受体系过冷度、壁面对流换热程度、流体流速、流体物性、液相乳化程度和气体凝析边界等影响，并发现，水合物沉积层具备良好的保温效果，沉积层的增厚对水合物的进一步生长有抑制作用，表现为水合物生长速率减慢以及水合物层向下游的延展。

2009 年，Nicholas 等人建立了含游离水的凝析液体系中管道壁面处的水合物沉积预测模型，他们认为，凝析水会在低温壁面析出并形成水合物，水合物的生成量可以通过水的析出量计算得到，该模型能够预测凝析液体系中的水合物沉积量随流动时间的变化规律，模型预测值略低于室内实验测量值。

2010 年，Jassim 等人基于颗粒动力学理论建立了描述水合物沉积的理论模型，该模型包括三个部分：(1)使用计算流体动力学(CFD)技术配置流场；(2)考虑水合物成核和生长，预测水合物颗粒初始尺寸和生长速率；(3)提出颗粒迁移和沉积方法确定颗粒在管壁上的沉积和黏附比例。研究得到，管道内的水合物沉积范围随颗粒尺寸的增大而减小，当颗粒尺寸超过“临界沉积粒径”时，沉积范围不再受颗粒尺寸的影响。

2017 年，王志远等分析了气控环状流系统下水合物的沉积特征，建立了气控管流下的水合物沉积预模型。他们认为，环状流下的水合物沉积包括水合物层加厚和颗粒沉积两部分，其中，由沉积层表面生成的水合物很容易发生沉积，所生成的水合物颗粒中约有24%~31%会黏附于沉积层上，约占水合物总沉积量的50%，但是模型只针对环状流型，且未考虑水合物层的剪切脱落和分解行为。

2019年，高永海等分析了水合物颗粒在井筒气芯区和管壁处的生成和运移机理，通过引入液滴沉积比率和转化比率，建立了适于井筒环状流条件下的水合物沉积预测模型。他们认为，水合物颗粒的沉积由颗粒的受力条件决定，当颗粒达到临界沉积粒径时，将不再满足沉积条件。但是，所建模型主要考虑了环状流型，也不能应用于存在水合物沉积层局部剪切和分解的情况。

对于以油主导的系统，Aman，Anklam 和 McCulfor 等人通过实验和理论研究证明了油相中水合物颗粒聚集的主要黏附力是毛细液桥力。Camargo 和 Palermo 基于水合物聚集体受黏附力和剪切力平衡，建立了聚集体最大临界粒径预测模型。Colombel 等人在前人研究的基础上综合接触诱导聚集机理和剪切限制聚集机理，来解释水合物颗粒的聚集现象，从而预测水合物生成过程中流体黏度的变化。

在水合物浆液流动特性方面，Yan 等人和 Sinquin 等人研究了抑制剂作用下由油包水乳状液形成的水合物浆液性质，结果表明，水合物浆液在层流区可看作是假塑性流体，呈现明显的剪切稀释性；流体压降在层流区由表观黏度决定，在湍流区由摩擦系数决定。

赵鹏飞等在油包水乳状液中分析水合物颗粒在管壁上的微观受力情况和移除条件，建立了适用于油基水合物黏附动力学模型。

对于以水主导的系统，Joshi 等人利用高压水合物环道进行了一系列实验，探索流速1~2.5m/s，持液率50%~90%，含水率100%（即不含油）条件下甲烷水合物堵塞管道的情况。实验结果表明管道流动可分为三个阶段：水合物体积分数较小，水合物颗粒均匀分布在水相中，管路压降无明显变化；水合物体积分数增加，由均匀相转化为非均匀相，混合流体黏度增大，管路压降急剧上升；水合物颗粒浓度进一步增大，形成水合物床，压降呈大范围波动，并出现水合物堵塞。

Zerpa 在 Joshi 等人的实验研究基础上，综合气液两相流型（分层流、波浪流、气泡流、段塞流）和液固两相流型（均相流、非均相流、移动床层、静态床层），提出气/水/水合物体系的三种流型：流型Ⅰ波浪流流型下水合物颗粒均匀分布；流型Ⅱ波浪流流型下水合物颗粒非均匀分布；流型Ⅲ段塞流流型下，液塞区尾部出现静态床层，其他部位水合物颗粒非均匀分布。

Sakurai 等人利用透明环路研究了气水体系在高含水条件下水合物的生成和流动情况，实验结果表明流型影响气泡的大小和水合物生长速率，在水合物颗粒浓度较低时，聚集现象不明显。Sakurai 等人的实验研究验证了 Joshi 等人提出的处于阶段Ⅰ的水合物输送管道多相流动情况。

王武昌等以双层流动模型为基础，以双层流动模型为基础，研究了天然气水合物浆流动条件和形成堵塞的临界条件，提出了流动速度和床层高的判别标准并通过正交方案分析了不同因素对沉积速度的影响。

4 深水管柱内水合物流动保障技术研究现状

深水井筒内的水合物流动障碍以深水气井测试过程最为严重，管柱内常常存在水合物生成区域，如不加控制，极易导致水合物堵塞。针对深水气井测试与生产过程，部分研究者对测试井筒内的水合物流动障碍进行了预测研究。

2001 年，Reyna and Stewart 描述了一口深水气井在测试过程中，钻遇油气储层并决定进行测试，但是测试过程中突然发现泥线以上的隔水管内的油管柱中形成了水合物堵塞，便中止了测试过程，采用诊断测试得到最初的堵塞是由于结蜡和结水合物造成的，最后经过连续油管注入乙二醇及海水而解决。

2011 年，Arrieta 等人以墨西哥一口超深水气井做案例，分析了深水气井开发过程中水合物流动障碍的形成条件、形成过程，以及流动障碍预防的重要性，并在连续油管的使用、水合物抑制剂注入、清井流程等方面提出了指导建议。

2008 年，吴志良等人借助气井温度-压力计算模型预测了井筒沿程温压分布，并通过水合物相平衡条件的经验计算方法预测了水合物生成条件，由此确定了深水气井测试过程中防止水合物生成的最低产气量，并且预测了关井过程中井筒内水合物的生成深度，可用于指导气井的开发方案设计。

2012 年，李建周等人基于深水气井测试工况，针对开井流动和关井求压过程，建立了井筒沿程的温度-压力计算模型，对深水测试管柱内的水合物生成区域分布特征进行了预测，并且结合水合物生成条件，提出了深水气井测试不同施工阶段的水合物生成区域预测方法，但是研究中未考虑水合物生成后的沉积过程。

2014 年，周雪梅等人从渗流理论出发，结合深水气井测试过程中的地层渗流、井筒管流理论和井筒温度分布计算方法，将气藏-井筒耦合模型与水合物相平衡模型统一起来，分析了水合物相平衡条件的影响因素，预测了井筒内的水合物生成位置，但是无法预测水合物的生长和沉积过程。

2015 年，张振楠等人针对深水测试过程中的清井、变产量流动、关井等工况，以全流动范围内温压场及水合物相平衡条件计算为基础，建立了深水井筒内的水合物生成区域预测方法，并提出了以焓为研究对象的温度计算模型，提高了流体流温分布和水合物生成区域预测的准确度，模型同样只能预测水合物的生成条件。

2016 年，张崇等人在分析了深水气井测试过程中泥线处低温、水合物生成风险大的特点，建立了适于深水气井测试过程的井筒温度场计算模型，并对测试过程中水基测试液的性能参数开展了敏感性分析，得到影响井口温度的水基测试液最优性能参数，指导开发了一套深水气井测试保温测试液体系，为深水气井测试过程的水合物风险控制提供了一种新方法。

2016~2018 年，王志远等人通过结合井筒温度场方程、水合物相平衡方程，提出了深水气井开采过程中井筒内的天然气水合物生成区域预测方法，并分析了测试过程中的产气量、气体组分、地温梯度、水深、抑制剂含量等参数对井筒水合物风险区域影响的敏感性，但模型仍未考虑水合物生成后的沉积和堵塞行为。

2018 年，Wang 等人基于前期研究积累，建立了井筒内的水合物沉积和堵塞预测模型，提出深水气井测试过程中井筒内壁的水合物沉积层呈现不均一的厚度，并且与自由水存在与否的测试工况相关，对井筒内最易发生水合物堵塞的位置和水合物沉积进行了预测，但是模型主要针对环状流，未考虑高气液比雾状流型下的水合物沉积预测，不适用于水合物沉积层的剪切脱落和分解条件。

5 下步攻关方向建议

天然气水合物开采过程中井筒或管道内的水合物流动保障问题严重，其中以水合物二次生成问题尤为突出，水合物流动保障技术的发展对于深水水合物资源安全开发尤为重要。以多相管流理论为基础，结合水合物生成、生长、沉积特征，进一步揭示深水管柱内不同流型下的水合物流动障碍形成机制，考虑水合物生成-生长-分解-沉积-脱落行为，建立管柱内水合物流动障碍动态精准预测模型，分析管柱内水合物生长和沉积特征，形成系统水合物流动障碍预测和预防方法，保障水合物资源安全、高效和经济开发。

水合物流动障碍的预防和治理已然是深水资源开发过程风险管理中的关键问题。目前对于深水资源勘探开发技术尚不成熟，为减少深水资源开发过程中风险事故的发生，实现深水资源安全、高效、经济、自主开发至关重要，主要攻关方向建议如下：

（1）天然气水合物流动障碍形成机制研究。

深水水合物开采条件多变将导致井筒内气液流型的“多样性”，受体相及界面分布特征的影响，不同流型下水合物流动障碍形成的机制及差异性机理有待揭示。目前，对于井筒内水合物流动障碍的形成研究主要集中于环状流型，对于高气液比条件下雾状流与环状流的差异基本未考虑，对于泡状流、段塞流和搅动流下的水合物流动障碍的形成特征也未系统研究。在分析水合物生成、生长和沉积特征的基础之上，结合水合物资源开采条件，揭示深水井筒内各气液流型下的水合物流动障碍形成机制，评价不同流型下的水合物流动障碍形成的差异性机理。

（2）天然气水合物井筒多相流动模型建立与流动障碍预测研究。

井筒内水合物流动障碍的形成是水合物生成、生长、沉积的动态演变过程，目前，对井筒水合物流动障碍的研究主要集中于水合物生成区域预测，能够定量预测水合物沉积动态的理论模型很少。而且，现有研究主要针对环状流型，不适用于雾状流情况，也未考虑水合物沉积层的分解和脱落等行为。考虑天然气水合物复杂井筒结构和复杂井筒气液固多相流动，结合深水开发背景，建立天然气水合物流体物性计算模型和天然气水合物井筒传热模型，形成天然气水合物井筒流动模拟方法，编制相关计算模块，对天然气水合物井筒温度、压力和水合物二次生成与沉积动态进行预测，并结合现场相关数据，开展天然气水合物井筒多相流动模型验证。

（3）天然气水合物管道多相流动模型建立与水合物二次生成预测研究。

天然气水合物开采过程中管道内也可能存在水合物的二次生成，一方面会堵塞管道，另一方面会形成浆流，呈现复杂的多相流动状态。目前水合物生成的机理模型或经验模型不适用于预测水合物开采过程中管道内的水合物二次生成过程，建立水合物浆流动模型，预测天然气水合物管道截面水合物浓度分布，确定水合物管道内水合物二次生成的位置，计算和预测水合物在管道内的生成和沉积速率。

（4）天然气水合物井筒举升工艺研究。

天然气水合物开采过程中，伴随着水合物的生成、分解、沉积与脱落，井筒内往往表现为复杂多相流动，而举升工艺受多相流动的影响远远大于单相、双相举升过程，以保障安全、连续生产为目标，考虑到对井筒液体携砂与气体携液能力分析，开展天然气水合物举升方式可行性分析论证，建立天然气水合物举升工艺参数设计方法，研究天然气水合物井筒管柱配套工艺。

（5）天然气水合物流动障碍防治技术研究。

对于深水测试过程井筒内水合物流动障碍的防治措施仍有局限。对于最为直接、有效的水合物抑制剂注入法，现场往往表现为盲目注入、过度注入，未考虑水合物流动障碍与水合物堵塞的关系，常常以彻底避免水合物生成为防治目的，大大增加了深水测试成本，结合前面井筒或管道对水合物二次生成的预测分析，分析水合物抑制剂性能，对水合物抑制剂进行优选，并结合抑制剂性能参数，对抑制剂加注时机和参数进行优化，形成系统可用的水合物流动障碍预防和治理方法。

参考文献

[1] 金立平，吕音，任永宏，等．国内首次自营深水测试工艺技术[J]．油气井测试，2015，24(1)：50-53.

[2] 杨丽丽，王陆新，潘继平．全球深水油气勘探开发现状、前景及启示[J]．中国矿业，2017，26(S2)：14-17.

[3] 杨红君，吴木旺，杨计海，等．超深水气井测试作业运作模式与关键技术——以我国南海首口超深水井 LSE1 井为例[J]．中国海上油气，2016，28(05)：38-43.

[4] Hammerschmidt, E. G. (1934). Formation of gas hydrates in natural gas transmission lines. Industrial & Engineering Chemistry, 26(8): 851-855.

[5] Vysniauskas, A., & Bishnoi, P. R. (1983). A kinetic study of methane hydrate formation. Chemical Engineering Science, 38(7): 1061-1072.

[6] Vysniauskas A. Bishnoi P. (1985). Kinetics of ethane hydrate formation. Chem Eng Sci, 40: 299-303.

[7] Van der Waals, J. H., & Platteeuw, J. C. (1959). Clathrate solutions. Advances in chemical physics: 1-57.

[8] Parrish, W. R., & Prausnitz, J. M. (1972). Dissociation pressures of gas hydrates formed by gas mix-

tures. Industrial & Engineering Chemistry Process Design and Development, 11(1): 26-35.

[9] Ng, H. J., & Robinson, D. B. (1985). Hydrate formation in systems containing methane, ethane, propane, carbon dioxide or hydrogen sulfide in the presence of methanol. Fluid Phase Equilibria, 21(1-2): 145-155.

[10] John, V. T., Papadopoulos, K. D., & Holder, G. D. (1985). A generalized model for predicting equilibrium conditions for gas hydrates. AIChE Journal, 31(2): 252-259.

[11] 杜亚和，郭天民．天然气水合物生成条件的预测 Ⅱ．注甲醇体系[J]．石油学报(石油加工)，1988(04)：67-76.

[12] Anderson, F. E., & Prausnitz, J. M. (1986). Inhibition of gas hydrates by methanol. AIChE journal, 32(8): 1321-1333.

[13] De Roo, J. L., Peters, C. J., Lichtenthaler, R. N., & Diepen, G. A. M. (1983). Occurrence of methane hydrate in saturated and unsaturated solutions of sodium chloride and water in dependence of temperature and pressure. AIChE Journal, 29(4): 651-657.

[14] Menten, P. D., Parrish, W. R., & Sloan, E. D. (1981). Effect of inhibitors on hydrate formation. Industrial & Engineering Chemistry Process Design and Development, 20(2): 399-401.

[15] Englezos, P., & Bishnoi, P. R. (1988). Prediction of gas hydrate formation conditions in aqueous electrolyte solutions. AIChE Journal, 34(10): 1718-1721.

[16] Javanmardi, J., & Moshfeghian, M. (2000). A new approach for prediction of gas hydrate formation conditions in aqueous electrolyte solutions. Fluid Phase Equilibria, 168(2): 135-148.

[17] Zuo, Y. X., Gommesen, S., & Guo, T. M. (1996). Equation of state based hydrate model for natural gas systems containing brine and polar inhibitor. Chinese Journal of Chemical Engineering, 4(3): 189-202.

[18] Chen, G. J., & Guo, T. M. (1996). Thermodynamic modeling of hydrate formation based on new concepts. Fluid Phase Equilibria, 122(1-2): 43-65.

[19] Chen, G. J., & Guo, T. M. (1998). A new approach to gas hydrate modelling. Chemical Engineering Journal, 71(2): 145-151.

[20] 喻西崇，赵金洲，郭建春，邬亚玲．天然气水合物生成条件预测模型的比较[J]．油气储运，2002(01)：20-24+60-4.

[21] Englezos, P., Kalogerakis, N., Dholabhai, P. D., & Bishnoi, P. R. (1987). Kinetics of formation of methane and ethane gas hydrates. Chemical Engineering Science, 42(11): 2647-2658.

[22] Yapa, P. D., Zheng, L., & Chen, F. (2001). A model for deepwater oil/gas blowouts. Marine pollution bulletin, 43(7-12): 234-241.

[23] Gong, J., Shi, B., & Zhao, J. (2010). Natural gas hydrate shell model in gas-slurry pipeline flow. Journal of Natural Gas Chemistry, 19(3): 261-266.

[24] Al-Otaibi, F., Clarke, M., Maini, B., & Bishnoi, P. R. (2010). Formation kinetics of structure I clathrates of methane and ethane using an in situ particle size analyzer. Energy & Fuels, 24(9): 5012-5022.

[25] Skovborg, P., & Rasmussen, P. (1994). A mass transport limited model for the growth of methane and ethane gas hydrates. Chemical Engineering Science, 49(8): 1131-1143.

[26] Akhfash, M., Boxall, J. A., Aman, Z. M., Johns, M. L., & May, E. F. (2013). Hydrate formation and particle distributions in gas-water systems. Chemical Engineering Science, 104: 177-188.

[27] Di Lorenzo, M., Aman, Z. M., Kozielski, K., Norris, B. W., Johns, M. L., & May, E. F. (2014).

Underinhibited hydrate formation and transport investigated using a single - pass gas - dominant flowloop. Energy & Fuels, 28(11): 7274-7284.

[28] Di Lorenzo, M., Aman, Z. M., Sanchez Soto, G., Johns, M., Kozielski, K. A., & May, E. F. (2014). Hydrate formation in gas-dominant systems using a single-pass flowloop. Energy & Fuels, 28(5): 3043-3052.

[29] Zerpa, L. E. (2013). A practical model to predict gas hydrate formation, dissociation and transportability in oil and gas flowlines. Colorado School of Mines.

[30] Kashchiev, D., & Firoozabadi, A. (2003). Induction time in crystallization of gas hydrates. Journal of crystal growth, 250(3-4): 499-515.

[31] Kashchiev, D., & Firoozabadi, A. (2002). Nucleation of gas hydrates. Journal of crystal growth, 243(3-4): 476-489.

[32] Sarshar, M., Fathikalajahi, J., & Esmaeilzadeh, F. (2010). Kinetic of hydrate formation of propane and its mixture with methane in a circulating flow reactor. Fluid Phase Equilibria, 298(1): 38-47.

[33] Liu, B., Pang, W., Peng, B., Sun, C., & Chen, G. (2011). Heat transfer related to gas hydrate formation/dissociation. In Developments in Heat Transfer. IntechOpen.

[34] Meindinyo, R. E. T., Svartaas, T. M., Nordbø, T. N., & Bøe, R. (2015). Gas hydrate growth estimation based on heat transfer. Energy & Fuels, 29(2): 587-594.

[35] Uchida, T., Ebinuma, T., Kawabata, J. I., & Narita, H. (1999). Microscopic observations of formation processes of clathrate-hydrate films at an interface between water and carbon dioxide. Journal of crystal growth, 204(3): 348-356.

[36] Mochizuki, T., & Mori, Y. H. (2006). Clathrate-hydrate film growth along water/hydrate-former phase boundaries-numerical heat-transfer study. Journal of crystal growth, 290(2): 642-652.

[37] Freer, E. M., Selim, M. S., & Sloan Jr, E. D. (2001). Methane hydrate film growth kinetics. Fluid Phase Equilibria, 185(1-2): 65-75.

[38] Sloan, E. D. (2010). Natural gas hydrates in flow assurance. Gulf Professional Publishing.

[39] Aman, Z. M., Aspenes, G., Sloan, E. D., Sum, A., & Koh, C. (2011, January). The effect of chemistry and system conditions on hydrate interparticle adhesion forces toward aggregation and hydrate plug formation. In SPE International Symposium on Oilfield Chemistry. Society of Petroleum Engineers.

[40] Anklam, M. R., York, J. D., Helmerich, L., & Firoozabadi, A. (2008). Effects of antiagglomerants on the interactions between hydrate particles. AIChE Journal, 54(2): 565-574.

[41] McCulfor, J., Himes, P., & Anklam, M. R. (2011). The effects of capillary forces on the flow properties of glass particle suspensions in mineral oil. AIChE Journal, 57(9): 2334-2340.

[42] Camargo, R., & Palermo, T. (2002, May). Rheological properties of hydrate suspensions in an asphaltenic crude oil. In Proceedings of the 4th International Conference on Gas Hydrates, 1: 880-885.

[43] Colombel, E., Gateau, P., Barré, L., Gruy, F., & Palermo, T. (2009). Discussion of agglomeration mechanisms between hydrate particles in water in oil emulsions. Oil & Gas Science and Technology-Revue de l'IFP, 64(5): 629-636.

[44] Yan, K. L., Sun, C. Y., Chen, J., Chen, L. T., Shen, D. J., Liu, B., ...& Song, Z. Y. (2014). Flow characteristics and rheological properties of natural gas hydrate slurry in the presence of anti-agglomer-

ant in a flow loop apparatus. Chemical Engineering Science, 106: 99-108.

[45] Sinquin, A., Palermo, T., & Peysson, Y. (2004). Rheological and flow properties of gas hydrate suspensions. Oil & gas science and technology, 59(1): 41-57.

[46] 赵鹏飞，王武昌，李玉星. 流动体系下油基天然气水合物颗粒管壁粘附机制[J]. 油气储运，2016，35(05): 482-487.

[47] Joshi, S. V., Grasso, G. A., Lafond, P. G., Rao, I., Webb, E., Zerpa, L. E., ... & Sum, A. K. (2013). Experimental flowloop investigations of gas hydrate formation in high water cut systems. Chemical Engineering Science, 97: 198-209.

[48] Sakurai, S., Nakatsuka, Y., Edwards, T. J., Hoskin, B. J., & Manning, D. K. (2014, May). An experimental study for flow assurance of the methane hydrate production test system. In Offshore Technology Conference. Offshore Technology Conference.

[49] 王武昌，陈鹏，李玉星，刘海红，张庆东. 天然气水合物浆在管道中的流动沉积特性[J]. 天然气工业，2014，34(02): 99-104.

[50] Rao, I., Koh, C. A., Sloan, E. D., & Sum, A. K. (2013). Gas hydrate deposition on a cold surface in water-saturated gas systems. Industrial & Engineering Chemistry Research, 52(18): 6262-6269.

[51] Jassim, E., Abdi, M. A., & Muzychka, Y. (2010). A new approach to investigate hydrate deposition in gas-dominated flowlines. Journal of natural gas science and engineering, 2(4): 163-177.

[52] Sonne, J., & Pedersen, K. S. (2009, June). Simulation of hydrate growth in steady state flow lines. In 14th International Conference on Multiphase Production Technology. BHR Group.

[53] Sum, A. K., Koh, C. A., & Sloan, E. D. (2012). Developing a comprehensive understanding and model of hydrate in multiphase flow: from laboratory measurements to field applications. Energy & Fuels, 26(7): 4046-4052.

[54] Chen, J., Yan, K. L., Chen, G. J., Sun, C. Y., Liu, B., Ren, N., ... & Sum, A. K. (2015). Insights into the formation mechanism of hydrate plugging in pipelines. Chemical Engineering Science, 122: 284-290.

[55] Wang, Z. Y., Sun, B. J., CHENG, H. Q., & GAO, Y. H. (2008). Prediction of gas hydrate formation region in the wellbore of deepwater drilling. Petroleum Exploration and Development, 35(6): 731-735.

[56] Wang, Z., & Sun, B. (2009). Annular multiphase flow behavior during deep water drilling and the effect of hydrate phase transition. Petroleum Science, 6(1): 57-63.

[57] Wang, Z., Zhao, Y., Zhang, J., Wang, X., Yu, J., & Sun, B. (2018). Quantitatively Assessing Hydrate-Blockage Development During Deepwater-Gas-Well Testing. SPE Journal, 23(04): 1-166.

[58] Wang, Z., Zhao, Y., Zhang, J., Pan, S., Yu, J., & Sun, B. (2018). Flow assurance during deepwater gas well testing: Hydrate blockage prediction and prevention. Journal of Petroleum Science and Engineering, 163: 211-216.

[59] 李建周，高永海，郑清华，孙宝江，关利军. 深水气井测试过程水合物形成预测[J]. 石油钻采工艺，2012，34(04): 77-80.

[60] 张锟，江厚顺，张红伟，孙宏亮. 气井井筒内天然气水合物形成预测及预防措施研究[J]. 长江大学学报(自科版)，2013，10(20): 94-96+162.

[61] 周雪梅，段永刚，何玉发，游媛，李果，邓科. 深水气井测试流动保障研究[J]. 石油天然气学报，

2014，36(05)：149-152+9.

[62] 张振楠，孙宝江，王志远，王雪瑞，王金堂．深水气井测试天然气水合物生成区域预测及分析[J]．水动力学研究与进展 A 辑，2015，30(02)：167-172.

[63] 王志远，赵阳，孙宝江，王雪瑞，潘少伟．井筒环雾流传热模型及其在深水气井水合物生成风险分析中的应用[J]．水动力学研究与进展 A 辑，2016，31(01)：20-27.

[64] Ramey Jr，H. J. (1962). Wellbore heat transmission. Journal of Petroleum Technology，14(04)：427-435.

[65] Willhite，G. P. (1967). Over-all heat transfer coefficients in steam and hot water injection wells. Journal of Petroleum technology，19(05)：607-615.

[66] Nowak，T. J. (1953). The estimation of water injection profiles from temperature surveys. Journal of Petroleum Technology，5(08)：203-212.

[67] Bird，J. M. (1954，January). Interpretation of Temperature Logs in Water-and Gas-injection Wells and Gas-producing wells. In Drilling and Production Practice. American Petroleum Institute.

[68] Kirkpatrick，C. V. (1959，January). Advances in gas-lift technology. In Drilling and Production Practice. American Petroleum Institute.

[69] Lesem，L. B.，Greytok，F.，Marotta，F.，& McKetta Jr，J. J. (1957). A method of calculating the distribution of temperature in flowing gas wells.

[70] Moss，J. T.，& White，P. D. (1959). How to calculate temperature profiles in a water-injection well. Oil and Gas J，57(11)：174.

[71] Carslaw，H. S.，& Jaeger，J. C. (1959). Conduction of heat in solids. Oxford：Clarendon Press，1959，2nd ed.

[72] Squier，D. P.，Smith，D. D.，& Dougherty，E. L. (1962). Calculated temperature behavior of hot-water injection wells. Journal of Petroleum Technology，14(04)：436-440.

[73] Satter，A. (1965). Heat losses during flow of steam down a wellbore. Journal of Petroleum technology，17(07)：845-851.

[74] Coulter，D. M.，& Bardon，M. F. (1979). Revised equation improves flowing gas temperature prediction. Oil & Gas Journal，77(9)：107-108.

[75] Shiu，K. C.，& Beggs，H. D. (1980). Predicting temperatures in flowing oil wells. Journal of Energy Resources Technology，102(1)：2-11.

[76] Ali，S. M. (1981). A comprehensive wellbore stream/water flow model for steam injection and geothermal applications. Society of Petroleum Engineers Journal，21(05)：527-534.

[77] Durrant，A. J.，& Thambynayagam，R. K. M. (1986). Wellbore heat transmission and pressure drop for steam/water injection and geothermal production：a simple solution technique. SPE Reservoir Engineering，1(02)：148-162.

[78] Griston，S.，& Willhite，G. P. (1987，January). Numerical model for evaluating concentric steam injection wells. In SPE California Regional Meeting. Society of Petroleum Engineers.

[79] Sagar，R.，Doty，D. R.，& Schmidt，Z. (1991). Predicting temperature profiles in a flowing well. SPE production engineering，6(04)：441-448.

[80] Alves，I. N.，Alhanati，F. J. S.，& Shoham，O. (1992). A unified model for predicting flowing temperature distribution in wellbores and pipelines. SPE production Engineering，7(04)：363-367.

[81] Chiu, K. , & Thakur, S. C. (1991, January). Modeling of Wellbore Heat Losses in Directional Wells Under Changing Injection Conditions. In SPE Annual Technical Conference and Exhibition. Society of Petroleum Engineers.

[82] Guillot, F. , Boisnault, J. M. , & Hujeux, J. C. (1993, January). A cementing temperature simulator to improve field practice. In SPE/IADC Drilling Conference. Society of Petroleum Engineers.

[83] Hasan, A. R. , & Kabir, C. S. (1991, January). Heat transfer during two-Phase flow in Wellbores; Part I—formation temperature. In SPE Annual Technical Conference and Exhibition. Society of Petroleum Engineers.

[84] Hasan, A. R. , & Kabir, C. S. (1991, January). Heat transfer during two-Phase flow in Wellbores; Part I—formation temperature. In SPE Annual Technical Conference and Exhibition. Society of Petroleum Engineers.

[85] Kabir, C. S. , Hasan, A. R. , Kouba, G. E. , & Ameen, M. (1996). Determining circulating fluid temperature in drilling, workover, and well control operations. SPE Drilling & Completion, 11(02): 74-79.

[86] Hasan, A. R. , & Kabir, C. S. (1993). Predicting fluid temperature profiles in gas-lift wells. SPE, 26098: 673-682.

[87] Hasan, A. R. , Kabir, C. S. , & Ameen, M. M. (1996). A fluid circulating temperature model for workover operations. SPE Journal, 1(02): 133-144.

[88] Kabir, C. S. , Hasan, A. R. , Jordan, D. L. , & Wang, X. (1996). A wellbore/reservoir simulator for testing gas wells in high-temperature reservoirs. SPE Formation Evaluation, 11(02): 128-134.

[89] 郭春秋，李颖川．气井压力温度预测综合数值模拟．石油学报，2001；22(3)：100-104.

[90] 高永海，孙宝江，赵欣欣，王志远，殷志明，王金波．水合物钻探井筒多相流动及井底压力变化规律[J]．石油学报，2012，33(05)：881-886.

[91] 张崇，任冠龙，董钊，余意，吴江．深水气井测试井筒温度场预测模型的建立及应用[J]．中国海上油气，2016，28(05)：78-84.

海域天然气水合物开采环境效应监测技术进展

刘文远[1,2]　张　乐[1,2]　岑学齐[1,2]

[1]中国石化石油勘探开发研究院，北京，100083

[2]南方海洋科学与工程广东省实验室(广州)，广州，511458

摘要： 天然气水合物(NGH)开发技术已成为当今世界科技创新发展的前沿技术。海底天然气水合物大规模开采必须首先对水合物的环境效应及环境灾害进行监测和评估。本文重点介绍了海底水合物开采导致的海洋地质灾害，国内外海底水合物试采及地质灾害监测现状及技术研究进展。加强安全性评估，建立环境安全监测体系，构建环境影响后评价制度和环境恢复调查机制，建立一套完整的海底天然气水合物开采生态和地质灾害风险预警系统，有助于及时、准确了解和预警天然气水合物开采的潜在灾害风险，对准确评估预测天然气水合物开采的地质风险概率和最大程度降低天然气水合物开采对海洋生态环境和安全生产的影响起到重要作用，为全球天然气水合物开采技术难题的攻克提供技术参考和依据。

关键词： 天然气水合物；能源开采；地质灾害；风险监测；安全性评估

1　海底水合物开采导致的海洋地质灾害

海底天然气水合物开采可能导致各类海洋地质灾害。一部分地质灾害与自然变化有关，另一部分可能直接由人类工业活动相关。

(1) 自然类地质灾害。

天然气水合物分解除了可以影响海洋生态、加剧全球变暖，还可以形成麻坑、气烟囱、泥火山等灾害性地质构造，并可能造成海床塌陷、海底滑坡等地质灾害。天然气水合物分解导致的大规模海洋地质灾害通常与全球变化有关，如全球变暖导致的海水温度上升、晚更新世时期海平面的下降。挪威 Storrega 海底滑坡、美国 CapeFear 海底滑坡等均与水合物分解有关；近年来的气候变化使天然气水合物稳定性降低，诱发海底滑坡、甲烷释放的可能性增大。

基金项目： 南方海洋科学与工程广东省实验室(广州)人才团队引进重大专项(GML2019ZD0102)；
中国石化科技部项目群课题(P20040-4)；
中国石化优秀青年创新基金项目(P20025)

（2）工业类地质灾害。

尽管关于水合物分解导致的海洋工程设施破坏的案例极少，但随着海洋工程设施增加以及水合物开发与商业化生产提上日程，其引起的工业类地质灾害逐步得到重视。Borowski 等指出铺设海底管道会改变海床温度条件，引起的表层水合物分解可能造成海床坍陷，继而导致海底管道断裂。Sahling 等认为水合物分解可能造成海底钢结构易于腐蚀。Hovland 等研究表明提出吸力锚改变海床压力条件，造成水合物分解，最终影响吸力锚及由其控制的海上平台安全。

2 国内外海底水合物试采及地质灾害监测现状

天然气水合物开采的巨大潜在环境风险使各国多持谨慎态度，而且还存在技术难、成本高等不利于稳定开采的因素。目前，海底天然气水合物尚未实现商业化开采，但日本和我国已率先实施试采工作，其他国家多通过制订研究发展计划、调查研究、资源评价、基础和应用研究等推进天然气水合物开采战略，试采国均开展了原位监测，其他国家也多具有较长的监测评价研究历史。

2.1 日本海底水合物试采监测

1999 年，日本在其南海海槽东部海域钻获天然气水合物实物样品。该海域水深约 1000m，水合物储层埋深 177~345m。2013 年，日本石油天然气与金属矿产资源机构(JOG-MEC)采用降压法，实施了世界上首次海底天然气水合物生产测试。3 月 12 日试采开始，3 月 18 日因出砂严重与抽水泵故障而被迫封井，试采期间，持续产气近 6 天，日均产气量约 $2\times10^4m^3$。

日本在南海海槽天然气水合物生产测试期间，对海床变形、储层稳定性以及甲烷泄漏等进行了重点监测。日本将水合物试采前后的海床沉降监测作为海床变形监测的重点。为实现海床沉降监测，其设计实施了两条技术路线：①三分量加速度传感器监测。利用所测加速度值，进行二次积分得到位移，进而得到海床沉降量。其传感器位于球状耐压容器之中，通过探杆与海床耦合。该装置整体长度约 2.4m，探头直径 126mm。②压力传感器监测。压力传感器位于海床面，其所测压力直接反映上覆水体深度；消除潮位等对所测压力的影响后，所测压力差则反映了海床隆起与沉降。Wallace 等利用该方法对新西兰希库朗伊俯冲带进行监测，发现了海底缓慢滑动现象，该研究成果于 2016 年发表于 Science 期刊。另外，针对海床横向变形监测，国内也在渤海进行了浅海测试。

南海海槽水合物试采期间，实际采用了第二种方案进行海床变形监测。石英晶体谐振器被用作压力计，最大工作水深 1400m，测量分辨率 0.014mm，精度 1cm。根据模拟分析，试采期间水合物生产井周边海床沉降量约为 10~30cm。传感器采用电池供电，测量数据自容存储。该测量装置及其附属设施在空气中总质量 185kg，在水下时质量 25kg。此外，该系统集成了海床倾斜计，该倾斜计由液态电解质制成，其导电性反映海床倾角变化；测量范围为±30°，分辨率 0.001°，精度 0.02°。

日本水合物试采工程还对天然气水合物储层稳定性进行了监测。水合物储层稳定性监测主要通过监测试采期间及之后一段时间内的井内温度变化实现。其不仅对生产井进行了监测，同时设置了两口监测井(距离生产井25m)。每口井同时安设了分布式温度传感器(DTS)与线阵式电阻测温传感器(RTD)。其中，分布式温度传感器布设于全钻井深度，为自容式存储，测量精度0.5℃，持续工作时间18个月；线阵式电阻测温传感器仅布设于水合物储层深度范围内，数据实时传输，测量精度0.1℃，仅水合物试采期工作。此外，日本水合物试采期间，还对甲烷泄漏进行了监测；同时，甲烷泄漏监测系统集成了温度、盐度、压力、溶解氧、流速等监测内容。

考虑到海底天然气水合物开采的潜在环境风险，日本对天然气水合物开采的监测内容还包括海水中的溶解甲烷、硫化氢、营养盐、微生物；沉积物中的有机碳、总氮、密度、粒径、硫化物、Fe、微生物和底栖生物；沉积物上覆水中的溶解甲烷、溶解氧和硫化氢；沉积物孔隙养盐、溶解有机物、Ca/Mn、Fe/Mn和SO_4^{2-}。此外，日本还开展了天然气水合物开采对海洋生物的生态毒理试验，并建立了模型对天然气水合物开采的环境风险进行预测，主要用于预测甲烷泄露、天然气水合物生产水排放、海底破坏、生态环境影响等。

2.2 美国海底水合物试采监测

美国海底天然气水合物至今虽未正式开采，但其相应的监测研究工作在2002年已经开展，完成了监测模型构建与并在墨西哥湾水合物赋存区(MC118)进行过多次测试。其海床监测系统(SFO)主要由水平监测线阵、垂直监测线阵、海底边界层监测线阵、海床探针、气烟囱监测阵列等组成。

水平监测线阵由4根观测缆组成，通过HLA-POD相连，呈十字形交叉：每根观测缆长500m，非等距布设16个水听器，记录水声波速与能量；同时安装有三分量加速度传感器。水平监测线阵通过专门为此研制的SSD辅助安装，SSD集成了扫描声呐、前后摄像机、照明、声学定位与导航系统、光纤通信系统、智能通信控制器、推进系统、机械臂等，类似于水下机器人。垂直监测线阵与水平观测线阵相连，由1根观测缆组成：观测缆长200m，等距布设16个水听器，同时安装热敏电阻(记录海水温度)、倾角计(记录海流作用下的偏移量大小)与罗盘(记录偏离方向)。海底边界层监测线阵与垂直监测线阵类似，但其不与水平监测线阵相连，长度为100m。

海床探针主要包括贯入仪、热敏电阻线阵与孔隙流体监测阵列等。贯入仪设计配重约2t，探杆长度10~30m，其贯入深度为孔隙流体监测阵列探杆长度提供了设计指标。热敏电阻线阵探杆长为10m，用以监测表层沉积物的温度变化。孔隙流体监测阵列主要监测底层水体与表层沉积物的氯化物、硫酸盐、甲烷浓度和甲烷同位素变化。此外，美国还设计了气烟囱监测线阵，监测水深、流速、溶解氧、盐度、温度、甲烷等因素的变化情况；2010年9月~2011年6月，2011年10月~2012年4月分别在MC118进行了两次监测现场测试，大部分传感器工作状态良好，但至关重要的甲烷传感器在两次测试中均以失败告终。

2.3 我国南海水合物试采监测

2017 年 5 月，我国海域天然气水合物首次试采成功，试采过程环境监测和评价是必不可少的重要环节，在方法的选择中，利用大气、海水、海底和井下立体监测体系，试采结果验证是科学有效的。

海域天然气水合物试采环境实时监测系统包括控制中心以及分别与控制中心通讯连接的大气监测装置、表层海水监测装置和试采井监测装置；控制台用于接收、分析和展示监测数据；控制台包括数据可视化单元，用于将监测数据进行可视化处理；数据分析单元，用于将监测数据进行分析筛选；大气监测装置用于监测大气中甲烷、二氧化碳浓度；表层海水监测装置用于监测表层海水中甲烷、二氧化碳浓度；试采井监测装置用于监测试采管道中温湿度、含沙量等参数。

我国为确保南海神狐海域天然气水合物试采的安全性及环境影响的可控性，在试采前和试采过程中开展了安全性评估和环境监测评价工作。2011~2017 年，我国在试采区开展了 10 个航次的监测调查工作，调查内容包括海洋环境质量、海洋生物生态、海底地质灾害特征三个方面，如海水物理化学及水文特征、海水溶解甲烷含量、海洋生物特征、海底环境监测、海表大气甲烷含量、海底工程地质特征、地质灾害特征等。同时，试采前在井口布设海底环境长期监测系统，从而实时掌握试采井海底环境，并通过模型模拟预测试采区底层沉降、崩塌等灾害性特征。试采中利用甲烷和二氧化碳传感器实时监测周边大气及表层海水中的甲烷及二氧化碳含量，实现了试采全过程的实时监测。

2011 年 6 月~2017 年 3 月，我们在水合物产区进行了 13 次海洋环境调查航次。在生产试验过程中，围绕蓝鲸一号平台建立了大气、海水、海底、地下“四位一体”的环境监测系统。NGH 生产测试过程可能引起的甲烷泄漏和海洋环境变化可以通过该系统全方位监测。生产试验后，进行了全面的海洋环境调查。

NGH 生产试验前后，水中溶解甲烷含量采用改进的 METS 测量；测量范围为 10~500nmol/L，灵敏度为 1nmol/L，并与 SBE 917plus CTD 相结合，提供电源和数据采集。在生产测试期间，使用配备 RBR 数据采集器的 METS，在测试期间通过遥控车监测海床的甲烷泄漏情况。

生产试验过程中的海底甲烷泄漏监测根据底流方向和坡度，潜水浮力系统与“HYⅣ”船位于试验井口西南 87m 下坡处。生产全过程采用潜水浮力系统监测井口附近底部海水的甲烷含量。甲烷数据每 12h 收集 40min，采样间隔为 5s。

3 海底水合物试采及地质灾害监测技术发展现状

2013 年，盛堰等建立一种天然气水合物海底环境效应长期监测低功耗控制系统。天然气水合物海底环境效应长期监测装置长期驻留海底。实现水合物多参量环境数据监测、采集和传送，使用低功耗嵌入式设计水下控制系统，可以降低功耗，实现更长时间、稳定的水合物海底环境长期监测。天然气水合物海底环境长期监测系统主要包括：甲板测控单元、通信单元、海底长期采集锚泊单元等 3 部分。海底长期采集锚泊单元的投放与回收使用声学释放器进行，装置与甲板系统之间的通信通过水声通讯 Modem 进行。海底长期采集锚泊单元通过中央控制系统将多个水合物环境参量物理和化学传感器、监测仪器、水声通讯 Modem、声学释放器等集成在一起，经过专用支架安装后投入海底，形成对海底多个水合物环境要素不同时空尺度的状况及其变化趋势进行全方位的立体探测的能力，并采集、传输、处理、分析这些环境要素的信息数据，揭示海底水合物相关环境的变化规律，为海底水合物的环境效应研究和试采提供原位资料。

2018 年，钟超等建立了一种适用于海域天然气水合物试采环境观监测模型。海底观测网是指将各种观测仪器安装到海底，实现动态和高分辨率立体监测，探索海底物理、化学、地质等参量和生物过程，可适应于海底天然气水合物勘探领域、海底地震、海啸监测预警。本文介绍了国内外海底观测网的研究现状，结合我国首次天然气水合物试采环境监测现状，借鉴国内外先进经验，提出了一种适应水合物试采环境监测的海底观测网模型，为后续实验研发提供了科学依据。海底观测网主要由光电复合缆、海洋观测节点、仪器节点和岸基控制台等组成，通过将各种观测仪器安装到海底，探索海底物理、化学、地质等参量和生物过程。海底观测网络技术的出现在海底科学研究上具有里程碑的意义。结合我国海域天然气水合物试采现状，针对在南海海域试采天然气水合物过程中可能对海洋环境产生的影响，通过科学的手段对试采过程中周边海域建立海底观测网，实现监测参数的传输和分析，以便及时有效地评价试采的环境影响。

由英国环境、渔业及水生物研究中心(CEFAS)与英国气象局等单位合作建设的 CEFAS 观测网，最初的目的是为海洋渔业服务。该系统拥有波浪观测站 14 个，温度和盐度观测站 38 个，智能化生态监测浮标 19 个。爱琴海监测和预报系统——海神 Poseidon 于 1997 年由欧洲自由贸易联盟(EFTA)和希腊国家经济部共同资助建立。最初工作目标集中于物理过程(大气状态、波浪、海流)的监测，生物化学量的监测能力有限，后经补充，逐渐增强了监测能力。美国主导的大洋观测计划(OOI)，用于测量热量、水分和动量等海气通量；海王星计划(NAPTUNE)观测物理、化学、地质等参量和生物过程；欧洲的海底观测网计划(ESONET)以及日本的海底监测计划(DONET&ARENA)等，针对海底地震和海啸等开展长期连续监测。台湾地区处于环太平洋地震带上，在台湾海峡东部实施了(MACHO)计划，2011 年 11 月正式运行，主要用于地震海啸预警、海底火山和洋流监测。近年来，国内科研院校也加大海底观测网建设的力度，2009 年由同济大学等建立小衢山海底观测网试验站示范系统。2013 年，南海首个海底观测示范系统在三亚建成。2015 年，同济大学牵头实施的十二五“863”计划组成东海浅海海底观测网。2017 年 6 月“东海、南海海底观测系统”国家重大专项获批建立，将实现中国东海和南海从海底向海面的全天候、实时和高分辨率的多界面立体综合观测，为深入认识东海和南海海洋环境提供长期连续观测数据和原位科学实验平台。

2021 年，朱贺等提出一种海域天然气水合物开采的 4C-OBC 时移地震动态监测方法。

采用能够同时采集纵波信号和横波信号，并且满足实时性和长期性要求的四分量海底震缆(4C-OBC)技术，对天然气水合物储层进行时移地震动态监测。针对未来天然气水合物商业化开发时的井环境，通过射线追踪方法进行正演模拟，对地层模型进行地震照明分析，得到合理的4C-OBC布设参数，以期确保采集的地震数据具有良好的成像效果，并对不同开发阶段的时移地震数据进行走时与振幅分析。

2021年，曹宇等设计了一种基于北斗卫星导航系统(BDS)的可燃冰开采环境监测与评估系统。通过展现大气、海水、海床、井下"四位一体"的3D可视化海洋立体空间场景，实现NGH开采环境传感器的实时数据采集及远距离传输，实现海底开采环境实时安全分析、跟踪及预警功能。北斗卫星导航系统(BDS)以其独有的短报文通信功能，成为全球首个通信一体化的导航定位系统，在电力行业、海上作业、航空安全、燃气等领域应用十分广泛。以BDS短报文通讯方式为基础，设计基于BDS的海底NGH开采环境监测与评估可视化系统，利用海下布置的各类传感器，将甲烷、二氧化碳、压力、温度、海流速度等参数通过BDS短报文功能传输到用户终端，并根据转化的信息参数形成监测曲线与报警机制，对水下开采环境进行实时监测与风险评估。

4 下步攻关方向建议

加快海底天然气水合物商业化生产步伐，亟须加强海底环境变化原位长期监测工作，包括开采前的环境基准监测、开采过程中环境变化监测、开采后环境恢复监测，并与室内试验、数值模拟相结合进行综合研究。美国、日本等国家利用压力传感器与加速度传感器监测海床变形滑动的案例值得吸收借鉴。同时，世界各国均未完全实现监测数据的实时传输，也并未完全解决海底原位长期观测的电能供应问题，需要各国在海底水合物开采工作中逐步解决。

围绕海底水合物试采及地质灾害监测，下步攻关方向如下：

(1) 加强安全性评估、环境本底监测及地质风险预测。

天然气水合物试采前应对试采区地质、地球物理、地球化学及工程地质资料进行综合分析，多方面评估试采井口及地层的安全性，通过优化井位布设和降压方案，从工程设计角度将发生甲烷泄漏继而引发环境问题和地质灾害、工业灾害的可能性降至最低。

同时，开展试采区环境本底调查，调查内容主要包括海底环境状况(海水监测要素：溶解甲烷、硫化氢、营养盐、溶解氧、pH值等；沉积物监测要素：温度、有机碳、总氮、密度、粒径、硫化物、Fe/Mn、Eh等；沉积物间隙水监测要素：溶解甲烷、溶解氧、硫化氢营养盐、溶解有机物、Ca/Mg、Fe/Mn和SO_4^{2-}等)、海洋生物特征(微生物和底栖生物种类等)、海水物理化学及水文特征(如流速、流向、比重、温度、盐度)、海表大气甲烷含量特征等。

最后，基于对储层稳定性及工程特征的分析、环境本底调查等，通过建立模型评估预测天然气水合物开采的地质风险概率，为后续监督管理提供切实依据。

（2）建立“大气-海水-海底-井下”四位一体环境安全监测体系。

为保证天然气水合物开采的安全和环境风险可控，应逐步构建和完善“大气-海水-海底-井下”的四位一体环境安全监测体系，对海床变形、储层稳定性、甲烷泄漏、天然气水合物分解导致的近海低温缺氧低盐水的释放等实现实时、多元化和全过程监测，可在已有监测技术基础上，借鉴发达国家经验，通过水下机器人或海底深潜器在天然气水合物开采区布设监测传感器和长期原位观测系统等，包括压力传感器、加速度传感器、多波束测深仪、扫描声呐系统、甲烷传感器、二氧化碳传感器、水下摄像系统、热敏电阻等，实时获取开采区的海床形态结构、海底底层空隙压力及应力场、温度、压力、甲烷浓度、底栖生物状况等海底稳定性、甲烷泄漏状况及海洋环境变化的相关参数，从而长期实时监测海底斜坡稳定性和天然气水合物开采对海洋生态环境的影响。在此基础上，定期通过采样监测评估区域范围内天然气水合物开采的叠加环境影响和累积环境影响，最大程度降低天然气水合物开采对海洋生态环境和安全生产的影响。

（3）构建环境影响后评价制度和环境恢复调查监测机制。

掌握天然气水合物开采后开采区的海床形态和结构的长期变化以及海洋生态环境的恢复情况，对于未来全球天然气水合物开采的环境效应和灾害风险管控尤为重要。因此，有必要建立健全的天然气水合物开采环境影响后评价制度和环境恢复调查监测机制，在开采结束后，五年内持续开展海床稳定性和生态环境恢复监测调查，明确天然气水合物开采的长期环境影响。此外，为保证后评价和环境恢复调查的科学、客观、合理，应及时研究制定环境恢复调查和后评价的相关技术标准。

（4）建立海底水合物开采生态风险预警体系。

针对海底沉积物、生物生态等特殊环境的生态环境特点，建立适用于天然气水合物开采的生态风险预警体系，包括天然气水合物勘探、开采、储运等过程的生态风险源识别，并在此基础上，分析潜在的评价受体、敏感生境、传输途径等，模拟预测天然气水合物分解可能导致的地壳变化和海底滑坡，对变化形式、影响范围、受影响的海洋生态系统以及影响人群数量等进行预测，建立一套完整的海底天然气水合物开采生态风险预警系统，对风险发生的时间、地点、范围、方式、处理方式、应急管理对策等进行有效预警。

（5）建立海底水合物开采地质灾害风险预警体系。

海底天然气水合物开采过程地质灾害的风险预警也是须关注的重中之重。因此，未来应建立天然气水合物开采区域的灾害预警系统，通过高分辨率地震系统、海床变形装置、深水多波束精密测深和深潜观测系统等相结合的手段，深入研究海底地质灾害的触发机制及判定方式，形成一套有效的海底灾害风险预警系统，从而及时、准确地了解和预警天然气水合物开采的潜在灾害风险，为管理部门部署应对工作获取第一手资料，同时也为全球天然气水合物开采技术难题的攻克提供技术参考和依据。

参 考 文 献

[1] Li J, Ye J, Qin X, et al. The first offshore natural gas hydrate production test in South China Sea[J]. China

Geology, 2018, 1(1): 5-16.

[2] Ye J, Qin X, Qiu H, et al. Preliminary results of environmental monitoring of the natural gas hydrate production test in the South China Sea[J]. China Geology, 2018, 1(2): 202-209.

[3] 钟超. Labview 的海域天然气水合物试采环境实时监测系统的实验研究[J]. 石化技术, 2018, 25(07): 166+168.

[4] 朱超祁, 张民生, 刘晓磊, 王振豪, 申志聪, 张博文, 张夏滔, 贾永刚. 海底天然气水合物开采导致的地质灾害及其监测技术[J]. 灾害学, 2017, 32(03): 51-56.

[5] 王晓萌, 孙瑞钧, 程嘉熠, 陈虹, 杨文超, 韩建波. 海底天然气水合物开采的潜在环境风险及监督监测建议[J]. 环境保护, 2018, 46(22): 40-44.

[6] 钟超. 海底观测网建立对我国海域天然气水合物开采环境监测的启示[J]. 科技创新导报, 2018, 15(07): 136-137.

[7] 周波, 杨进, 张百灵, 唐海雄, 罗俊丰, 王跃曾. 海洋深水浅层地质灾害预测与控制技术[J]. 海洋地质前沿, 2012, 28(01): 51-54.

[8] 朱贺, 何涛, 梁前勇, 吴学敏, 董一飞. 海域天然气水合物开采的 4C-OBC 时移地震动态监测模拟[J]. 北京大学学报(自然科学版), 2021, 57(01): 99-110.

[9] 曹宇, 方会凌, 赵永旗, 崔海朋. 基于 BDS 的可燃冰开采环境监测与评估系统设计[J]. 全球定位系统, 2021, 46(01): 112-118.

[10] 朱宁. 可燃冰试开采环境影响因素和监测现状分析[J]. 机电工程技术, 2019, 48(04): 134-135+214.

[11] 郝召兵, 伍向阳, 秦静欣, 杨伟. 时移地震监测天然气水合物开采可行性分析[J]. 地球物理学报, 2010, 53(09): 2213-2221.

[12] 盛堰, 王兆山, 冯久超, 吕善翔, 伍忠良. 天然气水合物海底环境效应长期监测低功耗控制系统嵌入式设计[J]. 海洋技术, 2013, 32(02): 30-34.

[13] 左汝强, 李艺. 日本南海海槽天然气水合物取样调查与成功试采[J]. 探矿工程(岩土钻掘工程), 2017, 44(12): 1-20.

[14] 左汝强, 李艺. 美国阿拉斯加北坡永冻带天然气水合物研究和成功试采[J]. 探矿工程(岩土钻掘工程), 2017, 44(10): 1-17.

[15] Lee J Y, Chun J H, Kim S J. The Seafloor deformation and well bore stability monitoring during gas production in unconsolidated reservoirs[C]//The 2013 World Conference on Advances in Structural Engineering and Mechanics (ASEM13), Jeju, Korea. 2013.

[16] Cao C, Wang H, Ge Y, et al. Long-Term In-Situ Monitoring and Analysis of Terrain in Gas Hydrate Trial Harvesting Area[J]. Sensors, 2022, 22(4): 1351.

[17] Woolsey J R, McGee T, Lutken C, et al. Support of Gulf of Mexico Hydrate Research Consortium: Activities to Support Establishment of a Sea Floor Monitoring Station Project[R]. Univ. of Mississippi, Oxford, MS (United States), 2006.

[18] Arata N, Nagakubo S, Yamamoto K, et al. Environmental impact assessment studies on Japan´s methane hydrate R&D Program[C]//Proceedings of the 7th International Conference on Gas Hydrates, Edinburgh, Scotland, United Kingdom. 2011: 1-8.

CO_2置换开采天然气水合物强化技术研究进展

王燕鸿　樊栓狮　郎雪梅　李刚

华南理工大学化学与化工学院，广州，510640

华南理工大学珠海现代产业创新研究院，珠海，519175

摘要：天然气水合物(NGH)储量巨大，是未来最具潜力的替代能源之一。经济、高效、安全地开发天然气水合物是资源利用的关键。利用二氧化碳(CO_2)置换开采天然气水合物因同时实现水合物开采和二氧化碳埋存而受到广泛关注，且新生成的CO_2水合物可以稳定地层，减少地质灾害。然而，利用二氧化碳(CO_2)置换开采天然气水合物的缺点是回收率低、置换速度慢。本文综述了近年来发展起来的CO_2置换强化方法和技术，比较了这些方法的CH_4回收效率，并讨论了这些方法的主要影响因素。这些方法包括液态CO_2(CO_2乳液)置换、CO_2/N_2置换、CO_2/H_2置换、CO_2置换联合降压、CO_2置换联合热刺激等。一般来说，使用混合气体置换可以获得较高的CH_4开采率。适当的置换混合气浓度可以避免生产气体分离过程中能耗的增加。置换耦合降压或热刺激显著提高了CH_4开采率，但也需要考虑能耗。

关键词：天然气水合物；CO_2置换；甲烷回收率；烟气；降压

1　引言

天然气水合物是天然气分子和水分子在高压、低温环境下形成的冰状固态结晶体。作为一种清洁的新能源，天然气水合物具有分布范围广、规模大、能量密度高等特点。据估计全球天然气水合物总资源量达到$(18\sim21)\times10^{16}m^3$，是现有天然气、煤炭、石油资源储量总和的2倍[1]。其开发利用将能够满足人类对天然气能源的长期需求，是未来极具潜力的接替资源。自20世纪90年代中期开始，美国、日本、加拿大、中国、印度、韩国等主要能源消耗国开始逐步投入巨额资金在天然气水合物的资源勘探开发上。

天然气水合物开采方法主要有降压法[2~6]，注热法[7~10]和注化学试剂法[11~13]。它们是通过打破或改变储层中天然气水合物的相平衡条件促使水合物分解并采出天然气。注化学试剂法由于费用昂贵、作用缓慢、对环境有污染，不宜在开采水合物时单独使用。降压法和注热法开采方案简单，但对水合物储层的力学稳定性会产生不可避免的扰动，从而引发安全问题甚至造成地质灾害。

近年来，一种全新的天然气水合物开采方法引起研究人员的广泛关注，CH_4-CO_2置换开采法。该方式利用CO_2水合物和天然气水合物之前的相平衡差异，将天然气从水合物中置换出来。注入的CO_2再原位生成CO_2水合物。该方法具有水合物资源开发、CO_2封存和稳定储层三重功能。是近年来水合物开采方法研究的重点

CO_2置换开采方法的设想是由美国学者 Ebinuma 于 1993 年首次提出[14]。之后的十余年，研究人员从不同的角度论证该设想的可行性。Uchida 等[15]利用原位拉曼光谱观测CO_2分子置换甲烷水合物的现象。在一定温度压力范围内，二氧化碳的相平衡压力低于天然气水合物，从热力学理论出发，自发反应总是向着 Gibbs 自由能减小的方向进行，因此该反应是可以自发发生的。Sloan[16,17]绘制了CO_2-CH_4-H_2O的相平衡图，证明了 283K 以下时CO_2水合物比甲烷水合物更加稳定；Cricone[18]等人从热力学上证实了CO_2水合物比甲烷水合物更稳定以及CO_2置换甲烷水合物气体的可行性。研究发现存在特定的温压区域，在该区域内沉积物中的甲烷水合物会发生分解，而CO_2水合物依旧保持稳定，从而从热力学方面证明了CO_2置换开采天然气水合物中CH_4气体的可行性。之后多名研究者通过不同的研究手段都证实了CO_2取代甲烷水合物的热力学过程的可能性[19,20]。

CO_2置换甲烷水合物不仅在热力学上可行，在动力学上也已被证明可行。Ohgaki[21~23]比较了甲烷和CO_2分子在水合物内的扩散，初步证明了置换的可能性。Uchida[15,24]则利用拉曼光谱证实了CO_2置换水合物表面的甲烷的过程。同时还研究了甲烷二氧化碳混合气生成水合物的过程，认为甲烷可以同时占据 I 型水合物的大笼和小笼(S-cage)，CO_2更倾向于占据大笼(M-cag)，因此，在水合物生成初期，甲烷消耗更多，而后期，CO_2分子会取代甲烷分子占据 M-cage。根据实验数据计算得到的置换反应活化能，CO_2水合物形成的活化能要高于甲烷水合物的活化能[25,26]，说明CO_2水合物的形成能够为甲烷水合物的分解提供足够的热量，也能够保证置换反应的进行。Yoon[27]，Ota[26]等也利用原位拉曼证实了CO_2取代甲烷水合物的过程。同时他们在研究动力学过程也发现在置换初期，置换速率较快，而后随之逐渐变慢。Ota[26]的实验发现 150h 之内，仅有不足 20%的甲烷水合物发生了置换。Yoon[27]指出是因为置换过程中表面形成的CO_2水合物层延缓了内部甲烷水合物的解离。当水合物体积比较小的时候($<250\mu m$)，则可以在短时间内达到很高的置换率。Qi[28]利用分子动力学模拟也证明了如果没有甲烷水合物的溶解，CO_2分子很难渗透进入水合物体相的笼中，置换反应将很难进行下去。研究人员在进行置换实验的时候也大量发现，置换后期置换反应会逐渐减慢甚至停止，造成甲烷的释放难以继续，开采率低下。

2012 年，美国能源部与康菲石油公司以及日本国家油气和金属公司展开合作，在普拉德霍湾地区开展 Ignik Sikumi 天然气水合物试验井项目，使用CO_2置换法进行天然气水合物开采[29]。实际生产时间为 30 天，累计产气量为 28300m^3，其中CH_4-CO_2置换为 13 天，注入 4587m^3 N_2和 1360m^3 CO_2(1420psia，1psia = 6.8948kPa)。此次试采表明，CO_2置换法

能够从水合物藏中开采出天然气，开采过程中没有分解水的产出，不会带来流砂堵塞的问题，并且置换过程为放热反应，避免了开采过程中地层降温引起的冰堵，从现场试验角度验证了 CO_2 置换开采法的可能性。但置换效率低、开采速率慢也是不争的事实。

为了提高置换开采效率，研究人员采用了各种强化手段，以期提高置换开采进程，使其达到商业开采可应用程度。本文针对近几年水合物置换开采研究中的强化技术进行回顾，从技术原理、主要问题、取得的成效等方面进行论述。以期为水合物相关研究人员提供帮助。

2 CH_4-CO_2置换开采 NGH

CH_4-CO_2置换开采 NGH 通常用以下几个参数来说明其置换效果。

CH_4开采率(CRE)指的是开采出的甲烷与水合物中甲烷的比值，反映了甲烷开采产率。

CO_2埋存率(CSR)指的是形成水合物的 CO_2 与注入 CO_2 之间的比率，反映了 CO_2 封存的效果。

置换率(ReR)指的是水合物中释放的 CH_4 与形成的 CO_2 水合物的比值。反映了 CO_2 对甲烷水合物的置换效果。

对于纯 CO_2 置换甲烷水合物的反应而言，置换开采效率及速率受到水合物样品体积、颗粒大小、置换温度，以及相态的影响。对于水合物样品体积或水合物颗粒尺寸较小的时候，置换反应可以较快发生并且置换完全。Komai[30]利用 100μm 的水合物颗粒进行二氧化碳置换，仅 12h 就置换了 98%的甲烷出来。但是当样品体积较大时，置换开采率就会大幅降低。Lee[31]对在相同置换条件下对不同粒径的甲烷水合物进行置换，结果证明当水合物粒径从 75~90μm 增加到 125~150μm，相同时间内，甲烷开采率从 41%降至 17%。Lee[31]利用缩核模型(shrinking core model)[32]和 Avrami equation[33]分析置换过程中的压力变化，发现置换过程与以上两个模型近似。置换反应分为两个阶段发生，快速的表面反应(fast surface reaction)和逐渐减缓阶段(gradual slow process)。逐步减缓阶段受到形成的水合物壳中扩散的影响。Qi[28]的分子模拟也证实了大部分置换都发生在靠近水合物和气相界面的水合物笼中，水合物笼内部的置换现象发生概率很小，因为水的氢键网络阻碍了 CO_2 向内部的渗透。

置换反应为表面反应，置换速率受气体扩散速率的影响得到大部分研究者的认可，因此要改善置换反应的关键是要提高气液接触面积以及气体传质过程。研究人员认为提高水合物置换开采的方法应从控制多相流、传热和传质三个过程来进行[34]。除了改变水合物粒径外，改变 CO_2 的相态也可以影响置换开采率。为了提高置换开采率，研究人员研究了气态 CO_2、液相 CO_2，乳液 CO_2、超临界 CO_2，结果汇总在表 1 和图 1 中。

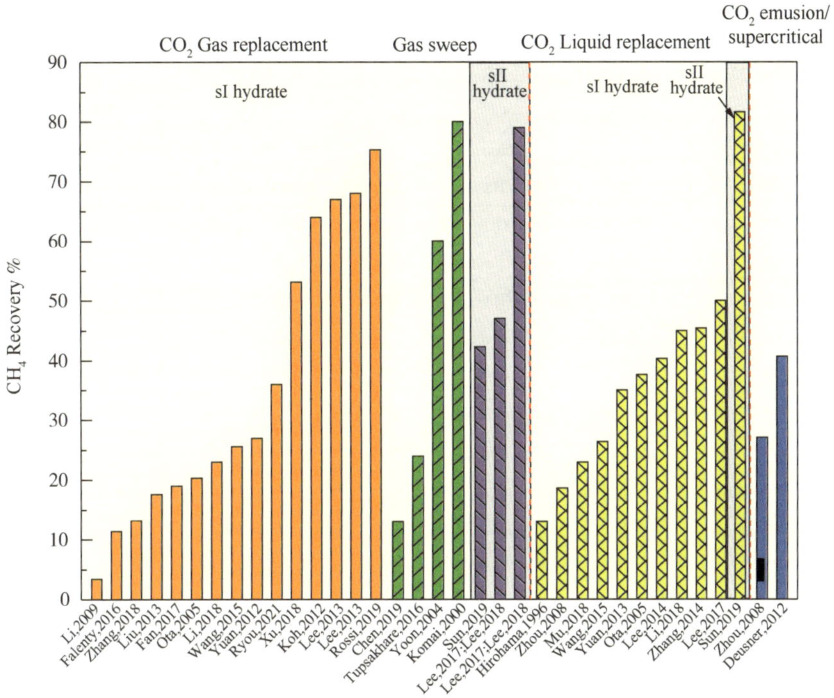

图 1　不同相态 CO_2 置换开采天然气水合物的甲烷开采率

表 1　不同相态 CO_2 置换开采天然气水合物的置换开采率(CRE)汇总

CO_2相态	T/K	P/MPa	检测方法	时间/h	介质	CRE/%	参考文件
气相	273	3. 36	Raman	100	水	~20. 3	Ota[26]
	274. 15	4. 5	Raman	288	水	53. 13	Xu[35]
	268. 15	2. 67	GC/DSC	72	水	68	Lee[36]
	272. 2	3. 6/4. 0/4. 5	GC	150	冰粉	8. 63/10. 89/13. 2	Zhang[37]
	275~280	3. 8~6	Raman	24~108	冰粉	2. 66~11. 4	Falenty[38]
	275	3. 3	GC	130	1%NaCl 溶液	3. 4	Li[39]
	275	2. 93/2. 91	GC	200/225	水+泥沙	6/23	Li[40]
	273. 1	3. 5	NMR/GC	90	沉积物	~64	Koh[41]
	278. 35~281. 15	3. 18/3. 20/3. 40	GC	7~8	水+砂	36. 7/56. 4/75. 3	Rossi[42]
	276. 15	3. 7	GC/NMR	>24	硅胶+水	67	Lee[43]
	273. 2/277. 2	3/3. 5	GC	784/507	NaCl+砂	17. 4/17. 6	Liu[44]
	274. 7	2. 96~3. 18	GC	150~683	NaCl+砂	3~27	Yuan[45]
	273. 2	3	GC	758	NaCl+砂	25. 6	Wang[46]
	274. 2	2. 1~3. 4	GC	140	水+砂	12. 6~19	Fan[47]
	374. 2~281. 2	3. 4	GC	140	水+砂	18. 9~46. 6	Fan[47]
	274	4. 5		25~34	水	25~35	Ryou[48]
	274. 15	3. 5	Raman		冰粉	64	Park[49]

续表

CO_2相态	T/K	P/MPa	检测方法	时间/h	介质	CRE/%	参考文件
气体吹扫	275~279	3	MB	10~60	水+砂	3.35~13	Chen[50]
	275.65	3.3	GC	20~80	水+砂	18~24	Tupsakhare[51]
	278	3	Raman	150	100~250μm 冰粉	60	Yoon[27]
	276	2.0	GC/Raman	12	100μm 冰粉	>80	Komai[52]
气相	277.2	3.03	GC		sⅡ水合物 $C_1/C_3=3$	42.3	Sun[53]
	274.2	2.6	GC/Raman	72	sⅡ水合物 $C_1/C_3=9$	47	Lee[54,55]
	274.2	4.0	GC/Raman	72	sⅡ水合物 $C_1/C_3=9$	79	Lee[54,55]
	274.15	3.5	Raman		sⅡ水合物颗粒	92	Park[49]
气相	273.2	4	GC	700	NaCl+砂	26.4	Wang[46]
	273.2	3.6	Raman	307	水	~37.6	Ota[56]
	275	3.9	MB	800	水	13	Hirohama[57]
	281.2	5	GC	96	水	18.6	Zhou[58,59]
	282.2	6	GC	288	多孔介质	45	Li[40]
	270	6	NMR	60	5~50μm 冰粉	50	Lee[60]
	263	9	GC	80	75~90μm 冰粉	9.2~14.6	Lee[31]
	275	9	GC	80	75~90μm 冰粉	27.7~40.2	
	275	9	GC	80	75~90μm 冰粉	22.33~33	
	275	9	GC	80	125~150μm 冰粉	17.56	
	280	4.2	GC	360	水+砂	35	Yuan[61]
	282.15	6~8	GC	36~282	水+砂	13~45.4	Zhang[62]
	277.15	9.9	GC	74	水+砂石	22.949	Mu[63]
	277.2	6.88	GC	92	sⅡ水合物 $C_1/C_3=3$	81.6	Sun[53]
乳液	281.2	5	GC	96	水+砂+SDS	27.1	Zhou[58,59]
超临界 CO_2	275.2/281.2/283.2	7.5/13	GC	44~76	砂+冰粉+NaCl	3.4~40.7	Deusner[64]

尽管影响 CRE 的因素很多，但对比相同的条件 CO_2相态影响，可以得到以下顺序：超临界>乳液>气扫≈液相>气相。Zhou[58,59] 认为乳液置换效果的提高并不受乳化剂的影响，而是利用了 CO_2-水二元乳液体系的物理和热力学性质。乳化剂可以改变了气液界面张力，提高气体扩散性[65]，这可能是提高置换效率的原因。注入超临界 CO_2则是因为带入了较多的热量，有助于提高产气率，实际上相当于 CO_2置换联合注入法开采。

在置换过程中，注入的 CO_2总量、温度、压力和水合物结构都会对 CRE 产生影响。注入的 CO_2量越大、气固界面越大，开采率越高。但是短时间内注入过量的 CO_2，会使水合物颗粒表面被 CO_2水合物壳堵塞，多孔介质的通道被堵塞，阻碍进一步置换[66]。过多的 CO_2注入也会降低产气中的甲烷浓度，并增加后续分离成本。

温度对 CRE 的影响应分为两部分。冰点以上，CRE 随温度升高而升高。但当温度降至冰点以下时，结果就不同了。Lee[31] 的实验认为当温度低于冰点温度时，置换效率会明显下降，相同条件下，较冰点以上温度甲烷开采率下降 60%。Zhang[37] 对冰点之下置换开采的不同注入压力进行考察，发现在冰点下，较高的 CO_2注入压力得到的平均置换速率和置换效率最高。尽管在冰点之下置换的置换速率缓慢，但是在实验的150h内，甲烷产出速率变化不大，保持较为稳定的速率进行开采。Xie[67]等利用拉曼光谱观察了CO_2置换甲烷水合物在冰点上下的过程，实验发现，前期，在272.15K下甲烷的释放速率低于274.15K下甲烷的产气速率，但是置换后期，274.15K下置换速率逐渐减弱，而272.15K则开始保持较高的置换速率。他们认为，前期，冰点以下甲烷存在自保护效应，且CO_2水合物的再生成需要更大的能量，因此初期CO_2水合物的转化率会慢一些。这种缓慢的转化过程使得形成的冰以及水合物存在缺陷，这些缺陷为之后的置换反应提供了三维的气体通道，使得置换反应不仅仅依靠体相扩散(volume diffusion)。这就使得后期冰点之下的置换反应快于冰点之上(图2)。

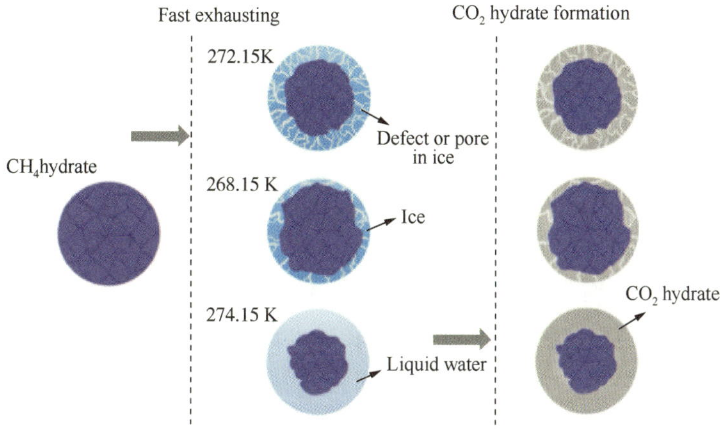

图2　不同温度下CH_4-CO_2水合物置换反应示意图[67]

置换反应的速率、置换效率以及甲烷开采率与系统的总压及甲烷分压有关。一定温度下甲烷分压低于纯甲烷水合物形成的相平衡压力同时CO_2的分压必须高于纯CO_2水合物形成压力下才可以发生置换反应。在一定压力下，越高的甲烷分压，置换率和开采率越低。当甲烷分压一定时，操作压力越高，置换率越高。但甲烷的开采率不随操作压力的增加而增大[68]。同时发现，CO_2对甲烷的置换主要发生在大笼[68]。Mok[69]研究了封闭系统中CH_4-CO_2置换过程中气体交换随时间变化规律。结果证实CH_4的开采率主要来自大笼中CH_4与CO_2的置换，而小笼中仅有30%的甲烷被置换，大笼中超过70%的甲烷可以被置换。同时也发现，置换压力对小笼中的置换率没有影响，仅影响大笼中的置换率。压力较高(3.5MPa)时，大笼中甲烷置换率高。

分子模拟结果还表明，CO_2更容易取代笼中的CH_4。许多研究人员从能量分析中发现并证明，在sⅠ型水合物中，CO_2占据大笼，CH_4占据小笼是最稳定的状态[20,70,71]。这意味着，如果甲烷水合物的结构不被破坏，在CH_4-CO_2置换过程中，CO_2分子不可能置换NGH中的所有甲烷。从表1中的实验结果来看，有少数实验的甲烷回收率超过90%，说明一些5^{12}水合物笼被损坏。Qi[28,72]的MD结果表明，如果水合物在整个置换过程中没有分解，则大部分置换反应发生在水合物与气体界面附近的水合物笼中，而很少发生内部置换。根据 Tung[73] 的 MD 模拟表明，CH_4-CO_2 置换有两种机制。在水合物表面附近，水笼是柔性的。通过氢键断裂、重组发生置换反应。在远离界面的地方，水笼是刚性的，置换反应通过甲烷和二氧化碳在笼中交换。

Bai[74] 等人提出，CO_2 置换受客体分子的化学势、记忆效应和传质控制。客体分子的化学势受 CO_2 初始浓度的影响。随着 CO_2 浓度的增加，CH_4 的回收率和水合物对 CO_2 的捕获率增加；甲烷水合物分解后会产生大量的水合物残环，促进了 CO_2 水合物的成核和 CO_2 水合物层的形成；随着置换过程的进行，甲烷水合物表面会形成 CO_2 水合物层，这将为气体分子提供明显的传质屏障，导致甲烷水合物的进一步分解和 CO_2 水合物的形成变得困难。

但是对于 sⅡ型水合物则不太一样。Lee[54,55] 考察了 CO_2 置换开采 sⅡ天然气水合物，发现注入气高压更有利于置换反应的进行。sⅡ型水合物在 CO_2 置换过程中，CO_2 会先发生表面的快速交换，从而占据在水合物的表面，使表面的 sⅡ水合物向 sⅠ型转变，内部的水合物仍以 sⅡ型为主。置换后的甲烷存在于 sⅡ型水合物的小笼中，而生成的 sⅠ型水合物大笼中只有 CO_2 分子、sⅠ型小笼中也仅有少量的 CH_4 分子存在(图 3)；sⅡ型的大小笼中仅有 30%左右的 CO_2。Sun[75,76] 利用气态和液态 CO_2 置换开采 sⅡ型水合物(CH_4，C_2H_6 和 C_3H_8 的混合气体水合物)时发现，CO_2 最易置换出大笼中的甲烷，随后置换出丙烷，而乙烷分子最难置换。sⅡ型水合物在置换过程中表层水合物会发生构型转变，sⅡ水合物会转变为 sⅠ型水合物，而内部的水合物则发生 sⅡ水合物的同构转化。构型转化会导致大笼数量的增加，从而促进甲烷的释放[76]。

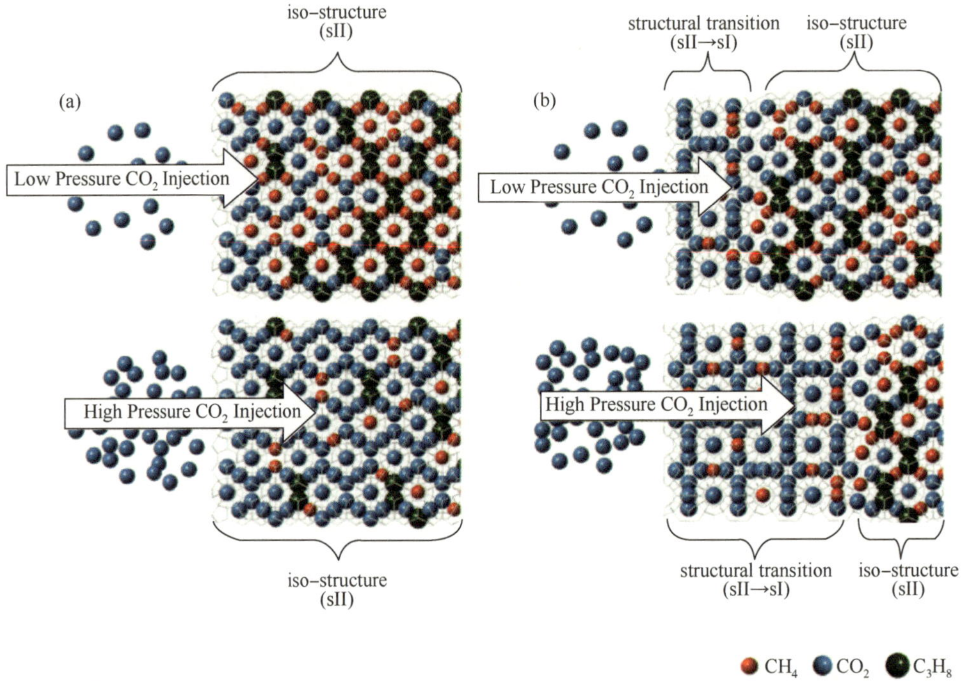

图 3　sⅡ型水合物中 CO_2 置换机理[54]

3 含 CO_2混合气置换开采甲烷水合物

由于纯 CO_2气体置换效率不高，只能置换出大笼中的 CH_4气体，而且在实际生产中获得纯 CO_2气源需要经过分离，成本太高。因此研究人员提出了利用烟气、CO_2+H_2等混合气进行天然气水合物的置换开采。

3.1 烟气

利用烟气进行天然气水合物置换开采是近几年提出的新思路[49,77-79]。烟气是电厂燃烧发电后的燃烧尾气，主要成分为 CO_2和 N_2，还有少量的杂质气体。根据水合物相平衡理论，氮气水合物的形成压力远高于甲烷水合物，因此氮气不能从水合物中替代甲烷。然而，替换实验结果并非如此。氮的加入使三元水合物的相平衡非常复杂。而且研究人员在光谱研究中发现 N_2分子会攻击水合物笼中的甲烷分子[49]，因此推测氮气分子的存在还有可能提高甲烷的开采效率[80]。Park[49]和 Koh[78]研究利用拉曼光谱和红外研究 CO_2+N_2混合气替代 CO_2进行置换，可以将 sⅠ型水合物的甲烷开采率从 64%提高到 84%。Lee[81]利用 NMR 和 DSC 研究了烟气置换甲烷水合物的过程，发现氮气分子会优先进入 sⅠ水合物的 5^{12}笼中，从而提高了水合物的置换程度。利用 DSC 研究置换过程并未发现热流量的变化，说明在烟气置换过程中没有明显的水合物的分解和生成，只有部分笼结构的变形或破损。Liu[82]利用分子动力学模拟研究了 N_2/CO_2体系对甲烷置换反应的可行性，认为混合气置换过程中包含了热力学主导的 CO_2置换和动力学主导的 N_2置换。CO_2替代大笼中的甲烷以及 N_2替代小笼中的甲烷都具有负的吉布斯自由能，而 CO_2取代小笼中的 CH_4则是不可行的。同时氮气在水合物中的扩散速率比 CO_2更快，更有利于进行该过程。

Matsui[83]通过分子动力学模拟证实用 N_2替代 CH_4的情况最有可能发生在小笼中，但对 CH_4的回收效率影响不大。并且过量的 N_2加入会导致 CH_4水合物结构的坍塌，这虽然可以导致甲烷开采率的提高，但没有形成 CO_2水合物。而少量氮气的加入不足以通过 CO_2替代 CH_4 来获得高的 CH_4回收率。Zhou[80]也认为，N_2虽然有利于初期形成水合物，但是从长远来看，纯 CO_2则更有利于置换反应。表 2 列出了 CO_2+N_2混合气进行置换开采的结果。

由于置换过程中 CO_2和 N_2的作用机理不同，置换气中 CO_2和 N_2的比例对水合物的回收效率有很大影响[83]。图 4 比较了不同 CO_2和 N_2置换比例下水合物的笼占率。

Lim[84]对不同进料组成的 CH_4/N_2/CO_2的相平衡和笼占比进行分析，发现对于烟气（N_2/CO_2=4∶1），水合物相中的 N_2/CO_2比值与甲烷浓度无关，N_2优先占据小笼，而 CO_2优先占据大笼。CH_4 在大小笼中的比例则恒定在 3 左右。Bhawangirkar[85]通过热力学模型研究了 CO_2+N_2置换开采甲烷水合物时的相行为。发现 N_2 的小笼/大笼比率是 CO_2的 20 倍。如果原料其中 N_2 比例较高时，大小笼的比例不受 CH_4 浓度的影响，当 N_2 与 CO_2比例<1时，N_2 在 S/L 的值随 CO_2浓度的增加和 CH_4 浓度的增加而降低。在三元体系中，N_2/CO_2比例越高，相对在水合物相中的占有率越低。N_2/CO_2=1∶3 是最佳的置换浓度。Sun[86]等

人分析了 CH_4、CO_2和 N_2的平衡和笼状占有率，并提出水合物笼状占有率的不同是三种气体竞争的结果。CO_2分子是 CO_2+N_2进入水合物腔的控制器。随着 N_2/CO_2比的增加，N_2分子的互补效应增强。然而，在相同 CH_4条件下，N_2和 CO_2分子的总占有率随着 N_2/CO_2比的增加而降低，这表明 N_2/CO_2比的选择是 CO_2置换的关键。

表 2　不同 CO_2/N_2组成置换开采水合物的甲烷开采率汇总

气体组成	T/K	P/MPa	检测方法	时间/h	介质	CRE/%	参考文件
10%CO_2+90%N_2	274	14.59	NMR+DSC	72	多孔硅胶+水	80	Lee[81]
20%CO_2+80%N_2	274.15	12	Raman+NMR	—	冰粉	85	Park[49]
20%CO_2+80%N_2	274.15	12	Raman+NMR	—	C_1+C_2sⅡ水合物颗粒	>92	Park[49]
20%CO_2+80%N_2	274.15	12	Raman+NMR	120	sH 水合物	>90	Shin[87]
14.6%CO_2+85.4%N_2	273.2-283.2	2.6-23.8	GC	—	水	—	Hassanpour youzband[88]
20%CO_2+80%N_2	274	13.66	NMR+DSC	72	多孔硅胶+水	80	Lee[81]
23%CO_2+77%N_2	281	10	Raman+GC	20-1848	沉积物+水	70~95	Schicks[89]
24.9%CO_2+75.1%N_2	275.15	3.4	GC	220h	沉积物+水	41.4	Li[40]
25%CO_2+75%N_2	274.2	10	GC	280	砂	25%	Pan[90,91]
25%CO_2+75%N_2	274.2	10	GC	280	高岭土	24.5	Pan[90]
25%CO_2+75%N_2	274.2	10	GC	280	伊利石	25	Pan[90]
25%CO_2+75%N_2	274.2	10	GC	280	蒙脱土	18.2	Pan[90]
60%CO_2+40%N_2	274	4.5	Raman/FTIR	192	水	73.42	Xu[35]
62.3%CO_2+37.7% N_2	277.15	9.0	GC	263	砂石	22.26	Mu[63]
75.3%CO_2+24.7%N_2	275.15	3	GC	270h	沉积物	16	Li[40]
75.6CO_2+24.3N_2	277.15	8.8	GC	219	砂石	24.27	Mu[63]
87.6CO_2+12.4N_2	277.15	8.9	GC	341	砂石	46	Mu[63]
20%CO_2+80%N_2	274	11	NMR+PXRD	72	sⅡ(C_1/C_3=9)	31	Choi[92]
20%CO_2+80%N_2	274	17	NMR+PXRD	72	sⅡ(C_1/C_3=9)	39	Choi[92]
21%CO_2+79%N_2	277	15	GC	286	sⅡ(C_1/C_3=3)	23.8	Sun[53]
50%CO_2+50%N_2	274	10	GC+XRD	7day	sⅡ(C_1/C_3=9)	54	Seo[93]
53%CO_2+46%N_2	277	5.55	GC	304	sⅡ(C_1/C_3=3)	31.9	Sun[53]
10%CO_2+90%N_2	274	9	Raman-NMR	72	sH	74	Lee[94]
20%CO_2+80%N_2	274	9	Raman-NMR	72	sH	75	Lee[94]

对于非 sⅠ型水合物，置换机制与Ⅰ型明显不同。Seo[93]通过 NMR 和色谱分析，认为 sⅡ型水合物在与混合气置换过程中发生了特异性置换(cage-specific replacement)，其中中小笼中约有 56%~60%的甲烷被 N_2置换，而大笼中有 43%~45%的丙烷被 CO_2置换。他发现 CO_2+N_2与 sⅡ型水合物发生置换过程中，没有结构发生结构转换。说明没有发生 sⅡ水合物的分解。也发现小笼中的 CH_4 与 N_2 的置换程度比大笼中 CO_2与 CH_4 的置换程度更高。sⅡ型水合物的混合气置换开采效率较 sⅠ型的低因为大笼中丙烷占据在大笼中造成。

Sun[53]利用烟气开采 sⅡ型水合物，认为 N_2的存在抑制了 CO_2置换开采 sⅡ型水合物中的构型转化，相比于纯 CO_2置换 sⅡ型水合物，减弱了天然气的产出。混合气中 N_2的比例并不能影响置换后水合物中 N_2形成水合物的量。对 sH 型水合物，则 CO_2会优先取代 sH 型水合物中 $4^3 5^6 6^3$中的甲烷，同样也没有观测到水合物的分解和生成热，认为发生的是同构型置换（isostructural replacement）[94]。

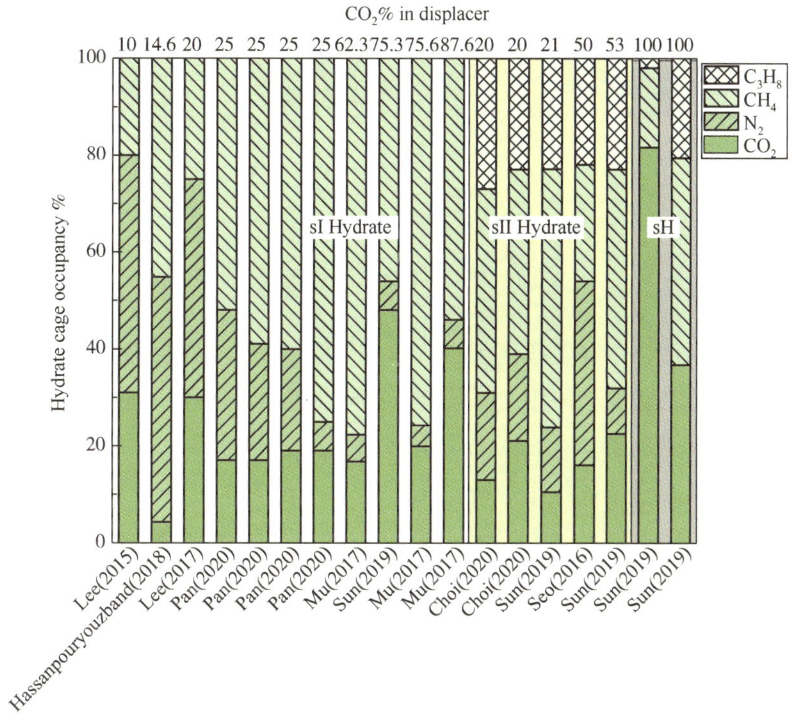

图 4　烟气置换开采后水合物笼中占有率

樊栓狮团队[95]提出了“水合物能源链系统”（图 5）来提高整体的开采效率。该系统第一次对于水合物置换开采出的天然气利用产业链提出了概念流程。利用电厂烟气进行置换开采-水合分离-发电的水合物碳循环流程。

3.2　CO_2/H_2混合气

与 CO_2+N_2置换开采水合物的机理相似，CO_2/H_2混合气近些年也开始用于置换天然气水合物。Chen[96~98]和 Li[35,99]分别提出利用甲烷蒸汽重整的产品气（CO_2+H_2）或 Integrated gasification combined cycle（IGCC）尾气（CO_2+H_2）进行水合物的置换开采。认为 H_2的作用可以降低甲烷的分压，帮助打破甲烷水合物的稳定性。

Chen[96~98]团队研究了含氢混合气进行置换开采过程中氢气的比例、气体流速、注气方式对置换开采的影响。与纯氮气和烟气降低氢气的比例有助于提高甲烷开采效率。多轮注气可以提升水合物分解率，但是在后期产品气中甲烷浓度会随之降低，增加了后期的分离成本。与 N_2+CO_2混合气置换机理不同，H_2+CO_2的置换存在两个过程，气体交换和减压

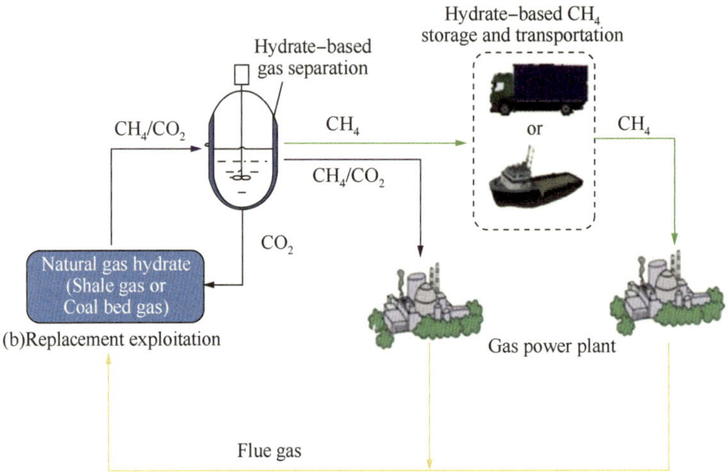

图 5　水合物能源链系统[95]

过程。减压过程中水合物会发生解离产生自由水。CO_2浓度增加会提高置换过程的产气量，但同时产气时间也随之增加。使用CO_2较低浓度时，整体的CH_4采收率会增加，甚至可以将水合物完全分解。但是当CO_2浓度低于18%时，CH_4的采出几乎都是来源于降压机制。因此在此过程中很难实现高采收率和高的CO_2埋存率。为了进一步提高采收率和埋存率，Sun[97,98]等研究了连续式注入和半连续式注入CO_2+H_2进行置换开采。利用连续注入置换气的方式，可以显著提升相同气体浓度下CH_4的开采率和开采速率都随着气体流速和注入总气量的增加而增加，但产出气中CH_4浓度小，不利于后期的分离。Sun[98]结合平衡置换和连续注入模式，提出了半连续注入模式，从CH_4浓度、回收率、开采效率、采注比考虑，半连续注入模式较连续注入模式更具有优势。

Xu[35]等提出将煤气化联合循环(IGCC)废气用于置换采矿。H_2不仅与N_2起到类似的作用，还可以与CH_4一起用作能源气，以避免进一步分离。Ding[99,100]利用60%H_2和CO_2进行置换反应，发现与纯CO_2置换相比，CO_2/H_2混合置换的置换效率可以达到71.12%，但气相甲烷浓度不高，仅有28%~30%，而纯CO_2置换效率可以达到50.22%，气相甲烷浓度可以达到50%左右。利用拉曼光谱和XRD进行结构检测，发现置换后的样品中并无H_2水合物存在，认为H_2只是作为置换促进剂存在。Xu[35]为了研究气体置换机理，对CO_2、N_2、H_2和He置换进行研究。结果证明小分子气体在多孔介质中以及水合物中都有更快的扩散速率，但是He对CH_4的开采效率影响不大，甚至会造成开采率的下降。拉曼光谱分析结果表明He无法置换出大笼中的甲烷分子。而在体系中加入H_2或N_2分子会减弱CH_4分子与水合物笼之间的范德华力，进而导致水合物腔体的变形，可以将大小笼中的CH_4分子都置换出来，因此对提高CH_4的开采效率有很大的作用。表3罗列了CO_2/H_2混合气置换开采甲烷水合物的结果。

表 3 CO_2/H_2混合气置换开采甲烷水合物的结果

气体组成	T/K	P/MPa	检测方法	时间/h	介质	CRE/%	参考文件
72%CO_2+28%H_2	275.65	5	GC	500	海水+沉积物	28	Wang[96]
55%CO_2+45%H_2	275.65	5	GC	300	海水+沉积物	47	
36%CO_2+64%H_2	275.65	5	GC	300	海水+沉积物	25	
18%CO_2+82%H_2	275.65	5	GC	300	海水+沉积物	70	
40%CO_2+60%H_2	274	4.5	Raman+GC	192	水	78.02	Xu[35]
40%CO_2+60%He	274	4.5	Raman+GC	192	水	48.14	
60.1%CO_2+39.9%H_2	274.15	4.5	Raman+GC	192	水	71	Ding[99,100]
60.1%CO_2+39.9%H_2	274.15	6.0	Raman+GC	192	水	32	
74%CO_2+26%H_2	276	3.6	GC	320	沉积物，39.4ml/s	52.4	Sun[97]
74%CO_2+26%H_2	276	3.6	GC	320	沉积物，13.7ml/s	46	
74%CO_2+26%H_2	276	3.6	GC	320	沉积物，2.45ml/s	41.4	
43%CO_2+57%H_2	276	3.67	GC	320	沉积物，40.2ml/s	61	
20%CO_2+80%H_2	276	3.67	GC	320	沉积物，39.6ml/s	58	
100%H_2	276	3.67	GC	320	沉积物，39.9ml/s	63	
74%CO_2+26%H_2	276	3.67	GC	1000	3 次循环	30~50	Sun[98]
40%CO_2+60%H_2	276	3.66	GC	550	3 次循环	40~75	
22%CO_2+78%H_2	276	3.66	GC	400	5 次循环	12~88	
22%CO_2+78%H_2	276	3.74	GC	20	7 次循环	15~95	

4 降压+置换联合开采(DP-R method)

降压法是水合物开采的成熟方法，也被认为是最为高效和节能的方法。但是降压法过程中会有大量的水产生，同时会发生由于水合物分解是个吸热过程，随着水合物的分解，储层温度不断下降，甲烷产出也会不断下降甚至会二次结冰或二次水合而造成产气效率下降。置换开采法的优势则是无水的产出，可以稳固地层，并且由于 CO_2水合物的生成焓高于甲烷的分解焓，因此置换过程中会有少量的热释放出来。但从之前的研究发现，置换效率不高是主要问题。二者的结合或许可以改善水合物开采。

Zhao[101]提出了一种新型的置换-降压开采方法，在置换开采前先进行了 2h 的降压分解。联合降压开采后总体置换率较无降压开采阶段的开采率最高可提高 30%，其中降压对产气贡献率仅有 10%。

Lee[102]对降压之后置换进行研究，发现降压之后置换，甲烷开采率可以从纯置换的 35%提高到 60%左右。而且有趣的是，降压分解的量对于总开采量影响不大，降压分解贡献率小则置换分解贡献率则比较高。而二者甲烷释放量总和几乎不变。但是注入置换气体后，地层的破坏强度显著提高。

Chen[104]等用两口井通过“crossover method”来进行降压-置换联合开采(图 6)，出口井压力从 1~3MPa，inlet well 压力为 2~4MPa，围压为 3MPa。实验表明进口压力、出口压力、围压都会影响到开采效率。出口压力在高于 CO_2 相平衡压力以上时，降压可以打破原有的甲烷水合物笼，提高水合物置换。压力越低越有利于置换开采效率的提高。低于 CO_2 相平衡压力，水合物会分解，产气主要由降压造成。进口压力较高有利于 CO_2 水合物的形成，有利于置换开采。CO_2 利用率最高可以达到 46.7%。

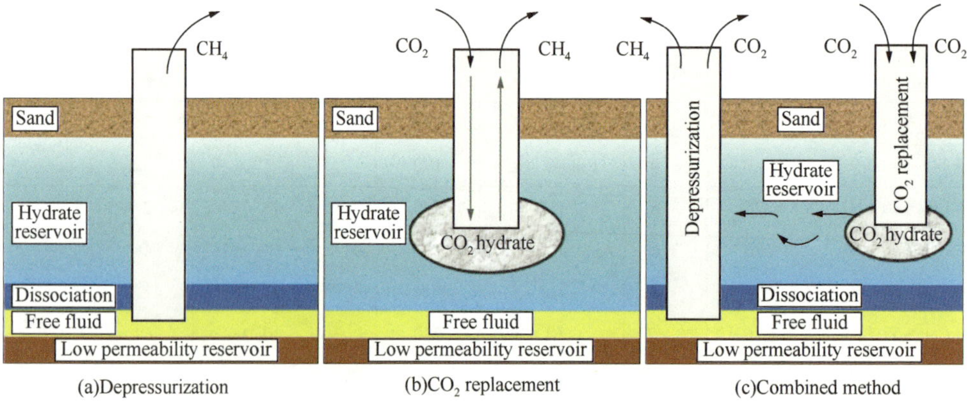

图 6　甲烷水合物 crossover method 开采方法示意图[104]

不同于上述方法，Yang 等[105]和 Chen 等[50]同样在利用置换法开采水合物一段时间后，采用降压操作增大水合物分解驱动力，使得水合物分解，促进 CH_4-CO_2 置换过程，提高开采的总置换率，总置换率达到 80%以上。

5　注热+置换联合开采(T-R method)

与降压法相比，注热法有更高的开采率。但是注入的热流体需要消耗大量的化石能源，不考虑能量损失，注热法的最大理论开采能效比也仅有 17。考虑到各种损失，实际开采能效不到 5[106]。直接使用注热开采很难经济上可行。但是作为置换开采的辅助手段，可以在置换停止阶段注入热流，再次激活置换反应是一个可行的提高产气率的方法。

注热方式有很多种，包括热水注[107~110]、电热注[111,112]、原位产热[113,114]、地热[115]等。注热方式有连续加热、重复加热[116]和脉冲加热[117]等。

Zhang 等[118]利用 CO_2 置换联合热激法研究 CH_4 置换率，发现结合热激法可以显著地提高置换开采效果，置换率从 10%~50%提高到 21%~63%。Stanwix 等[116]利用 CO_2 置换联合阶段性热激开采 CH_4 水合物过程，通过拉曼光谱分析岩芯驱替实验，结果得到置换开采速率明显提高，置换开采率为 28%~82%。Tupsakhare 等[51]研究热激辅助 CH_4-CO_2 置换开采甲烷水合物。实验结果发现，在 100W 的加热功率下，可以从水合物中开采得到~60%的甲烷气。在另一项独立研究中，Tupsakhare 等[119]将 CO_2/N_2 置换和热激结合，以提高水合物的开采效率。研究结果发现，与单独的热激法开采(CH_4 开采率 26.5%)和热激辅助 CH_4-CO_2 置换开采(CH_4 开采率 50%)相比，热激辅助 CH_4-CO_2/N_2 置换开采的 CH_4 开采率可以提高到68.8%。与先置换后热激联合开采方法不同，Gambelli等[120]采用先热激后注入CO_2置换的方法联合开采CH_4水合物。实验结果发现CO_2埋存率为27%~44%，水合物的截留率，数值等于置换后的水合物量与置换前的水合物量之比为0.13~1.99，水合物团聚阻碍了CO_2气体扩散，影响水合物表面的置换过程。所以若进一步增大置换开采效果，需要继续增大CH_4水合物和气态CO_2的接触面积。张育诚[121]研究了脉冲式注热结合CO_2/N_2混合气置换开采水合物，实验结果显示在置换开采后注热得到的CH_4开采率为16%~54%。

利用外热源(如注入热流体)的热激方式，在输送能量过程中往往在非水合物区损失热量，从而导致热效率低下。相比之下，利用内热源(如原位加热)的热激方式，可以直接将热量传递给水合物层，从而降低能量损耗，提高热效率。Castellani等[122]利用CO_2置换联合电加热法强化置换开采CH_4水合物效果，在置换过程中对气相组分进行实时分析，发现加热功率决定了热效率的高低。加热功率较低时(50W)，总体开采过程实现负碳值，经济可行性更高。Gambelli等[123]比较了先置换后热激和先热激后置换两种联合开采方法，结果发现两种方法的实验条件和实验结果相似，但先热激后置换方法的所需热量(0.31~1.65kJ)比先置换后热激方法所需热量(5.08~7.03kJ)更低。

另一种内热源的热激方式是天然气水合物原位燃烧。Castaldi等[111]设计模拟了原位(井下)燃烧过程的实验，该实验过程不仅可以利用CH_4燃烧产生的热，还可以利用燃烧后的尾气进行CH_4-CO_2置换开采。实验结果显示，能量效率可以达90%。

Cranganu[7]利用实验模拟原位热激过程，结果显示，该过程只需要1.1%~1.7%的甲烷燃烧产生的热来分解所有水合物。该值比常规热激法所消耗的甲烷气(~50%)低一个数量级。

Schicks等[113,124]在一套电加热实验装置内研究原位燃烧的热激开采水合物方法，利用大型实验室规模的水合物藏模拟器模拟甲烷燃烧的放热过程。结果发现需要大约15%的甲烷气进行燃烧放热，以供分解所有水合物。

Ouyang[112]等提出了一套间歇式原位加热(in situ intermittent heating assisted CO_2 replacement(IIAR) method)置换开采技术(图7)。开采过程分为两个阶段，第一阶段是注入CO_2+N_2进行置换开采，在表面快速置换出甲烷气体；第二个阶段是脉冲注热+置换，在置换过程中间隔一定时间原位注入一定量热量，直到反应结束。他们考察了温度、压力、脉冲注热对置换反应效率的影响。结果显示脉冲注热可以有效提高开采效率，除了自身热分解部分之外，还可以进一步刺激置换反应的进一步进行。脉冲注热的频率及注热量也会显著影响开采效率。在注入热量不变的条件下，每隔2h，每次加热15min，加热3次的置换效率最高，为49.42%，较相同条件下CO_2+N_2直接置换开采效率29.74提高70%。其中初始置换开采的贡献率为19%，注热贡献率为11%，其余的为脉冲注热后诱导的二次置换贡献率，为19%。Ouyang认为，脉冲注热可以打破CO_2在表面快速置换阶段中形成的水合物壳，有利于CO_2的进一步扩散，而脉冲注热与连续注热相比，热利用更加充分。计算得到EROI为13.54。

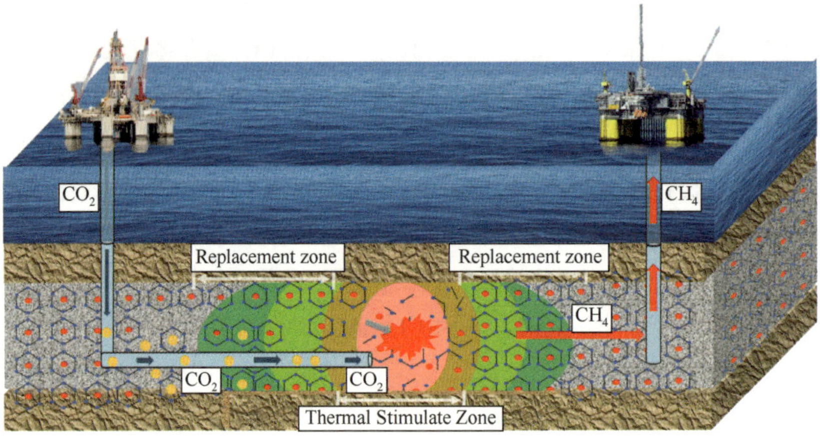

图 7 间歇式原位加热置换开采天然气水合物概念图[112]

为了进一步提高效率，Chen[125]提出了利用地热能辅助 CO_2 置换开采的概念方法。Liu 等[115]模拟了地热辅助 CO_2 置换法(GACR)的过程，其中 CO_2 从注入井进入地热层，并通过地热能加热 CO_2。然后，加热的二氧化碳向上进入水合物层，分解水合物生成甲烷。模拟结果表明，与降压开采和置换开采相比，GACR 的回收率分别提高了 305%和 51.9%。

6 化学抑制剂联合 CO_2 置换开采

化学抑制剂注入法是 NGH 开采的另一种常规方法，但它有毒且成本高，很少单独用于 NGH 开采。近年来，一些研究人员将化学注入和 CH_4-CO_2 置换相结合。Khlebnikov[126]认为天然气水合物的分解和二氧化碳水合物的形成不需要同步进行。这两步如果仅在小范围内发生，地层稳定性不会受到影响。在此基础上，他们提出了先用抑制剂分解甲烷水合物，然后用二氧化碳和分解水形成二氧化碳水合物以稳定地层的策略。他们认为，当抑制剂分解甲烷水合物时，温度降低而释放的甲烷会增加压力，这有利于地层的稳定。在他们的研究中，他们使用甲醇、氯化钠和氯化镁作为水合物抑制剂。电解质对甲烷水合物的分解速率远低于甲醇。以甲醇为抑制剂，甲烷水合物的分解率达到 92%。但这种方法并不能提高 CH_4-CO_2 的置换效率。

Gambelli[127,128]研究了氯化钠对甲烷和二氧化碳水合物相平衡的影响，发现氯化钠对甲烷的抑制作用明显强于 CO_2，这使得 CO_2 和 CH_4 水合物生成的增幅有所不同。然后，他们又研究了用 3.7%氯化钠溶液置换 CH_4-CO_2 的过程。发现氯化钠溶液可以抑制甲烷水合物的形成，导致水合物饱和度降低。然而，在置换过程中，进入水合物笼的 CO_2 比例高于不含氯化钠的情况，这有利于 NGH 的 CH_4-CO_2 置换中甲烷产量的增加。这也可能是由于在氯化钠存在的情况下，多孔介质中形成的甲烷水合物的饱和度较低，导致置换率较高。

此外，研究人员还对水合物的热力学抑制剂、促进剂和抗团聚剂进行了研究。Heydari[129]在 CH_4-CO_2 置换中使用的生物表面活性剂。结果表明，生物表面活性剂不仅促进了甲烷水合物的形成，而且提高了CO_2的置换效率。置换率提高了72.6%，置换速率提高了39%。表面活性剂的加入改变了水合物的形态，对连续置换反应产生有利的影响。Pandey[130]研究了低浓度甲醇、十二烷基硫酸钠和蛋氨酸联合CH_4-CO_2置换开采NGH。结果表明，甲醇可以显著提高开采效率，这是因为甲醇延迟了表面CO_2水合物膜的形成时间，增加了气体水合物界面处CO_2的浓度，从而增加了CO_2在水合物中的扩散距离。SDS和蛋氨酸可以提高CO_2封存率，但不会释放甲烷。

目前很少有将化学注入与CH_4-CO_2置换相结合的研究，这可能是未来提高CH_4-CO_2置换效率的一个突破。

7 挑战与展望

CO_2置换法是目前最有潜力的水合物商业化开采方法，它对地层结构的破坏性小、安全性好、能耗低。但置换效率低阻碍了其发展。虽然取得了一些进展，但尚未达到商业开采的目标。未来，CO_2替代和开采应重点关注以下几个方面：

(1) 二氧化碳置换机制。虽然很多人已经对置换机理进行了研究，并形成了初步的认识。但气体置换的微观机理在分子模拟和实验工作中存在巨大争议。直接置换和分解重组机制将影响所提出的强化技术和开发策略。置换过程中有许多细节需要通过实验和刺激进一步探索。

(2) 虽然CO_2置换反应的机理尚不清楚，但甲烷和CO_2在水合物相中的极低扩散速率是水合物置换开采的控制因素。NGH的CH_4-CO_2置换涉及CH_4和CO_2在CO_2水合物和甲烷水合物中的扩散。CH_4回收效率取决于CO_2在CH_4水合物中的扩散距离。CO_2的扩散距离由界面处CO_2的浓度决定，而界面处CO_2的浓度与CO_2在CO_2水合物膜中的渗透有关。这是甲烷-二氧化碳替代天然气的主要控制因素。为了提高整个置换的效率，保持和维护气体输送通道是关键。可以采用几种方法，一种是避免水合物融化和二次水合堵塞通道；另一种是在新生水合物中制造多孔结构，如在注气或加热过程中加入造孔剂。

(3) 研究不同形式水合物储层的置换，确定适合CO_2置换的水合物储层形式。对于热激法，大量的热损失导致能量效率低下。因此，适合于高饱和度块状水合物藏的开发。减压法能耗低，但二次水合会导致生产中断。因此，它适用于分散或球状水合物，并与其他技术相结合，以减少热需求。对于CO_2置换，理论上不消耗能量，但气体扩散通道对置换非常重要。从已报道的CO_2置换水合物实验数据来看，NGH的CO_2置换更适用于细微的水合物颗粒，但不适用于大水合物块。因此，高渗透率的孔隙充填型天然气水合物储层更适合进行CO_2置换(图8)。在未来的研究中，应系统地研究粒度、水合物形态和储层类型与CO_2置换效率之间的关系。

(4) 开发天然气水合物CO_2驱替技术。从注气井注入置换气体，从出口井生产甲烷。二氧化碳被用来排出和置换水合物储层中的甲烷，而不仅仅是置换。

(5) 需要开发一种更有效的热注入模式，与二氧化碳置换相结合。注热是最有利于提

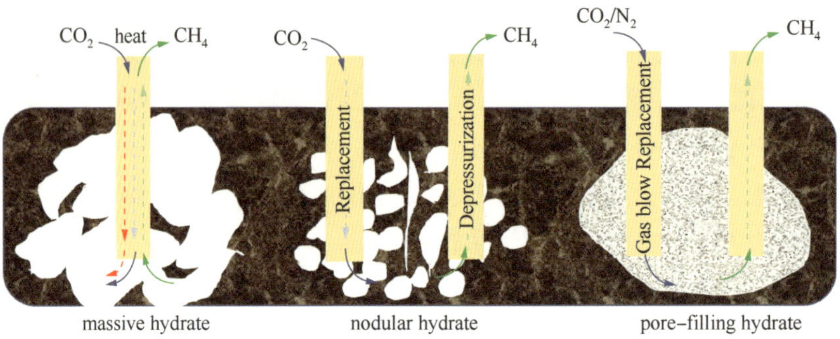

图 8　不同类型水合物藏及其适宜的开发策略

高 CH_4 回收率的方法，但由于热损失大，热效率低。寻找一种有效的热刺激方法，避免过度的热损失，如微波加热或自加热技术，可以有效避免非开采区域的热损失。

（6）开采策略研究。应发展注热、降压、驱替和注入抑制剂的多耦合技术。单一方法难以适应水合物藏的整个开发过程。根据水合物储层的特点，耦合多种开采方法和技术。

（7）优化甲烷回收率、CO_2产注比、产品气浓度之间的关系。为了提高生产效率，必须提高采收率、注采比和采出气浓度，否则注采比低、采出气 CH_4浓度低将导致后续分离过程复杂，能耗高。

（8）可再生能源和废热在水合物开发中的应用，包括太阳能、风能、地热能、潮汐能和其他可在当地使用的可再生能源。烟气余热也是一个很好的热源。未来水合物的开发是一个转化和利用多种低品位可再生能源以获得优质能源的过程（图 9）。

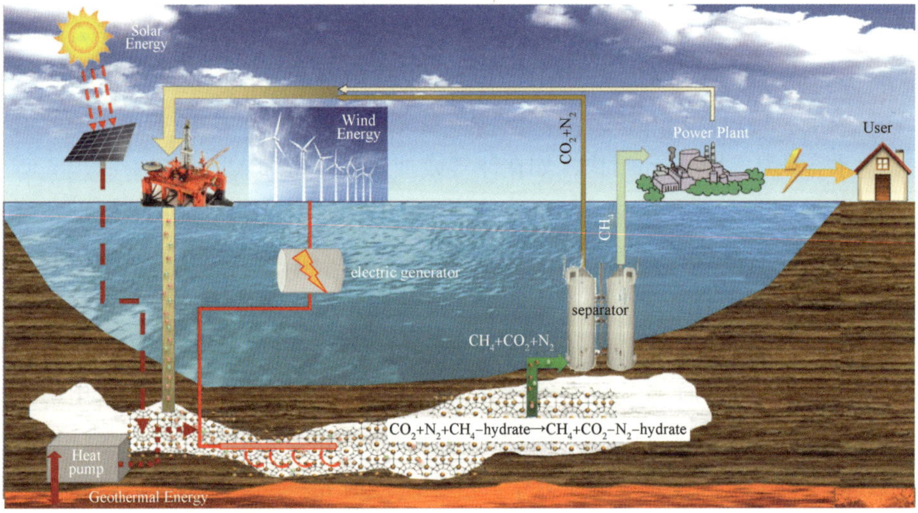

图 9　未来可再生能源与天然气水合物联合开发系统

8 结论

本文综述了 CO_2/CH_4 置换法回收天然气水合物的研究进展，重点介绍了提高甲烷开采效率的方法。由于 CO_2/CH_4 置换开采 NGH 的原理已被证明，研究人员尝试通过改变 CO_2的相态和组成，并结合其他方法来提高 CO_2/CH_4置换开采 NGH 的效率。

CO_2的相态对提高甲烷的回收率没有明显规律，但相态可以改变 CO_2的封存率。与相态相比，减小水合物的粒径更有利于提高甲烷的开采率。

在 CO_2中加入小分子气体，如 N_2和 H_2进行置换，有助于置换小笼中的 CH_4，而 CO_2优先置换大笼中的 CH_4。使用混合气作为置换气，混合气浓度不宜过高，避免产生后续的气体分离，造成过度的能源消耗。

CO_2/CH_4置换法和降压法的组合需要考虑不同的组合方式，其开采效率也不同。CO_2驱替方法可以避免地层失稳和降压产水。

热刺激法可以显著提高 CO_2/CH_4置换效率，适当的热源和加热方式可以避免较高的热损失，保证较高的 CH_4 开采率。

致谢

本文由广东省海洋经济发展(海洋六大产业)专项资金项目(粤自然资合[2002]46 号)支持。

参 考 文 献

[1] Chong, Z. R. ; Yang, S. H. B. ; Babu, P. ; Linga, P. ; Li, X. -S. , Review of natural gas hydrates as an energy resource: Prospects and challenges. Applied Energy 2016, 162: 1633-1652.

[2] Li, X. -S. ; Zhang, Y. ; Li, G. ; Chen, Z. -Y. ; Wu, H. -J. , Experimental Investigation into the Production Behavior of Methane Hydrate in Porous Sediment by Depressurization with a Novel Three-Dimensional Cubic Hydrate Simulator. Energy & Fuels 2011, 25(10): 4497-4505.

[3] Li, X. -S. ; Yang, B. ; Li, G. ; Li, B. , Numerical Simulation of Gas Production from Natural Gas Hydrate Using a Single Horizontal Well by Depressurization in Qilian Mountain Permafrost. Industrial & Engineering Chemistry Research 2012, 51(11): 4424-4432.

[4] Li, X. -S. ; Yang, B. ; Zhang, Y. ; Li, G. ; Duan, L. -P. ; Wang, Y. ; Chen, Z. -Y. ; Huang, N. -S. ; Wu, H. -J. , Experimental investigation into gas production from methane hydrate in sediment by depressurization in a novel pilot-scale hydrate simulator. Applied Energy 2012, 93: 722-732.

[5] Tabatabaie, S. H. ; Pooladi-Darvish, M. , Hydrate Decomposition and Its Material Balance in a Volumetric Tilted Hydrate-Capped Gas Reservoir by Method of Depressurization. Spe Reservoir Evaluation & Engineering 2012, 15(4): 410-422.

[6] Zhao, J. ; Yu, T. ; Song, Y. ; Liu, D. ; Liu, W. ; Liu, Y. ; Yang, M. ; Ruan, X. ; Li, Y. , Numerical simulation of gas production from hydrate deposits using a single vertical well by depressurization in the Qilian Mountain permafrost, Qinghai-Tibet Plateau, China. Energy 2013, 52: 308-319.

[7] Cranganu, C., In-situ thermal stimulation of gas hydrates. Journal of Petroleum Science and Engineering 2009, 65(1-2): 76-80.

[8] Fitzgerald, G. C.; Castaldi, M. J.; Zhou, Y., Large scale reactor details and results for the formation and decomposition of methane hydrates via thermal stimulation dissociation. Journal of Petroleum Science and Engineering 2012: 94-95, 19-27.

[9] Fitzgerald, G. C.; Castaldi, M. J., Thermal Stimulation Based Methane Production from Hydrate Bearing Quartz Sediment. Industrial & Engineering Chemistry Research 2013, 52 (19): 6571-6581.

[10] Schicks, J. M.; Spangenberg, E.; Giese, R.; Luzi-Helbing, M.; Priegnitz, M.; Beeskow-Strauch, B., A Counter-Current Heat-Exchange Reactor for the Thermal Stimulation of Hydrate-Bearing Sediments. Energies 2013.

[11] Nair, V. C.; Mech, D.; Gupta, P.; Sangwai, J. S., Polymer Flooding in Artificial Hydrate Bearing Sediments for Methane Gas Recovery. Energy & Fuels 2018, 32 (6): 6657-6668.

[12] Li, G.; Wu, D. M.; Li, X. S.; Zhang, Y.; Lv, Q. N.; Wang, Y., Experimental Investigation into the Production Behavior of Methane Hydrate under Methanol Injection in Quartz Sand. Energy & Fuels 2017, 31 (5): 5411-5418.

[13] Yuan, Q.; Sun, C. Y.; Yang, X.; Ma, P. C.; Ma, Z. W.; Li, Q. P.; Chen, G. J., Gas Production from Methane-Hydrate-Bearing Sands by Ethylene Glycol Injection Using a Three-Dimensional Reactor. Energy & Fuels 2011, 25 (7): 3108-3115.

[14] Ebinuma, T. Method for dumping and disposing of carbon dioxide gas and apparatus therefor. 1993.

[15] Uchida, T.; Takeya, S.; Ebinuma, T.; Narita, H., Replacing methane with CO_2 in clathrate hydrate: Observations using Raman spectroscopy. Greenhouse Gas Control Technologies 2001: 523-527.

[16] Huo, Z. X.; Hester, K.; Sloan, E. D.; Miller, K. T., Methane hydrate nonstoichiometry and phase diagram. Aiche Journal 2003, 49 (5): 1300-1306.

[17] Sloan, E. D.; Koh, C. A., Clathrate hydrate of natural gases, 3rd ed. Taylor & Francis-CRC Press: London, 2008.

[18] Circone, S.; Stern, L. A.; Kirby, S. H.; Durham, W. B.; Chakoumakos, B. C.; Rawn, C. J.; Rondinone, A. J.; Ishii, Y., CO_2 hydrate: Synthesis, composition, structure, dissociation behavior, and a comparison to structure I CH_4 hydrate. Journal of Physical Chemistry B 2003, 107 (23): 5529-5539.

[19] Yezdimer, E. M.; Cummings, P. T.; Chialvo, A. A., Determination of the Gibbs Free Energy of Gas Replacement in SI Clathrate Hydrates by Molecular Simulation. Journal Physical Chemistry A 2002, 106 (34): 7982-7987.

[20] Geng, C. Y.; Wen, H.; Zhou, H., Molecular Simulation of the Potential of Methane Reoccupation during the Replacement of Methane Hydrate by CO_2. Journal of Physical Chemistry A 2009, 113 (18): 5463-5469.

[21] Nakano, S.; Moritoki, M.; Ohgaki, K., High-Pressure Phase Equilibrium and Raman Microprobe Spectroscopic Studies on the CO_2 Hydrate System. 1998, 43 (5): 807-810.

[22] Nakano, S.; Moritoki, M.; Ohgaki, K., High-Pressure Phase Equilibrium and Raman Microprobe Spectroscopic Studies on the Methane Hydrate System. Journal of Chemical & Engineering Data 1999, 44 (2): 254-257.

[23] Ohgaki, K.; Takano, K.; Sangawa, H.; Matsubara, T.; Nakano, S., Methane exploitation by carbon

dioxide from gas hydrates-phase equilibria for CO_2-CH_4 mixed hydrate system. J. Chem. Eng. Jpn. 1996, 29: 478-483.

[24] Uchida, T.; Ikeda, I. Y.; Takeya, S.; Kamata, Y.; Ohmura, R.; Nagao, J.; Zatsepina, O. Y.; Buffett, B. A., Kinetics and stability of CH_4-CO_2 mixed gas hydrates during formation and long-term storage. Chemphyschem 2005, 6 (4): 646-654.

[25] Rueff, R. M.; Sloan, E. D.; Yesavage, V. F., Heat-Capacity and Heat of Dissociation of Methane Hydrates. Aiche Journal 1988, 34 (9): 1468-1476.

[26] Ota, M.; Abe, Y.; Watanabe, M.; Smith, R. L.; Inomata, H., Methane recovery from methane hydrate using pressurized CO_2. Fluid Phase Equilibria 2005: 228-229, 553-559.

[27] Yoon, J. -H.; Kawamura, T.; Yamamoto, Y.; Komai, T., Transformation of Methane Hydrate to Carbon Dioxide Hydrate: In Situ Raman Spectroscopic Observations. Journal of physical Chemistry A 2004, 108 (23): 5057-5059.

[28] Qi, Y.; Ota, M.; Zhang, H., Molecular dynamics simulation of replacement of CH_4 in hydrate with CO_2. Energy Conversion and Management 2011, 52 (7): 2682-2687.

[29] Schoderbek, D.; Farrell, H.; Howard, J.; Raterman, K.; Silpngarmlert, S.; Martin, K.; Smith, B.; Klein, P. ConocoPhillips Gas Hydrate Production Test; ConocoPhillips Co., Houston, TX (United States): 2013; p Medium: ED; Size: 204 p.

[30] Komai, T.; Yamamoto, Y.; Ohga, K., Dynamics of Reformation and Replacement of CO_2 and CH_4 Gas Hydrates. Annals of the New York Academy of Sciences 2006, 912: 272-280.

[31] Lee, B. R.; Koh, C. A.; Sum, A. K., Quantitative measurement and mechanisms for CH_4 production from hydrates with the injection of liquid CO_2. Physical Chemistry Chemical Physics 2014, 16 (28), 14922-14927.

[32] Wang, X.; Schultz, A. J.; Halpern, Y., Kinetics of Methane Hydrate Formation from Polycrystalline Deuterated Ice. 2002, 106: 7304-7309.

[33] Avrami, M., Kinetics of Phase Change. I General Theory. The Journal of chemical physics 1939, 7 (12): 1103-1112.

[34] Liang, Y.; Tan, Y.; Luo, Y.; Zhang, Y.; Li, B., Progress and challenges on gas production from natural gas hydrate-bearing sediment. Journal of Cleaner Production 2020, 261.

[35] Xu, C. -G.; Cai, J.; Yu, Y. -S.; Chen, Z. -Y.; Li, X. -S., Research on micro-mechanism and efficiency of CH_4 exploitation via CH_4-CO_2 replacement from natural gas hydrates. Fuel 2018, 216: 255-265.

[36] Lee, S.; Lee, Y.; Lee, J.; Lee, H.; Seo, Y., Experimental verification of methane-carbon dioxide replacement in natural gas hydrates using a differential scanning calorimeter. Environmental Science and Technology 2013, 47 (22): 13184-13190.

[37] Zhang, X.; Li, Y.; Yao, Z.; Li, J.; Wu, Q.; Wang, Y., Experimental Study on the Effect of Pressure on the Replacement Process of CO_2-CH_4 Hydrate below the Freezing Point. Energy & Fuels 2018, 32 (1): 646-650.

[38] Falenty, A.; Qin, J.; Salamatin, A. N.; Yang, L.; Kuhs, W. F., Fluid Composition and Kinetics of the in Situ Replacement in CH_4-CO_2 Hydrate System. Journal of Physical Chemistry C 2016, 120 (48): 27159-27172.

[39] Li, Z. Z.; Guo, X. Q.; Yang, L. Y.; Ma, X. N., Exploitation of methane in the hydrate by use of car-

bon dioxide in the presence of sodium chloride. Petroleum Science 2009, 6 (4): 426-432.

[40] Li, B.; Xu, T.; Zhang, G.; Guo, W.; Liu, H.; Wang, Q.; Qu, L.; Sun, Y., An experimental study on gas production from fracture-filled hydrate by CO_2 and CO_2/N_2 replacement. Energy Conversion and Management 2018, 165: 738-747.

[41] Koh, D. Y.; Kang, H.; Kim, D. O.; Park, J.; Cha, M.; Lee, H., Recovery of methane from gas hydrates intercalated within natural sediments using CO_2 and a CO_2/N_2 gas mixture. ChemSusChem 2012, 5 (8): 1443-1448.

[42] Rossi, F.; Gambelli, A. M.; Sharma, D. K.; Castellani, B.; Nicolini, A.; Castaldi, M. J., Experiments on methane hydrates formation in seabed deposits and gas recovery adopting carbon dioxide replacement strategies. Applied Thermal Engineering 2019, 148: 371-381.

[43] Lee, S.; Park, S.; Lee, Y.; Seo, Y., Thermodynamic and C-13 NMR spectroscopic verification of methane-carbon dioxide replacement in natural gas hydrates. Chemical Engineering Journal 2013, 225: 636-640.

[44] Liu, B.; Pan, H.; Wang, X.; Li, F.; Sun, C.; Chen, G., Evaluation of different CH_4-CO_2 replacement processes in hydrate-bearing sediments by measuring P-wave velocity. Energies 2013, 6 (12): 6242-6254.

[45] Yuan, Q.; Sun, C. Y.; Yang, X.; Ma, P. C.; Ma, Z. W.; Liu, B.; Ma, Q. L.; Yang, L. Y.; Chen, G. J., Recovery of methane from hydrate reservoir with gaseous carbon dioxide using a three-dimensional middle-size reactor. Energy 2012, 40 (1): 47-58.

[46] Wang, X.-H.; Li, F.-G.; Xu, Y.-X.; Sun, C.-Y.; Pan, H.; Liu, B.; Yang, L.-Y.; Chen, G.-J.; Li, Q.-P., Elastic properties of hydrate-bearing sandy sediment during CH_4-CO_2 replacement. Energy Conversion and Management 2015, 99: 274-281.

[47] Fan, S.; Wang, X.; Wang, Y.; Lang, X., Recovering methane from quartz sand-bearing hydrate with gaseous CO_2. Journal of Energy Chemistry 2017, 26 (4): 655-659.

[48] Ryou, J. E.; Al-Raoush, R. I.; Alshibli, K.; Lee, J. Y.; Jung, J., Effects of soaking process on CH_4-CO_2 replacement efficiency for hydrate-bearing sediments. Journal of Petroleum Science and Engineering 2021, 196.

[49] Park, Y.; Kim, D. Y.; Lee, J. W.; Huh, D. G.; Park, K. P.; Lee, J.; Lee, H., Sequestering carbon dioxide into complex structures of naturally occurring gas hydrates. Proceedings of the National Academy of Sciences of the United States of America 2006, 103 (34): 12690-12694.

[50] Chen, Y.; Gao, Y. H.; Chen, L. T.; Wang, X. R.; Liu, K.; Sun, B. J., Experimental investigation of the behavior of methane gas hydrates during depressurization-assisted CO_2 replacement. Journal of Natural Gas Science and Engineering 2019, 61: 284-292.

[51] Tupsakhare, S. S.; Fitzgerald, G. C.; Castaldi, M. J., Thermally Assisted Dissociation of Methane Hydrates and the Impact of CO_2 Injection. Industrial & Engineering Chemistry Research 2016, 55 (39): 10465-10476.

[52] Komai, T.; Yamamoto, Y.; Ohga, K., Dynamics of reformation and replacement of CO_2 and CH_4 gas hydrates. Annals of the New York Academy of Sciences 2000, 912: 272-280.

[53] Sun, Y.; Zhang, G.; Li, S.; Jiang, S., CO_2/N_2 injection into $CH_4+C_3H_8$ hydrates for gas recovery

and CO_2 sequestration. Chemical Engineering Journal 2019, 375.

[54] Lee, Y.; Choi, W.; Shin, K.; Seo, Y., CH_4-CO_2 replacement occurring in sII natural gas hydrates for CH_4 recovery and CO_2 sequestration. Energy Conversion and Management 2017, 150: 356-364.

[55] Lee, Y.; Choi, W.; Seo, Y.-j.; Lee, J.Y.; Lee, J.; Seo, Y., Structural transition induced by cage-dependent guest exchange in $CH_4+C_3H_8$ hydrates with CO_2 injection for energy recovery and CO_2 sequestration. Applied Energy 2018, 228: 229-239.

[56] Ota, M.; Morohashi, K.; Abe, Y.; Watanabe, M.; Smith, J.R.L.; Inomata, H., Replacement of CH_4 in the hydrate by use of liquid CO_2. Energy Conversion and Management 2005, 46 (11): 1680-1691.

[57] Hirohama, S.; Shimoyama, Y.; Wakabayashi, A.; Tatsuta, S.; Nishida, N., Conversion of CH_4-hydrate to CO_2-hydrate in liquid CO_2. Journal of Chemical Engineering of Japan - J CHEM ENG JPN 1996, 29: 1014-1020.

[58] Zhou, X.T.; Fan, S.S.; Liang, D.Q.; Du, J.W., Replacement of methane from quartz sand-bearing hydrate with carbon dioxide-in-water emulsion. Energy & Fuels 2008, 22 (3): 1759-1764.

[59] Zhou, X.; Fan, S.; Liang, D.; Du, J., Determination of appropriate condition on replacing methane from hydrate with carbon dioxide. Energy Conversion and Management 2008, 49 (8): 2124-2129.

[60] Lee, H.; Seo, Y.; Seo, Y.-T.; Moudrakovski, I.L.; Ripmeester, J.A., Recovering Methane from Solid Methane Hydrate with Carbon Dioxide. Angewandte Chemie International Edition 2003, 42: 5048-5051.

[61] Yuan, Q.; Sun, C.-Y.; Liu, B.; Wang, X.; Ma, Z.-W.; Ma, Q.-L.; Yang, L.-Y.; Chen, G.-J.; Li, Q.-P.; Li, S.; Zhang, K., Methane recovery from natural gas hydrate in porous sediment using pressurized liquid CO_2. Energy Conversion and Management 2013, 67: 257-264.

[62] Zhang, Y.; Xiong, L.J.; Li, X.S.; Chen, Z.Y.; Xu, C.G., Replacement of CH_4 in Hydrate in Porous Sediments with Liquid CO_2 Injection. Chemical Engineering & Technology 2014, 37 (12): 2022-2029.

[63] Mu, L.; von Solms, N., Methane Production and Carbon Capture by Hydrate Swapping. Energy & Fuels 2017, 31 (4): 3338-3347.

[64] Deusner, C.; Bigalke, N.; Kossel, E.; Haeckel, M., Methane Production from Gas Hydrate Deposits through Injection of Supercritical CO_2. Energies 2012, 5 (7): 2112-2140.

[65] Naeiji, P.; Varaminian, F., Kinetic study of carbon dioxide hydrate formation by thermal analysis in the presence of two surfactants: Sodium dodecyl sulfate (SDS) and lauryl alcohol ethoxylate (LAE). Journal of Molecular Liquids 2018, 254: 120-129.

[66] Chen, Y.; Gao, Y.; Zhao, Y.; Chen, L.; Dong, C.; Sun, B., Experimental investigation of different factors influencing the replacement efficiency of CO_2 for methane hydrate. Applied Energy 2018, 228: 309-316.

[67] Xie, Y.; Zhu, Y.-J.; Zheng, T.; Yuan, Q.; Sun, C.-Y.; Yang, L.-Y.; Chen, G.-J., Replacement in CH_4-CO_2 hydrate below freezing point based on abnormal self-preservation differences of CH_4 hydrate. Chemical Engineering Journal 2021, 403.

[68] Xu, C.-G.; Cai, J.; Yu, Y.-S.; Yan, K.-F.; Li, X.-S., Effect of pressure on methane recovery from natural gas hydrates by methane-carbon dioxide replacement. Applied Energy 2018, 217: 527-536.

[69] Mok, J.; Choi, W.; Seo, Y., Time-dependent observation of a cage-specific guest exchange in sI hy-

drates for CH_4 recovery and CO_2 sequestration. Chemical Engineering Journal 2020, 389.

[70] Yi, L.; Liang, D.; Zhou, X.; Li, D., Molecular dynamics simulations for the growth of CH_4-CO_2 mixed hydrate. Journal of Energy Chemistry 2014, 23 (6): 747-754.

[71] Liu, J.; Yan, Y.; Liu, H.; Xu, J.; Zhang, J.; Chen, G., Understanding effect of structure and stability on transformation of CH_4 hydrate to CO_2 hydrate. Chemical Physics Letters 2016, 648: 75-80.

[72] Qi, Y.X.; Zhang, H., MD Simulation of CO_2-CH_4 Mixed Hydrate on Crystal Structure and Stability. Advanced Materials Research 2011: 181-182, 310-315.

[73] Tung, Y.-T.; Chen, L.-J.; Chen, Y.-P.; Lin, S.-T., In Situ Methane Recovery and Carbon Dioxide Sequestration in Methane Hydrates: A Molecular Dynamics Simulation Study. Journal of Physical Chemistry B 2011, 115 (51): 15295-15302.

[74] Bai, D.; Zhang, X.; Chen, G.; Wang, W., Replacement mechanism of methane hydrate with carbon dioxide from microsecond molecular dynamics simulations. Energy & Environmental Science 2012, 5 (5): 7033-7041.

[75] Sun, Y.H.; Su, K.; Li, S.L.; Carroll, J.J.; Zhu, Y.H., Experimental Investigation into the Dissociation Behavior of $CH_4-C_2H_6-C_3H_8$ Hydrates in Sandy Sediments by Depressurization. Energy & Fuels 2018, 32 (1): 204-213.

[76] Sun, Y.-H.; Zhang, G.-B.; Carroll, J.; Li, S.-L.; Jiang, S.-H.; Guo, W., Experimental investigation into gas recovery from $CH_4-C_2H_6-C_3H_8$ hydrates by CO_2 replacement. Applied Energy 2018, 229: 625-636.

[77] Masuda, Y. In Methane Recovery from Hydrate-Bearing Sediments by N_2-CO_2 Gas Mixture Injection: Experimental Investigation on CO_2-CH_4 Exchange Ratio, International Conference on Gas Hydrate, Edinburgh, Scotland, United Kingdom, Edinburgh, Scotland, United Kingdom, 2011.

[78] Koh, D.-Y.; Kang, H.; Kim, D.-O.; Park, J.; Cha, M.; Lee, H., Recovery of Methane from Gas Hydrates Intercalated within Natural Sediments Using CO_2 and a CO_2/N_2 Gas Mixture. Chemsuschem 2012, 5 (8): 1443-1448.

[79] Lee, Y.; Lee, S.; Lee, J.; Seo, Y., Structure identification and dissociation enthalpy measurements of the CO_2+N_2 hydrates for their application to CO_2 capture and storage. J Chemical Engineering Journal 2014, 246: 20-26.

[80] Zhou, H.; Chen, B.; Wang, S.; Yang, M., CO_2/N_2 mixture sequestration in depleted natural gas hydrate reservoirs. Journal of Petroleum Science and Engineering 2019, 175: 72-82.

[81] Lee, Y.; Kim, Y.; Lee, J.; Lee, H.; Seo, Y., CH_4 recovery and CO_2 sequestration using flue gas in natural gas hydrates as revealed by a micro-differential scanning calorimeter. Applied Energy 2015, 150: 120-127.

[82] Liu, J.; Yan, Y.; Xu, J.; Li, S.; Chen, G.; Zhang, J., Replacement micro-mechanism of CH_4 hydrate by N_2/CO_2 mixture revealed by ab initio studies. Computational Materials Science 2016, 123: 106-110.

[83] Matsui, H.; Jia, J.; Tsuji, T.; Liang, Y.; Masuda, Y., Microsecond simulation study on the replacement of methane in methane hydrate by carbon dioxide, nitrogen, and carbon dioxide-nitrogen mixtures. Fuel 2020, 263.

[84] Lim, D.; Ro, H.; Seo, Y.; Seo, Y.-j.; Lee, J. Y.; Kim, S.-J.; Lee, J.; Lee, H., Thermodynamic stability and guest distribution of $CH_4/N_2/CO_2$ mixed hydrates for methane hydrate production using N_2/CO_2 injection. The Journal of Chemical Thermodynamics 2017, 106: 16-21.

[85] Bhawangirkar, D. R.; Sangwai, J. S., Insights into Cage Occupancies during Gas Exchange in CH_4+CO_2 and $CH_4+N_2+CO_2$ Mixed Hydrate Systems Relevant for Methane Gas Recovery and Carbon Dioxide Sequestration in Hydrate Reservoirs: A Thermodynamic Approach. Industrial & Engineering Chemistry Research 2019, 58 (31): 14462-14475.

[86] Sun, Y.-H.; Li, S.-L.; Zhang, G.-B.; Guo, W.; Zhu, Y.-H., Hydrate Phase Equilibrium of $CH_4+N_2+CO_2$ Gas Mixtures and Cage Occupancy Behaviors. Industrial & Engineering Chemistry Research 2017, 56 (28): 8133-8142.

[87] Shin, K.; Park, Y.; Cha, M.; Park, K.-P.; Huh, D.-G.; Lee, J.; Kim, S.-J.; Lee, H., Swapping Phenomena Occurring in Deep-Sea Gas Hydrates. 2008, 22: 3160-3163.

[88] Hassanpouryouzband, A.; Yang, J.; Tohidi, B.; Chuvilin, E.; Istomin, V.; Bukhanov, B.; Cheremisin, A., CO_2 Capture by Injection of Flue Gas or CO_2-N_2 Mixtures into Hydrate Reservoirs: Dependence of CO_2 Capture Efficiency on Gas Hydrate Reservoir Conditions. Environmental Science & Technology 2018, 52 (7): 4324-4330.

[89] Schicks, J. M.; Strauch, B.; Heeschen, K. U.; Spangenberg, E.; Luzi-Helbing, M., From Microscale (400 μl) to Macroscale (425 L): Experimental Investigations of the CO_2/N_2-CH_4 Exchange in Gas Hydrates Simulating the Iġnik Sikumi Field Trial. 2018, 123 (5): 3608-3620.

[90] Pan, D.; Zhong, X.; Zhu, Y.; Zhai, L.; Zhang, H.; Li, X.; Wang, Y.; Chen, C., CH_4 recovery and CO_2 sequestration from hydrate-bearing clayey sediments via CO_2/N_2 injection. Journal of Natural Gas Science and Engineering 2020, 83.

[91] Pan, D. B.; Zhong, X. P.; Li, B.; Li, X. T.; Chen, C., Experimental investigation into methane production from hydrate-bearing clayey sediment by CO_2/N_2 replacement. J Energy Exploration 2020.

[92] Choi, W.; Lee, Y.; Mok, J.; Seo, Y., Influence of Competitive Inclusion of CO_2 and N_2 on sII Hydrate-Flue Gas Replacement for Energy Recovery and CO_2 Sequestration. Environmental Science & Technology 2020, 54 (12): 7562-7569.

[93] Seo, Y.-j.; Park, S.; Kang, H.; Ahn, Y.-H.; Lim, D.; Kim, S.-J.; Lee, J.; Lee, J. Y.; Ahn, T.; Seo, Y.; Lee, H., Isostructural and cage-specific replacement occurring in sII hydrate with external CO_2/N_2 gas and its implications for natural gas production and CO_2 storage. Applied Energy 2016, 178: 579-586.

[94] Lee, Y.; Seo, Y.-j.; Ahn, T.; Lee, J.; Lee, J. Y.; Kim, S.-J.; Seo, Y., CH_4-Flue gas replacement occurring in sH hydrates and its significance for CH_4 recovery and CO_2 sequestration. Chemical Engineering Journal 2017, 308: 50-58.

[95] Chen, J.; Wang, Y.-H.; Lang, X.-M.; Fan, S.-S., Energy-efficient methods for production methane from natural gas hydrates. Journal of Energy Chemistry 2015, 24 (5): 552-558.

[96] Wang, X.-H.; Sun, Y.-F.; Wang, Y.-F.; Li, N.; Sun, C.-Y.; Chen, G.-J.; Liu, B.; Yang, L.-Y., Gas production from hydrates by CH_4-CO_2/H_2 replacement. Applied Energy 2017, 188: 305-314.

[97] Sun, Y. -F. ; Zhong, J. -R. ; Li, R. ; Zhu, T. ; Cao, X. -Y. ; Chen, G. -J. ; Wang, X. -H. ; Yang, L. -Y. ; Sun, C. -Y. , Natural gas hydrate exploitation by CO_2/H_2 continuous Injection-Production mode. Applied Energy 2018, 226: 10-21.

[98] Sun, Y. -F. ; Wang, Y. -F. ; Zhong, J. -R. ; Li, W. -Z. ; Li, R. ; Cao, B. -J. ; Kan, J. -Y. ; Sun, C. -Y. ; Chen, G. -J. , Gas hydrate exploitation using CO_2/H_2 mixture gas by semi-continuous injection-production mode. Applied Energy 2019, 240: 215-225.

[99] Ding, Y. -L. ; Xu, C. -G. ; Yu, Y. -S. ; Li, X. -S. , Methane recovery from natural gas hydrate with simulated IGCC syngas. Energy 2017, 120: 192-198.

[100] Ding, Y. ; Wang, H. ; Xu, C. ; Li, X. , The Effect of CO_2 Partial Pressure on CH_4 Recovery in CH_4-CO_2 Swap with Simulated IGCC Syngas. Energies 2020, 13 (5): 1017.

[101] Zhao, J. ; Chen, X. ; Song, Y. ; Zhu, Z. ; Yang, L. ; Tian, Y. ; Wang, J. ; Yang, M. ; Zhang, Y. , Experimental Study on a Novel Way of Methane Hydrates Recovery: Combining CO_2 Replacement and Depressurization. Energy Procedia 2014, 61: 75-79.

[102] Lee, Y. ; Deusner, C. ; Kossel, E. ; Choi, W. ; Seo, Y. ; Haeckel, M. , Influence of CH_4 hydrate exploitation using depressurization and replacement methods on mechanical strength of hydrate-bearing sediment. Applied Energy 2020, 277: 115569.

[103] Pandey, J. S. ; Solms, N. v. , Hydrate Stability and Methane Recovery from Gas Hydrate through CH_4-CO_2 Replacement in Different Mass Transfer Scenarios. Energies 2019, 12 (12): 2309.

[104] Chen, Y. ; Gao, Y. ; Chen, L. ; Wang, X. ; Liu, K. ; Sun, B. , Experimental investigation of the behavior of methane gas hydrates during depressurization-assisted CO_2 replacement. Journal of Natural Gas Science and Engineering 2019, 61: 284-292.

[105] Yang, J. ; Okwananke, A. ; Tohidi, B. ; Chuvilin, E. ; Maerle, K. ; Istomin, V. ; Bukhanov, B.; Cheremisin, A. , Flue gas injection into gas hydrate reservoirs for methane recovery and carbon dioxide sequestration. Energy Conversion and Management 2017, 136: 431-438.

[106] Tang, L. G. ; Xiao, R. ; Huang, C. ; Feng, Z. P. ; Fan, S. S. , Experimental investigation of production behavior of gas hydrate under thermal stimulation in unconsolidated sediment. Energy & Fuels 2005, 19 (6): 2402-2407.

[107] Su, Z. ; Moridis, G. J. ; Zhang, K. ; Wu, N. , A huff-and-puff production of gas hydrate deposits in Shenhu area of South China Sea through a vertical well. Journal of Petroleum Science and Engineering 2012: 86-87, 54-61.

[108] Gang, L. ; Xiao-Sen, L. ; Yi, W. ; Yu, Z. , Production behavior of methane hydrate in porous media using huff and puff method in a novel three-dimensional simulator. Energy 2011, 36 (5): 3170-8.

[109] Li, G. ; Li, X. ; Chen, Q. ; Chen, Z. , Numerical Simulation of Gas Production from Gas Hydrate Zone in Shenhu Area, South China Sea. Acta Chimica Sinica 2010, 68 (11): 1083-1092.

[110] Zhou, X. T. ; Tao, X. H. ; Liang, D. Q. ; Fan, S. S. , Simulation of the Decomposition of Natural Gas Hydrate in Porous Media by Hot Water Injection. Energy Exploration & Exploitation 2008, 26 (4): 267-279.

[111] Castaldi, M. J. ; Zhou, Y. ; Yegulalp, T. M. , Down-hole combustion method for gas production from methane hydrates. Journal of Petroleum Science and Engineering 2007, 56 (1): 176-185.

[112] Ouyang, Q.; Fan, S.; Wang, Y.; Lang, X.; Wang, S.; Zhang, Y.; Yu, C., Enhanced Methane Production Efficiency with In Situ Intermittent Heating Assisted CO_2 Replacement of Hydrates. Energy & Fuels 2020, 34 (10): 12476-12485.

[113] Schicks, J. M.; Spangenberg, E.; Giese, R.; Steinhauer, B.; Klump, J.; Luzi, M., New Approaches for the Production of Hydrocarbons from Hydrate Bearing Sediments. Energies 2011, 4 (1): 151-172.

[114] Liu, S.; Zhang, Y.; Luo, Y.; Liang, Y.; Li, B., Analysis of hydrate exploitation by a new in-situ heat generation method with chemical reagents based on heat utilization. Journal of Cleaner Production 2020, 249.

[115] Liu, Y.; Hou, J.; Zhao, H.; Liu, X.; Xia, Z., A method to recover natural gas hydrates with geothermal energy conveyed by CO_2. Energy 2018, 144: 265-278.

[116] Stanwix, P. L.; Rathnayake, N. M.; De Obanos, F. P. P.; Johns, M. L.; Aman, Z. M.; May, E. F., Characterising thermally controlled CH_4-CO_2 hydrate exchange in unconsolidated sediments. Energy & Environmental Science 2018, 11 (7): 1828-1840.

[117] Zhang Y. C. Experimental study on gas hydrate recovery by heat injection and CO_2/N_2 displacement. Master, South China University of Technology, Guangzhou, 2019.

[118] Zhang, L. X.; Yang, L.; Wang, J. Q.; Zhao, J. F.; Dong, H. S.; Yang, M. J.; Liu, Y.; Song, Y. C., Enhanced CH_4 recovery and CO_2 storage via thermal stimulation in the CH_4/CO_2 replacement of methane hydrate. Chemical Engineering Journal 2017, 308: 40-49.

[119] Tupsakhare, S. S.; Castaldi, M. J., Efficiency enhancements in methane recovery from natural gas hydrates using injection of CO_2/N_2 gas mixture simulating in-situ combustion. Applied Energy 2019, 236: 825-836.

[120] Gambelli, A. M.; Castellani, B.; Nicolini, A.; Rossi, F., Experimental study on natural gas hydrate exploitation: Optimization of methane recovery, carbon dioxide storage and deposit structure preservation. Journal of Petroleum Science and Engineering 2019, 177: 594-601.

[121] Zhang, Y. Experimental study on natural gas hydrate recovery by heat injection and CO_2/N_2 replacement. South China University of Technology, Guangzhou, 2019.

[122] Castellani, B.; Rossetti, G.; Tupsakhare, S.; Rossi, F.; Nicolini, A.; Castaldi, M. J., Simulation of CO_2 storage and methane gas production from gas hydrates in a large scale laboratory reactor. Journal of Petroleum Science and Engineering 2016, 147: 515-527.

[123] Gambelli, A. M.; Rossi, F., Natural gas hydrates: Comparison between two different applications of thermal stimulation for performing CO_2 replacement. Energy 2019, 172: 423-434.

[124] Schicks, J. M.; Spangenberg, E.; Giese, R.; Luzi-Helbing, M.; Priegnitz, M.; Beeskow-Strauch, B., A counter-current heat-exchange reactor for the thermal stimulation of hydrate-bearing sediments. Energies 2013, 6 (6): 3002-3016.

[125] Fan, S.; Chen, J.; Lang, X.; Wang, Y.; Li, G. A natural gas hydrate extraction device and method based on solar energy seawater source heat pump combined heating technology. 2017.

[126] Khlebnikov, V. N.; Antonov, S. V.; Mishin, A. S.; Bakulin, D. A.; Khamidullina, I. V.; Liang, M.; Vinokurov, V. A.; Gushchin, P. A., A new method for the replacement of CH_4 with CO_2 in natural

gas hydrate production. Natural Gas Industry B 2016, 3 (5): 445-451.

[127] Gambelli, A. M.; Rossi, F., The use of sodium chloride as strategy for improving CO_2/CH_4 replacement in natural gas hydrates promoted with depressurization methods. Arabian Journal of Geosciences 2020, 13 (18): 898.

[128] Gambelli, A. M.; Castellani, B.; Nicolini, A.; Rossi, F., Water Salinity as Potential Aid for Improving the Carbon Dioxide Replacement Process´ Effectiveness in Natural Gas Hydrate Reservoirs. Processes 2020, 8 (10): 1298.

[129] Heydari, A.; Peyvandi, K., Study of biosurfactant effects on methane recovery from gas hydrate by CO_2 replacement and depressurization. Fuel 2020, 272.

[130] Pandey, J. S.; Karantonidis, C.; Karcz, A. P.; von Solms, N., Enhanced CH_4-CO_2 Hydrate Swapping in the Presence of Low Dosage Methanol. Energies 2020, 13(20): 5238.

深水气井干预作业下水合物生成规律研究

李占东[1,2,3*]　干毕成[3]　张海翔[1,2,3]　王殿举[1,2,3]　邹发宝[3]

[1]东北石油大学海洋油气工程学院，黑龙江 大庆，163318

[2]黑龙江省天然气水合物高效开发重点实验室，黑龙江 大庆，163318

[3]东北石油大学石油工程学院，黑龙江 大庆，163318

摘要： 深水高温高压气井在开发过程中，需要经常进行干预作业，海底附近的井筒具有水合物大量生成堵塞井筒的风险。基于非稳态模型建立深水气井干预作业下温压耦合模型，采用自研的水合物沉积模拟反应装置开展深水高温高压气井干预作业下水合物生成物理模拟实验，参照南海某口实际井测试数据，开展深水气井不同产量、下放工具速度和工具尺寸影响条件下的水合物生成速度分析，得到了干预作业下深水气井的温压分布规律和水合物生成规律。模拟预测结果可以用于预测干预作业下水合物堵塞时间和堵塞位置。

关键词： 深水气井；干预作业；下放工具；水合物生成；温压耦合；高温高压

1　引言

深水气井在从钻井到投产阶段面临各种各样的水合物生成堵塞井筒的风险[1]。由此针对深水气井因水合物产生的流动保障问题就显得格外重要，水合物流动保障是避免水合物层在井壁生成对气井内流体的运移产生阻碍作用。而深水气藏与其他类型的储层相比在井筒内生成水合物堵塞井筒的概率更大[2]。如表中所示，一旦发生井筒内水合物堵塞井筒将直接影响作业进度，造成较大的经济损失。因此针对深水气井水合物的流动保障问题已经成为国内外深水气井安全高效开发的重要研究之一。

国内外学者针对因水合物堵塞产生的流动保障问题开展了大量的理论与实验研究，大多数集中在油气集输管线[3]、节流阀[4]和富液相中的油基体系[5]和水基体系[6]。但针对深水气井这种以气为主导的水合物流动保障问题研究起步较晚[7]。深水气井水合物流动障碍形成过程受管内运输介质类型、管内流速、管内流型、过冷度等诸多因素的影响，不同管输体系且同一管输体系不同输送状态下的水合物流动障碍形成机制存在较大差异[8]。目前针对深水气井各工况产生的水合物流动障碍问题缺乏清晰的认识，不能较好地指导深水气井水合物生成区域的识别和防治，使其面临极大的挑战。

2 干预作业下井筒温压耦合模型

目前针对深水气井干预作业模型欠缺，定量表征困难。深水气井温压场计算主要利用稳态模型来进行计算分析，但干预作业明显是瞬态问题，采用稳态模型或者简化为拟瞬态模型会产生较大的误差。国内外学者针对深水油气井温压耦合模型研究开展了广泛的研究，但针对地层流入、井筒流动规律、干预工具传热变化、摩阻变化梯度变化等瞬态流动因素考虑较少，缺乏对干预作业下井筒的温压、流态的准确认识，无法建立干预作业下的温压耦合模型。基于问题将深水气井井身结构分成两部分：井筒与地层间和井筒与海水间，分别构建对应的温压耦合模型。取长度为 Δz 的流体微元为研究的对象，分别建立泥线以上海水段和泥线以下地层段的非稳态传热模型。流体微元的能量改变量等于传入该系统与传出该系统的能量差。

$$dQ=H(z+\Delta z)-H(z)+\frac{1}{2}mv^2(z+\Delta z)-\frac{1}{2}mv^2(z)+mgz+mg(z+\Delta z\sin\theta)-mgz \tag{1}$$

其中，dQ 为微元的能量的变化量；$H(z+\Delta z)$ 和 $H(z)$ 为流体的焓；$\frac{1}{2}mv^2(z)$ 和 $\frac{1}{2}mv^2(z+\Delta z)$ 为流体的动能项；mgz 和 $mg(z+\Delta z\sin\theta)$ 为井筒内流体的位置势能。将上式写成差分形式得到井筒内流体的瞬态传热模型：

$$\frac{\partial^2 T}{\partial r^2}+\frac{1}{r}\frac{\partial T}{\partial r}=\frac{\partial T}{\partial r} \tag{2}$$

泥线以下地层段的非稳态传热模型考虑井筒内流体向地层进行非稳态传热，热量损失只存在于径向的热量传递过程，则可以得到井筒流体地层段温度计算公式：

$$\frac{dT}{dz}=\frac{1}{C_{pm}}\frac{dh}{dz}+C_j\frac{dP}{dz} \tag{3}$$

其中，C_{pm} 为流体定压比热容，J/(kg · ℃)；C_j 为焦耳—汤普森系数，℃/Pa。泥线以上海水段传热模型温度模型推导过程与泥线以下的井筒内流体温度类似，井筒内流体的温度井筒流体向井筒的热量传递公式为：

$$\frac{dQ}{dz}=-\frac{2\pi r_{ro}U_{to2}}{W}(T_f-T_{sea}) \tag{4}$$

将带入能量守恒式，井筒内温度变化公式为：

$$\frac{dT}{dz}=\frac{(T_{sea}-T_f)(2\pi r_{co}U_{to2})}{C_{pm}W}-\frac{g\sin\theta}{C_{pm}}+C_j\frac{dP}{dz}-\frac{v\,dv}{C_{pm}dz} \tag{5}$$

其中，r_{co} 为隔水管外半径，m；U_{to2} 为海水段总传热系数，W/(m^2 · ℃)；海水温度模型 a_T 使用 Levitus 对世界大洋温度数据统计模型计算。室内及现场证实高温高压气井井筒内温压剖面的变化是由多因素协同控制[6]。投产前井筒内部为静气柱和静液柱，流体温度同环境温度大体一致。投产后井底的流体随井口的流体流出随后流动，井筒内流体为气液两相质量流，地层内气液持续进入井筒内，流体随开采过程不断举升并持续向地层和海水释放热量，放喷一段时间井筒内流体逐渐稳定流动[7~8]。基于上述现象，构建清井放喷期间工具下放过程两相瞬态压力计算公式：

$$-\frac{dP}{dz}=\rho_{cen}g\sin\theta+\frac{f_{cen}v_g^2\rho_{cen}}{2d}+\rho_{cen}v_g\frac{dv_g}{dz} \tag{6}$$

其中v_g可以用下式计算：

$$v_g=C_o v_m+v_{rg} \tag{7}$$

其中，C_o为气相分布系数；d 为油管内径，m；v_g为气相速度；ρ_{cen}为管柱中心流体密度，kg/m^3；v_{rg}为气相滑脱速度，m/s。根据式(10)可知，干预作业工具改变井筒内流体流动截面，导致干预工具上下截面流体流速不一致。钻具下放和起出的时候会导致井筒内流体的流速变化，将干预工具简化为具有一定尺寸的管柱，则井筒内流体流速的变化随下放工具的速度变化公式为：

$$v'_g=\frac{\frac{W}{\rho_g}B_g+v_{sp}\pi\left(\frac{d_s}{2}\right)^2}{2\left[\left(\frac{d}{2}\right)^2-\left(\frac{d_s}{2}\right)^2\right]} \tag{8}$$

当干预作业工具停止时$v_{sp}=0$。其中v_{sp}为工具下入速度，m/s；d 为油管内径，m；d_s为干预作业工具直径，m。于是干预作业工作截面上压力可以按以下公式计算：

$$-\frac{dP}{dz}=\rho_{cen}g\sin\theta+\frac{f_{cen}v_g^2\rho_{cen}}{2d}+\frac{f_{cen}v'^2_g\rho_{cen}}{2d_s} \tag{9}$$

干预工具截面下压力可以按照以下公式计算：

$$-\frac{dP}{dz}=\rho_{cen}g\sin\theta+\frac{f_{cen}v'^2_g\rho_{cen}}{2d} \tag{10}$$

3 水合物生成物理模拟实验

3.1 实验材料

实验材料由蒸馏水与纯度 99.9%的甲烷气体组成，甲烷气体由大庆市雪龙气体股份公司提供，蒸馏水为实验室蒸馏水制备机制备。

3.2 实验装置

实验设备为自行研制的水合物沉积模拟反应装置，由注气系统、注液系统、回压系统、压力温度位移测量系统、数据采集系统、温度控制系统、试样杆自动升降系统、可视反应系统组成，如图 1 所示。其中注气系统包括甲烷气瓶、气体增压泵、注气管线；注液系统包括液体驱替泵、蒸馏水、注液管线；回压系统有安全阀门、回压容器和气体流量计；压力温度位移测量系统由压力传感器、温度传感器、位移传感器组成；数据采集系统将收集的压力、温度、位移数据记录并保存至计算机内，采集时间间隔为 20s；温度控制系统通过恒温箱实现实验环境温度的控制；试样杆自动升降系统由涡轮蜗杆减速机、步进电机、滚珠丝杠组成；可视反应系统由可视反应釜及其底部和侧部的电子显微镜组成。本实验主要装置是可视反应釜，可视反应釜内安装压力传感器(量程 40MPa，精度 0.25%)、温度传感器(温度范围-50~200℃，精度±0.1℃)、位移传感器(行程 0~175mm，线性精度 0.05%FS)，釜体由蓝宝石玻璃制作而成，容积为 135mL，最大工作压力为 30MPa，工作温度范围-10~50℃，温度波动度±0.5℃，釜内尺寸 $\phi35\times140.5$mm。反应釜上下盖可拆卸，下盖带有可视窗，方便从底部端面实时监测釜内水合物生成情况。

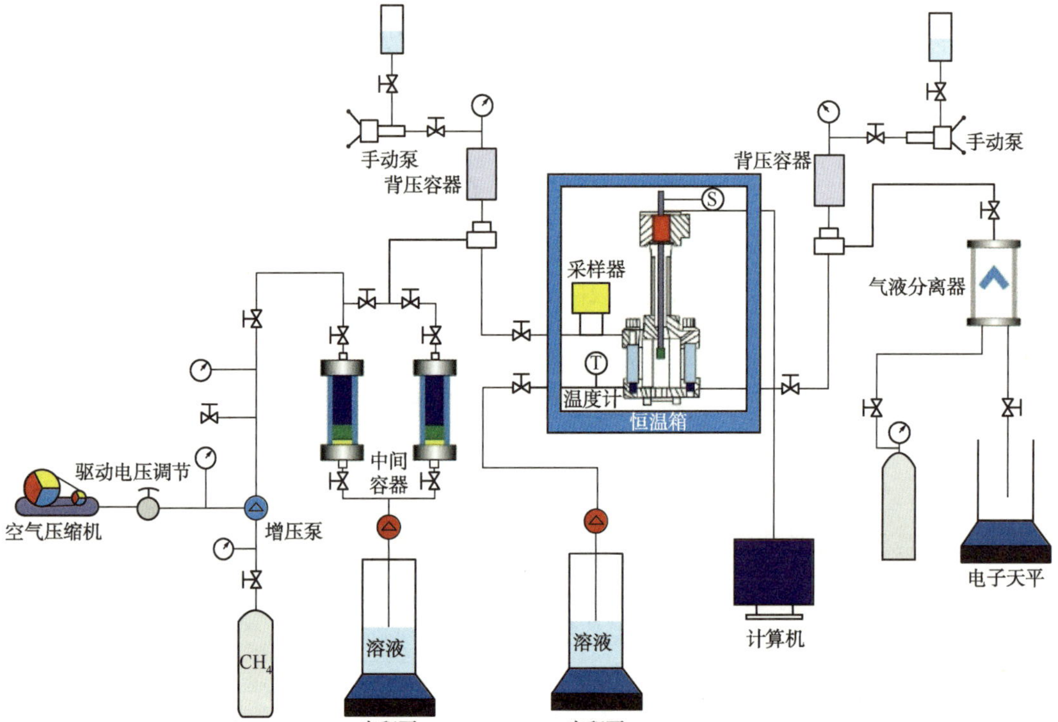

图 1　实验流程图

3.3　实验步骤

实验开始前，为了保证实验的准确性和安全性，对实验装置进行气密性检测。实验步骤主要为：

(1) 通过恒温箱温度控制系统设置实验温度。待反应釜内温度与恒温箱内温度保持一致。

(2) 打开可视反应釜出口阀门使得出口接口连接回压系统，设置回压系统的回压压力至实验初始压力。

(3) 打开可视反应釜的注气阀门，端部放空一段时间，使管线内气体均为甲烷气体，通过气体增压泵向可视反应釜注气接口缓慢注气使釜内压力缓慢增加直至达到实验初始压力后停止注气，静置 30min。

(4) 当可视反应釜内温度与恒温箱设置温度相同时，启动恒速恒压泵按预设注气速度向可视反应釜中注入甲烷气体，随后打开可视反应釜注液阀门，以注液速度向通过可视反应釜注液接口注入蒸馏水。

(5) 通过数据采集系统实时记录数据，使用电子显微镜实时监测并每隔 5min 拍照保存水合物生成分布状况。

(6) 待到反应釜内温度和压力稳定 0.5~1h 后，调节回压阀门排空釜内甲烷气体使得釜内压力降为 0，通过气体流量计统计排出甲烷气体体积，拆卸反应釜，将反应釜内部与管线清洗干净，以便进行下一组实验。

4 结果与讨论

实验参考南海某深水气井井身参数，具体参数见表 1。实验在不同工况条件下深水高温高压气井井筒内水合物的生成情况，根据上述温压耦合计算模型和水合物生成实验方案，分别开展干预作业下井筒温压场的确定和管柱内水合物生成物理模拟实验，通过实验数据与实验结果分析工具下放速度、工具尺寸、产气量等因素对干预作业下管柱内水合物生成影响情况。

表 1　南海某深水气井井身参数表

井底地层温度/℃	海水总传热系数/[W/(m²·℃)]	地层总传热系数/[W/(m²·℃)]	地层导热系数/[W/(m·℃)]	地层热扩散系数/(m²/s)	井深/m	地温梯度/(℃/100m)	地层热容/[J/(kg·℃)]	气体相对密度	地层压力/MPa	地层密度/(kg/m³)	油管内径/m
84.83	18	15	2.312	0.00005	3000	2.55	1700	0.684	29.473	2400	0.086
井眼尺寸/m	**套管内径/m**	**套管外径/m**	**产气量/($10^4m^3/d$)**	**油管外径/m**	**油管导热系数/[W/(m·℃)]**	**套管导热系数/[W/(m·℃)]**	**水泥环导热系数/[W/(m·℃)]**	**海水深度/m**	**气体黏度/mPa·s**	**气体压缩系数**	**气体体积系数**
0.62	0.52	0.54	43	0.1143	40	35	0.8	1800	0.033	0.0056	0.0025

井筒日产气量是引起井筒温压场变化的重要影响因素，不同产量下井筒温压场差异很大。如图 2 所示，选择下放工具尺寸油管直径百分比为 1%、下放速度 0.5m/s 井筒温压数据，分别计算产量 $20\times10^4m^3/d$、$40\times10^4m^3/d$、$60\times10^4m^3/d$、$80\times10^4m^3/d$ 井筒温压数据，分析产量对干预作业下井筒温压场影响情况。随着井筒内产量的提高，井筒内压力逐渐升高，下放深度增加，井筒内压力升高幅度逐渐减小。干预工具下入初期，井筒内压力升高幅度最大。干预工具下入井底时，产量影响下压差幅度最小。随着产量上升，井筒内流体的温度逐渐下降，产量的变化在泥线处对温度的影响最大，井口和井底的影响最小。

控制下放工具速度，调整气体流量与对应的工况条件下温度和压力点，根据反应釜内水合物生成底部截面的水合物在一段时间内水合物生成的厚度计算水合物的生成速度，可以得到图 3 不同产气量条件下井筒内水合物生成速度随井筒分布的曲线，确定深水气井内水合物的生成区域。井筒内水合物生成速度随井深的增加先增大后减小，在井深 1800m 左右达到峰值，然后在 2000m 的泥线位迅速下降，0～2000m 内井筒内水合物生成侧视图和俯视图如图 4 所示。其原因在于气水两相流从高温高压气藏经过地层到达海水层时，与海水发生较大的热交换。但是由于气水两相流在泥线处的温度较高，不容易在泥线处生成水合物。随着热交换的进行，气水两相流的温度迅速降低，逐渐满足水合物的生成条件，水合物迅速在井筒内生成。而随着水深的减小，海水温度逐渐上升至海平面温度，气水两相流的温度也在热交换的影响下与海水温度同步变化，井筒内温度逐渐不满足水合物生成条件，导致井筒内水合物生成速度逐渐放缓直至为 0。

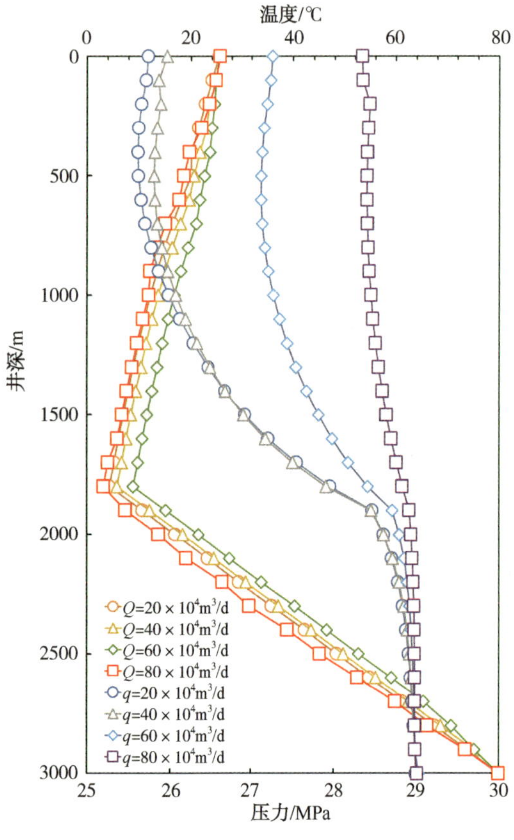

图 2　不同产量条件下井筒温压剖面图

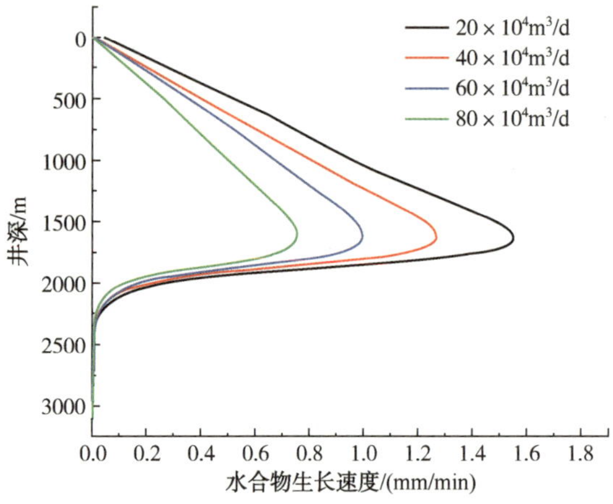

图 3　不同产气量下水合物生成速度对比图

图 4　水合物沉积堵塞管柱过程图

干预作业中，工具下入尺寸是一个重要的参数，直接影响井筒内流体的流态分布。在日产气量 $40\times10^4m^3/d$、工具下放速度 0.5m/s 条件下分别计算下放工具尺寸百分比为 1%、25%、50%、75%井筒温压数据，不同工具尺寸条件下井筒温压曲线如图 5 所示。从图中可知下放工具尺寸越小，井筒内压力升高幅度越小；井筒温度随下放工作尺寸增大而增大，下放工具尺寸越大拐点温度越高，工具尺寸的改变对泥线处井筒内温度影响较大。

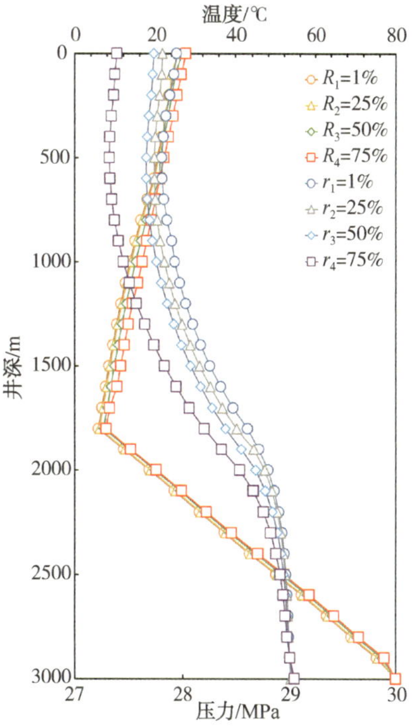

图 5　不同工具尺寸条件下井筒温压剖面图

调整下放工具尺寸，保持其他实验条件不变，调整对应的工况条件下温度和压力点，确定不同下放工具尺寸条件下的深水气井内水合物的生成速度，如图 6 所示。对于下入不同尺寸作业工具时，水合物生成速度与深水的关系也遵循水合物生成速度随深度增加先缓慢增加后迅速降低的规律。但随下放工具尺寸的增加，井筒内水合物生成速度呈现先增大后降低趋势，下放工具尺寸百分比在 50%之前水合物生成速度随工具尺寸增大而增大，下放工具尺寸百分比达到 50%时生成速度达到最大，随后随着下放工具尺寸增大井筒内水合物生成速度降低。其原因在于下放工具尺寸增加，压缩了管柱内体积，气井流量一定的条件下，产气速度增加，气井的延程压降幅度变小，气井压力增大。压力的降低促进了水合物的形成导致水合物生成速度增加。而当下放工具超过50%时，气井开采过程中气水两相混合物遇到管柱内通道截面突然减小，从而使压力逐渐降低的，发生节流效应。并且由于管柱的增加导致气井内体积减小，气水两相流流速增加，携带水合物的能力增强，一些水合物在原位生成后被气水两相流迅速运移，在不满足水合物生成的区域分解。前期水合物生成速度增加的原因在于体积压缩导致井筒内压力增大，转而促进水合物生成，而后下放工具增加一定程度后井筒内发生节流效应，导致水合物生成速度减弱。

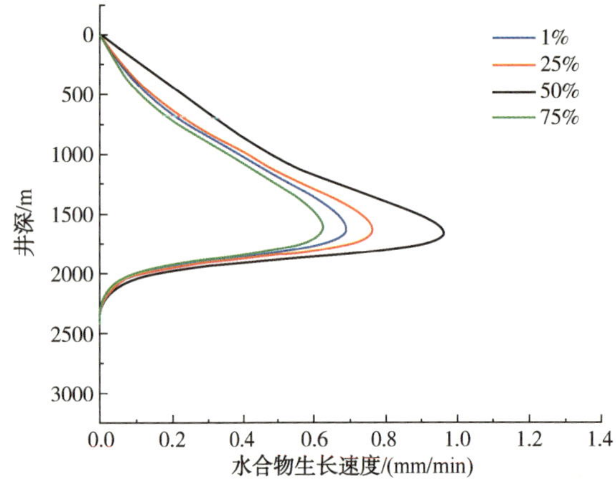

图6　不同工具尺寸水合物生成速度变化图

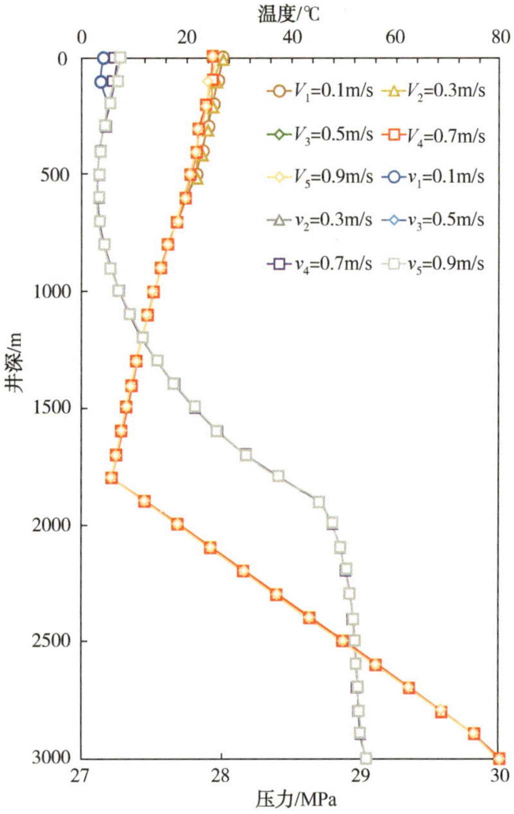

图7　不同下放速度条件下井筒温压剖面图

图7是在井筒日产气量选取$40\times10^4m^3/d$，下放工具尺寸1%，分别选择下放速度0.1m/s、0.3m/s、0.5m/s、0.7m/s、0.9m/s条件下所计算的井筒温压数据。温压场随深度变化规律与前面所述的规律相同，但在不同下放速度条件下井筒内温度压力无明显变化，井筒温度压力对工具下放速度改变敏感性较弱。保持其他条件不变，调整对应的工况条件下温度和压力点，控制下放工具的下放速度，得到不同工具下放速度条件下的深水气井内水合物的生成速度，如图8所示。水合物生成速度与深水的关系也遵循水合物生成速度随深度增加先缓慢增加后迅速降低的规律。下放速度的改变对反应釜中水合物生成速度影响较小，即深水气井水合物生成对工具下放速度不敏感。

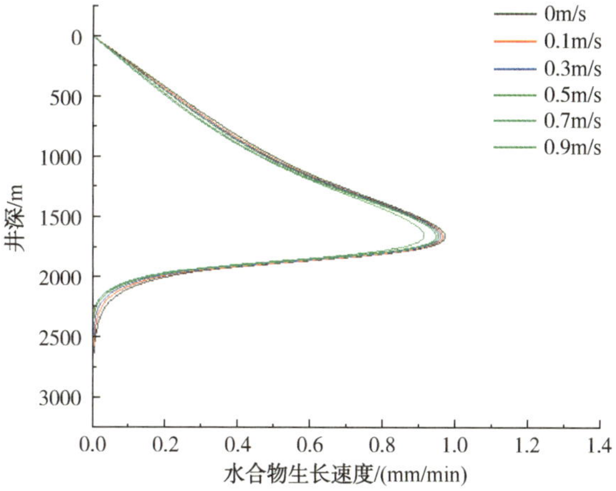

图 8　不同下放速度条件水合物生成速度变化图

5　结论

（1）基于深水气井井筒结构，考虑干预作业特点，结合井筒内流体热传导与对流传热，建立深水高温高压井筒温度场预测模型，并引入干预作业扰动项进行修正。引入干预作业下井筒内流体摩擦因素，考虑引起流体流场变化的加速度因素，建立深水气井井筒压力预测模型。采用迭代法对温度压力模型进行耦合求解，以实现对干预作业下井筒温压预测。

（2）本文从深水气井产气量、下放工具尺寸和下放速度三个方面，分别计算了不同条件下温压变化曲线。发现深水气井压力随井深的减小逐渐减小，温度随井深的减小而先减小后增大至海水温度。深水气井产气量和下放工具尺寸的增加会导致深水气井内温度的下降和压力的上升。产气量的变化对井口压力和泥线处温度影响最大。井筒温度压力对工具下放速度改变敏感性较弱，下放速度的改变对井筒的温度和压力影响较小。

（3）井筒内水合物生成速度随井深的增加先增大后减小，在井深 1800m 左右达到峰值，然后在 2000m 的泥线位迅速下降。水合物生成速度受深水气井的产量和下放工具尺寸影响较大，受下放工具的速度影响较小。水合物生成速度随深水气井的产量上升而减小，水合物生成速度随工具尺寸增大而增大，下放工具尺寸百分比达到 50%时生成速度达到最大，随后随着下放工具尺寸增大井筒内水合物生成速度降低。不同下放工具尺寸的影响对井筒内水合物生成速度的影响较小，即深水气井水合物生成对工具下放速度不敏感。

参 考 文 献

[1] 王志远，张剑波，孟文波，等．深水气井天然气水合物生成、沉积特性与防治方法[J]．石油学报，2021，42(6)：776-790.

[2] Yu T，Guan G，Abudula A. Production performance and numerical investigation of the 2017 offshore methane

hydrate production test in the Nankai Trough of Japan[J]. Applied Energy, 2019, 251.

[3] 杨军杰，蒲春生．集气管线天然气水合物生成理论模型及堵塞预测研究[J]．天然气地球科学，2004，15(6)：4.

[4] 常亨．阀门动作时水合物生成的预测与防治研究[D]．中国石油大学(华东)，2015.

[5] Straume E O, Kakitani C, Merino-Garcia D, et al. Experimental Study of the Formation and Deposition of Gas Hydrates in Non-Emulsifying Oil and Condensate Systems[J]. Chemical Engineering Science, 2016, 155: 111-126.

[6] Song G C, Li Y X, Wang W C, et al. Investigation of hydrate plugging in natural gas+diesel oil+water systemsusing a high-pressure flow loop[J]. Chemical Engineering ence, 2017, 158: 480-489.

[7] 王志远，张洋洋，张剑波，童仕坤，孙宝江．深水气井水合物流动障碍形成机制与防治方法研究进展[J]．中国科学基金，2021，35(06)：992-1005.

[8] 张剑波．深水井控环雾流条件下天然气水合物沉积堵塞机理研究与规律分析[D]．中国石油大学(华东)，2018.